纺织高等教育"十二五"部委级规划教材

服用纺织品性能与应用

田　琳　主编

魏春艳　陈素英　杨　晓　副主编

U0242072

中国纺织出版社

内 容 提 要

本书是纺织高等教育"十二五"部委级规划教材。主要包括服用纺织品的特点、原料构成、生产方法、典型产品特征、服用纺织品性能、新型服用纺织纤维及产品、服装用其他材料、服用纺织品的染整及服用纺织品选择、鉴别、维护等内容。

本书主要作为高等纺织服装院校纺织及服装专业教材，也可作为纺织工程技术人员参考用书。

图书在版编目(CIP)数据

服用纺织品性能与应用/田琳主编. —北京:中国纺织出版社,2014.6

纺织高等教育"十二五"部委级规划教材

ISBN 978 – 7 – 5180 – 0538 – 3

Ⅰ.①服… Ⅱ.①田… Ⅲ.①服用织物 – 高等学校 – 教材 Ⅳ.①TS941.4

中国版本图书馆 CIP 数据核字(2014)第 052459 号

策划编辑:孔会云 张晓蕾 责任编辑:张晓蕾

责任校对:楼旭红 责任设计:何 建 责任印制:何 艳

中国纺织出版社出版发行

地址:北京市朝阳区百子湾东里 A407 号楼 邮政编码:100124

销售电话:010—87155894 传真:010—87155801

http://www.c-textilep.com

E-mail:faxing@c-textilep.com

官方微博 http://weibo.com/2119887771

三河市宏盛印务有限公司印刷 各地新华书店经销

2014 年 6 月第 1 版第 1 次印刷

开本:787×1092 1/16 印张:17.75

字数:338 千字 定价:42.00 元

| 出版者的话 |

《国家中长期教育改革和发展规划纲要》中提出"全面提高高等教育质量","提高人才培养质量"。教育部教高［2007］1号文件"关于实施高等学校本科教学质量与教学改革工程的意见"中,明确了"继续推进国家精品课程建设","积极推进网络教育资源开发和共享平台建设,建设面向全国高校的精品课程和立体化教材的数字化资源中心",对高等教育教材的质量和立体化模式都提出了更高、更具体的要求。

"着力培养信念执著、品德优良、知识丰富、本领过硬的高素质专门人才和拔尖创新人才",已成为当今本科教育的主题。教材建设作为教学的重要组成部分,如何适应新形势下我国教学改革要求,配合教育部"卓越工程师教育培养计划"的实施,满足应用型人才培养的需要,在人才培养中发挥作用,成为院校和出版人共同努力的目标。中国纺织服装教育学会协同中国纺织出版社,认真组织制订"十二五"部委级教材规划,组织专家对各院校上报的"十二五"规划教材选题进行认真评选,力求使教材出版与教学改革和课程建设发展相适应,充分体现教材的适用性、科学性、系统性和新颖性,使教材内容具有以下三个特点:

(1)围绕一个核心——育人目标。根据教育规律和课程设置特点,从提高学生分析问题、解决问题的能力入手,教材附有课程设置指导,并于章首介绍本章知识点、重点、难点及专业技能,增加相关学科的最新研究理论、研究热点或历史背景,章后附形式多样的思考题等,提高教材的可读性,增加学生学习兴趣和自学能力,提升学生科技素养和人文素养。

(2)突出一个环节——实践环节。教材出版突出应用性学科的特点,注重理论与生产实践的结合,有针对性地设置教材内容,增加实践、实验内容,并通过多媒体等形式,直观反映生产实践的最新成果。

(3)实现一个立体——开发立体化教材体系。充分利用现代教育技术手段,构建数字教育资源平台,开发教学课件、音像制品、素材库、试题库等多种立体化的配套教材,以直观的形式和丰富的表达充分展现教学内容。

教材出版是教育发展中的重要组成部分,为出版高质量的教材,出版社严格甄选作者,组织专家评审,并对出版全过程进行跟踪,及时了解教材编写进度、编写质量,力求做到作者权威、编辑专业、审读严格、精品出版。我们愿与院校一起,共同探讨、完善教材出版,不断推出精品教材,以适应我国高等教育的发展要求。

中国纺织出版社
教材出版中心

　　《服用纺织品性能与应用》是普通高等教育"十二五"规划教材之一。目前,服用纺织品花色品种繁多,新型服用材料层出不穷,面料市场空前繁荣。随着生活水平的提高,人们对服装纺织品的性能要求从单纯的生活使用要求发展到既舒适又实用且高雅美观。因此,研究和学习有关服用纺织品的知识是纺织工程专业和服装专业学生必不可少的课程。

　　本教材在介绍服用纺织品的基础上,又着力介绍了服用纺织品的原料构成、生产方法、典型产品特征、服用纺织品性能、新型服用纺织纤维及产品、服装用其他材料、服用纺织品的染整及服用纺织品选择、鉴别、维护等内容。

　　本教材由田琳主编,魏春艳、陈素英副主编。绪论、第一章、第三章由青岛大学田琳编写;第二章由南通大学张丽哲编写;第四章的第一节、第二节和第四节由天津工业大学荆妙蕾编写;第五章的第一节至第五节由大连工业大学魏春艳编写;第六章由南通大学李素英、任煜编写;第七章由青岛大学陈素英编写;第八章、第四章的第三节和第五章第六节由青岛大学杨晓编写;第九章由大连工业大学李红编写。全书最后由田琳、陈素英修改、定稿。初稿由姜凤琴教授审阅。

　　本书在编写过程中借鉴引用了许多专家的著作和期刊资料,在此表示衷心的感谢。

　　由于编者的专业局限性,本书难免有缺点和错误,热诚欢迎专家、读者批评指正。

☞ 课程设置指导

本课程设置意义　《服用纺织品性能与应用》课程是纺织工程专业和服装类专业的一门专业课程。本课程主要内容包括服用纺织品的特点、原料构成、生产方法、典型产品特征、服用纺织品性能、新型服用纺织纤维及产品、服装用其他材料、服用纺织品的染整及服用纺织品选择、鉴别、维护等内容。该课程的设置，对提高学生的专业知识水平和培养综合能力、提高教学质量具有重要意义。

本课程教学目的　通过本课程的学习，学生应掌握服装用纺织品的分类、构成，服用纺织品的原料、性能、外观及对服装的影响，能够正确地选择和应用服用纺织品，为今后从事专业领域的生产、销售与研究打下良好基础。

本课程教学建议　《服用纺织品性能与应用》课程作为纺织工程专业和服装类"纺织工程""纺织品设计""服装工程""服装设计"等专业的专业课，"纺织工艺""纺织品贸易"等方面和专业及有关纺织、服装类、装饰品类、纺织品贸易的选修课。建议共 40 课时左右。本教材第一章至第六章主要介绍服用纺织品材料、结构及其性能，建议 26 课时左右，每课时讲授字数建议控制在 4000 字左右；第七章、第八章主要涉及其他服用材料，建议 6 课时左右，每课时讲授字数建议控制在 6000字左右；第九章、十章为服用纺织品的染整、鉴别和维护等，建议 8 课时左右，每课时讲授字数建议控制在 6000 字左右。

各专业方向可根据自己的专业特点对内容进行筛选、删减。

绪论

服装是人们生活的一个重要组成部分,是人类社会发展过程中必不可少的物品。服装由款式、色彩、材料三个基本要素构成,其中材料是其最基本要素。任何服装都是通过对材料的选用、裁剪、拼接及制作等工艺来达到穿着、展示的目的。服装用纺织品是构成服装的主要材料。

一、服装

服装最主要的功能是御寒和保护人体皮肤不受伤害。人在大自然中生存,必须适应周围环境,服装便成为人们赖以生存的一种基本物质,是必不可少的生活用品。人体对外界气候有冷、热、痛等感觉和出汗等生理现象,自身虽可以根据环境气候变化进行一定的生理调节和防护,使人体保持较舒适的状态,但当气候发生剧烈变化时,必须依靠服装加以辅助。服装作为在人体与环境之间的隔离物,可以保护身体抵御不理想的物理环境,维持基本生存的正常身体热环境,保护身体免受外界的风、电、化学品及微生物和有毒物质等的侵蚀、辐射和伤害。

服装是人们崇尚美的主要体现,具有装饰和展示功能。爱美是人的天性,是一种追求美的心理状态。人们可以通过有意识地装扮自己,以获得心理和精神上的满足和愉悦。而着装则是一种非常有效的展示人们爱美心理的方式。服装的色彩图案、材料质地及款式造型给人乃至周围环境提供了很大的装饰空间,能够依据最新的时装流行和审美观,给爱美的穿着者提供良好的外观和心理舒适感。在人类社会中,着装也与人类其他社会行为一样,会受到环境因素、心理因素及经济因素等方面的影响,使其不由自主地迎合其所生存的时代及社会环境的需求,并与社交、礼仪、流行、身份地位等相协调,从而体现其社会地位、从事职业、文化修养、个性爱好等。着装端庄得体会增强人的可信度和自信心。同时服装可反映一个国家和民族的政治、经济和科学文化水平,体现社会的宗教信仰、物质文明和精神风貌。

服装是人类最常用的物品,它的种类有很多。

1. 按性别分类　根据男性和女性不同的生理、心理特征,依据款式、色彩、面料、花纹图案和装饰等方面将服装分为男装和女装。

2. 按年龄分类　可分为婴儿装、儿童装、成年装、老年装等。

3. 按穿着用途分类　可分为休闲服装、职业装、家居服、制式服装、运动服装、舞台服装、礼仪服装、卫生隔离等特种服装。

4. 按穿着季节分类　可分为春秋装、冬装和夏装。

5. 按服装面料分类　可分为普通布料服装、呢料服装、丝绸服装、化纤服装、毛线编织服装、皮革和裘皮服装等。普通布料服装是指由棉、麻类纤维织成面料缝制的服装,如府绸、麻纱、卡其布、灯芯绒、横贡缎、夏布等裁制的服装等。普通布料服装轻便柔软,穿着舒适、透气,是制作服装最常用的面料。

6.其他分类方法 除常见的分类方法,服装还可按服装结构、穿着部分、加工工艺、设计流派等进行分类。

二、服用纺织品

服用纺织品是构成服装最重要的材料,服装的色彩,服装的图案,服装的质地手感,服装的穿着舒适性、透气性、保暖性、耐磨性、柔软性、悬垂性、平挺性、防蛀性等诸多性能都是服用纺织品体现出来的。服用纺织品的性能还直接影响服装的熨烫温度、服装的热定形性、面料的伸缩性、滑移性、缝纫牢度等服装制作工艺。

服用纺织品种类繁多,分类方法多样。

1.按加工方法分类 可分为机织物、针织物、非织造织物、复合织物等。其形成的方法不同,外观与服用性能也不同。

2.按构成材料的原料分类 可分为纯纺织物、混纺织物和交织织物。纯纺织物是指由一种纤维原料进行纺纱所织成的织物,如纯棉府绸。混纺织物是指由两种或两种以上不同类别的纤维混合纺纱所织成的织物,如涤/棉细布、毛/涤花呢等。交织织物是指由不同种纤维的纱线分别作经和纬所织成的织物,如棉经毛纬织物等。

3.按外观形状分类 可分为纤维(絮状)类、纱线类和织物类等。

4.按构成织物的纱线分类 可分为纱织物、线织物、半线织物、长丝织物、花式纱线织物、精纺织物和粗纺织物等。

5.按服装构成分类 可分为面料、里料、衬料、填充料、扣紧材料、花边、带类、缝纫线和装饰线等。面料为构成服装的主体。

三、现代服装、服用纺织品的发展

目前,服装和服用纺织品为适应各种时装流行的需要。其总的趋势和特点是:

1.新材料的不断涌现 随着各种技术的进步和完善,各种新材料在服用纺织品中广泛应用。如天然纤维中的竹纤维、香蕉纤维、椰壳纤维的开发利用,既弥补了由于耕地面积减少和土地退化等原因造成的棉、麻等植物的日渐匮乏,又有效地解决了大量的废弃或闲置物,为服用纺织品的开发提供了广阔的发展空间。

2.向着天然纤维化纤化、化学纤维天然化的方向改进 天然纤维和化学纤维都具有各自的特点与不足。天然纤维的改进在保持本身良好的吸湿、透气、舒适等优点的同时,还使其具有抗皱、弹性等性能。化学纤维则以仿毛、仿丝、仿麻、仿裘皮及仿天然皮革等仿真技术的日益成熟,不仅使其在外观上能够以假乱真,而且在性能上克服了原来吸湿性差和易沾污等缺点,从而改善了服装的服用性能。

3.新型纱线的广泛应用 各种色泽、特殊结构和外观的花式纱线越来越广泛地应用于针织物和机织物。包芯纱、包缠纱、多组分复合纱等纱线在服用纺织品中应用,赋予服装崭新的外观和服用性能。

4. 服用纺织品的功能化 通过改变纤维组分、物理或化学性质以及采用新材料、对织物进行的物理和化学的新型整理方法,使服用纺织品具有防水透湿、隔热保温、吸汗透气、阻燃、防蛀、防霉、保健、抗菌抑菌、抗熔融以及防臭、抗静电、防污等功能,以满足劳保、卫生及防护等功能性服装的特殊要求。

5. 服用纺织品的生态化 随着现代环保意识的加强,以及生物科学的发展与进步,没有化学污染的"绿色产品"、"生态产品"或"环保产品"受到人们的青睐,并日益被纺织服装界所重视。

6. 服用纺织品的多样化 服用纺织品的品种、花色和档次日益增多,呈现出"多品种,小批量,短周期"的趋势。在同一时期内有较多风格的产品同时在市场上出现,而且产品的流行时间短、更替快,充分反映出人们不断求新、求异的现代意识,纺织服装设计理念和生产技术的变化与进步。

第一章　服用纺织品的性能要求与风格特征

服用纺织品的性能是产品为了满足人体穿着所需具备的各种性能。服装在应用过程中,会受到外界的反复拉伸、弯曲、摩擦和风吹日晒等,在洗涤染烫时还会受到一些化学物质的作用。服用纺织品对这些物理和化学作用的承受能力,反映出织物及服装的外观性能、舒适和卫生性能、耐用性能等方面的优劣程度。

服装纺织品的性能与风格特征是选择和应用材料的依据,关系到服装功能和服装款式的体现,以及最终的穿着效果,也关系到服装洗涤晾晒、染烫、收藏等。

第一节　服用纺织品的外观性能

服装的外观是服装品质高低的重要指标,也是服装消费者非常关注的问题。服用纺织品的外观性能是决定服装外观的重要因素。影响服用纺织品外观性能主要有织物的悬垂性、抗皱性、洗可穿性、抗起毛起球性能、抗勾丝性能以及色泽和色牢度等。

一、抗皱性

1.抗皱性的含义　服用纺织品抵抗因揉搓作用而产生折皱的性能称为抗皱性。服用纺织品的抗皱性反映了引起织物折皱的外力去除后,由于其弹性而使纺织品逐渐回复到初始状态的能力,因此也常常称抗皱性为折皱回复性。

服用纺织品的折皱变形与多数材料一样,包括急弹性变形、缓弹性变形和塑性变形三部分。急弹性变形和缓弹性变形称为弹性变形。

服用纺织品的抗皱性可分为干态抗皱性和湿态抗皱性。干态抗皱性可以反映纺织品在一般穿着时的抗皱性能,湿态抗皱性可以较好地表征洗涤过程中纺织品的抗皱性能。

2.抗皱性的测量及指标　服用纺织品的抗皱性一般用折叠法(折皱回复角)和揉搓拧绞法

测定。

（1）折叠法。折叠法是将织物折叠后释放，测量其折叠角的回复程度，来表达其抗皱性。因此也叫折皱回复角法，可参见国家标准 GB/T 3819—1997《纺织品　纺物折痕回复性的测定　回复角法》。依据试样放置的方式又可分为水平法和垂直法两种。

①水平法。水平放置式样如图 1-1 所示，是将"凸"形试样沿折叠线成 180°对折平放于试验台的夹板内，加上一定重压，并经一定时间后释去压力，由仪器的量角器读出式样对折面间的张角 θ，此角度称之为折痕（皱）回复角。压力去除后立即读得的张角值为急弹折皱回复角；一定时间后测量所得的张角值为缓弹折皱回复角。

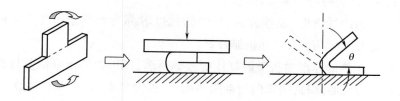

图 1-1　水平法

②垂直法。垂直放置试样法是为了克服织物重力的影响而采取的方法。织物试样为条形，折叠处理同水平法。然后将试样竖直夹持于一水平刻度盘上，迅速释放，并测读试样之间的夹角 θ，如图 1-2 所示。释放折叠试样后，不断转动刻度盘，使悬挂试样段与表盘的中心垂直线保持重合，测得织物的折皱回复角 θ。

图 1-2（a）放置测量不受释放时的冲击振动的影响，且试样自动展开，又能防止重力的影响，但对剪切作用小的试样（针织物）不太适合图 1-2（b）。

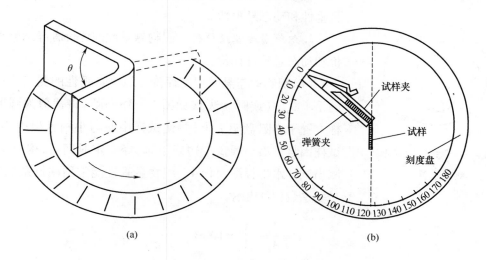

(a)　　　　　　　　　　　　　　　　(b)

图 1-2　垂直法

（2）揉搓拧绞法。揉搓拧绞法更接近实际使用效果，以揉搓或拧绞方法使织物起皱，采用样板对照或图像处理法进行评价。

评价方法参照样照 AATCC 128—2004《织物折皱回复性：外观法》，分为五级，"5 级"样照最好，"1 级"最差，取三块试样的平均值作为评级结果。

近年来，随着计算机的普及应用，还可以利用应用软件对试样的折皱性能进行测定，通常称其图像处理法。图像处理法是对折皱处理后的试样进行摄像和图像处理，进而提取织物的折皱起伏高低、大小、纹理等信息，以定量评价织物的抗皱性。

3. 影响抗皱性的主要因素

（1）纤维性能。纤维几何形态：纤维越粗，折皱回复性越好；圆形截面比异形截面纤维的折皱性好；长丝比短纤维更容易产生滑移，折皱回复性更好。纤维弹性对纺织品抗皱性是根本性的关键因素，其值越大，织物折皱回复性越高。

（2）纱线结构。纱线线密度、成纱方法、纱线的捻度等都会影响服用纺织品的抗皱性。一般来说，纱线线密度大，捻度适中，产品抗皱性好。

（3）织物参数。织物的厚度对折皱回复性的影响显著，厚织物的折痕回复性较好。随着织物的经纬密度、紧度的增加，织物间切向滑动阻力增大，外力释去后，纤维不易做相对移动，故织物折痕回复性有下降趋势。平纹组织的织物比其他浮长线较长的组织织物抗皱性差。

（4）环境条件。当温湿度增加时，纤维材料更具有塑性，纤维间的摩擦阻力也会变得更大，这都会导致织物抗皱性降低。

二、悬垂性

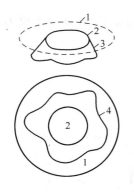

图 1-3 伞式织物悬垂性
测定示意图

1. 悬垂性的含义 由于重力作用，在自然悬垂状态下服用纺织品呈波浪屈曲的特性称为悬垂性。服用纺织品织物的悬垂性对于服装的造型效果起着重要作用。织物的悬垂性包括静态悬垂性和动态悬垂性。

2. 织物悬垂程度评价 织物悬垂性的评价有静态悬垂度评价和动态悬垂度评价。

（1）织物静态悬垂程度评价。织物悬垂性的测定方法常用的是伞式法（或圆盘法），如图 1-3 所示。将裁剪为圆形的试样 1 置于小圆盘架 2 上，并使试样中心与小圆盘架中心同心。试样因自重沿小圆盘架边缘下垂，经一定时间后，构成伞形 3，测出试样水平投影面积 4。织物悬垂性能常用硬挺系数（F）和悬垂系数（U）表示。

$$F = \frac{A_F - A_d}{A_D - A_d} \times 100\% \qquad (1-1)$$

式中：A_D——试样面积，mm^2；

A_d——小圆盘面积，mm^2；

A_F——试样的水平投影面积，mm^2。

$$U = 1 - F = \frac{A_D - A_F}{A_D - A_d} \times 100\% \qquad (1-2)$$

由公式(1-2)定义可知,悬垂系数大,表示织物较为柔软,悬垂性较好。反之,悬垂系数小,织物较硬挺,织物悬垂性较差。

(2)织物的动态悬垂性与评价。织物动态悬垂仪通过悬垂比 K_f 和美感系数 A_c 反映织物的动态悬垂程度。

①悬垂比 K_f。悬垂比是悬垂曲面投影图上沿织物经、纬方向的最大投影长度 L_b 和 L_a 的比值,如图1-4所示。

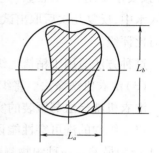

$$K_f = \frac{L_b}{L_a} \qquad (1-3)$$

K_f 反映织物经、纬向悬垂性的差异。当 K_f 大于1时,表示织物纬向悬垂性比经向好,当 K_f 等于1时,表示经、纬向悬垂程度接近。

图1-4　动态悬垂比

②美感系数 A_c。

$$A_c = \frac{1}{R_m}\Big[1 - \frac{1}{2(N+1)} \Big] F \times 100\% \qquad (1-4)$$

式中:F——硬挺系数;

N——波纹数;

R_m——投影轮廓曲线的平均半径。

A_c 值越大,表示织物悬垂曲面越美观。

③活泼率 L_P。它反映了织物的动悬垂性。测定时,仪器分别以慢速(6r/min)和快速(24r/min)两种不同的转速运转,分别测定静、动态硬挺系数 F_s 和 F_d,则:

$$L_P = \frac{F_s - F_d}{1 - F_s} \times 100\% \qquad (1-5)$$

式中,F_s 和 F_d 分别在慢速、快速下由式(1-1)求得。

3. 影响悬垂性的主要因素　织物的悬垂性与织物的弯曲性能有密切关系。一般来说,抗弯长度小的织物,其悬垂系数也小。

三、免烫性

1. 免烫性的含义　织物洗涤后不加熨烫或稍加熨烫就可保持平挺即可穿用的性能,称之为免烫性。

2. 免烫性能的测定及评定方法　免烫性能的测定及评定方法主要有拧绞法、落水变形法和洗衣机洗涤法等。

(1)拧绞法。在一定张力下对经过浸渍的织物试样加以拧绞,释放后由于不同织物具有不同的平挺特征或免烫能力,将织物表面出现的不同的凹凸条纹和波峰高度,与样照对比。免烫性好的织物,表现出凹凸条纹少而且波峰高度不高,布面平挺;反之,则条纹多而混乱,波峰高。

这种方法简单方便,常用于不同原料织物的免烫性比较。

(2)落水变形法。截取一定尺寸(25cm×25cm)的试样两块,浸入一定温度(40±2)℃的溶液(按要求配制)中,经过一定时间后,用手拿住两角,在水中轻轻摆动,时而从水中提出,时而放入水中,反复几次后取出试样,并在滴水状态下悬挂,自然晾干,直至与原重相差±2%时,进行对比评级。

这种方法适用于精梳毛织物及毛型化纤织物,因为其实验过程对织物不施加作用力。

(3)洗衣机洗涤法。将织物试样按一定条件洗涤、甩干、摊放干燥后与样照对比评级。

洗衣机洗涤法与服装的实际洗可穿性最为接近。

以上织物的洗可穿性能评价均采用主观评定的方法。标准样照分为五级,其中5级为最好,1级为最差。一种织物测试3块试样,取其平均值作为评级结果。

为避免人为误差影响对试样的评价,目前国内外常同时采用测试湿态抗皱性来综合评定织物的洗可穿性。

3. 影响洗可穿性能的主要因素 织物的洗可穿性与纤维的吸湿性、初始模量和织物的湿态抗皱性有密切关系。涤纶、锦纶等合成纤维织物一般具有良好的洗可穿性,其中,涤纶织物的洗可穿性最好。植物纤维织物和动物纤维织物的洗可穿性普遍较差,洗涤后一般都需要加以熨烫才能使用。植物纤维织物和动物纤维织物经过树脂整理,其洗可穿性有明显改善。

四、抗起毛、起球性能

1. 抗起毛、起球性能的含义 织物在实际穿着和洗涤过程中,不断与外界或自身相互摩擦,使织物表面的纤维端露出,形成毛绒即为"起毛",若毛绒不能及时脱落,互相纠缠形成球形小颗粒即为起球。织物抵抗起毛、起球的能力称作抗起毛、起球性。织物起毛、起球后,外观明显变差,表面的摩擦、耐磨性和光泽也会发生变化。

2. 抗起毛、起球的检测方法 织物抗起毛、起球的检测方法有很多,常用有圆轨迹法、马丁代尔法和起球箱法三种,其基本原理都是模拟织物在实际穿用时导致起球的形成过程。

(1)圆轨迹法。按GB/T 4802.1—2008《纺织品 织物起毛起球性能的测定 第1部分:圆轨迹法》规定,在一定的压力下,起毛、起球试验分开进行,先将以圆周轨迹运动的织物试样与尼龙刷摩擦一定次数,使织物表面起毛,然后再将试样与磨料织物进行摩擦,使织物表面起球。经若干次数后,在规定的光照条件下,对比标准样照,评定起球级数。

此法适用于低弹长丝机织物、针织物以及其他化纤或混纺织物。

(2)马丁代尔法。按GB/T 4802.2—2008《纺织品 织物起毛起球性能的测定 第2部分:改型马丁代尔法》规定,试验时,将试样装在夹头上,磨料(与试样为同一种织物)装在磨台上,如图1-5所示。在轻压下,试样与磨料做相对运动,摩擦一定次数后,使试样起毛起球,与标准样照对比,评定等级。

多用于机织物的磨损试验。

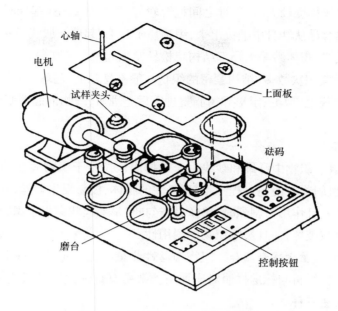

图 1 - 5　马丁代尔织物起毛起球仪

（3）起球箱法。按 GB/T 4802.3—2008《纺织品　织物起毛起球性能的测定　第 3 部分：起球箱法》规定，将一定尺寸的织物试样 4 块分别套在载样管上，然后放入衬有橡胶软木的箱内，如图 1 - 6 所示。试验箱经一定次数（如 7200 转、14400 转或其他）翻转后，取出试样在评级箱内与标准样照对比，评定起球等级，该法一般适用于毛针织物及其易起球的织物的耐磨损试验。

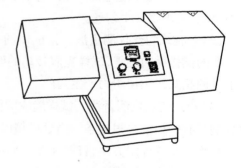

图 1 - 6　箱式起毛起球仪

织物起球性的测试多采用与标准样照对比，分为 1 ~ 5 级，其中 5 级最好，不起球；1 级最差，严重起球。这种方法的缺点是对同类织物必须制成一种标准，因为只有同类织物的毛球才可相互比较。

另一种起毛起球评定方法是首先计量单位面积上毛球数，毛球重，并与样照对比评级，再用文字描述起球特征，画出试样所受的摩擦时间与试样单位面积上起球的关系曲线。

3. 影响起毛、起球性能的主要因素　影响织物起毛起球的因素有多种，主要有以下几个方面：

（1）纤维性质。一般来说，纤维强度高、延伸性好、弹性回复性好的纤维制成的织物起球现象比较严重；纤维的耐疲劳性好坏对毛球形成后是否容易脱落有密切关系，纤维耐疲劳性好，起毛、起球后不易脱落；纤维的长度、线密度和断面形态与织物起毛、起球也有较大的关系，纤维长、纤维端点少、抱合力大的织物不易起毛，纤维粗其抗弯刚度大，纱线含纤维根数少不易起毛、起球。断面接近圆形的纤维比其他断面形态的纤维易于起毛、起球。

（2）纱线的性质。精梳纱中纤维的排列较为平直，短纤维含量少，纤维较长，精梳织物一般

9

不易起毛、起球。纱线捻度较大时,纤维之间抱合较好,织物的起毛、起球程度降低。纱线的条干不匀,摩擦时纤维容易从纱身中抽拔出来,织物易于起毛、起球。股线织物一般比单纱织物不易起毛、起球。花式线、膨体纱等因局部结构疏松易发生起毛起球现象。

(3)织物结构。交织次数多,结构紧密的织物一般不易起毛、起球。

(4)后整理。经烧毛、剪毛、定形和树脂整理等后整理后,织物的起毛起球程度明显下降。

五、抗勾丝性能

1. 织物的勾丝性　织物中纤维和纱线由于勾挂而被拉出于织物表面的现象称为勾丝。针织物和变形长丝的机织物在使用过程中,遇到坚硬的物体,极易发生勾丝,并在织物表面形成丝环。当碰到锐利物体,且作用力剧烈时,单丝易被勾断,呈毛丝状突出于织物的表面。织物产生勾丝,不仅外观严重被破坏,而且影响织物的耐用性。

2. 织物勾丝性的测量方法和指标　织物勾丝性测量是在一定的条件下使织物与坚硬的物体相互作用而产生勾丝,再与标准样照对比评级。常用有钉锤式勾丝仪测量法、刺辊式勾丝测量法、箱式勾丝测量法三种。

(1)钉锤式勾丝仪测量法。将试样缝成圆筒形,套在由橡胶包覆再加毛毡包覆层的滚筒上。滚筒上有由链条连挂的青铜球,球上有数排钉。当滚筒转动时,球上的钉不停地在试样上来回跳跃,使织物产生勾丝。

(2)刺辊式勾丝仪测量法。将试样的一端夹在夹布滚筒上,当滚筒以顺时针方向转动时,滚筒上的试样抛向刺辊,试样克服转动的摩擦阻力,带动刺辊沿逆时针方向转动,通过试样与刺辊上针的相互作用使织物产生勾丝。

(3)箱式勾丝仪测量法。试样缝成圆筒状,套在橡皮辊上,然后放在试样箱内,箱内六个面上分别装有一根或多根锯条。当试样箱以定速转动时,试样与锯条相互作用,织物产生勾丝。

织物勾丝的评定方法,目前大多数采用实物与标准样照在一定的光照条件下对比评级。勾丝自优到劣分成5级,其中5级最好,1级最差。可精确至0.5级。

3. 影响织物勾丝性的主要因素　影响织物抗勾丝性能的因素很多,有纤维原料、纱线结构、织物结构及后整理工艺等,其中织物结构和纱线结构的影响最显著。纤维的原料和织物、纱线结构紧密与否对织物抗勾丝的影响是互利的,结构越紧密的织物(纱线)纤维抽拔时越易形成冲击,越不耐冲击的纤维则越易断裂,不易形成勾丝。防勾丝对服用、家用产品较为重要,对产业用纺织品并不突出,若对产品勾丝性要求较高,可通过涂层来解决,而不能以降低抗冲击性为代价来防织物勾丝。

由此,影响织物抗勾丝性的因素十分明确,纤维的拉伸性能、纤维的形态与表面摩擦性能,织物和纱线的结构紧密与稳定。具体讨论如下:

(1)纤维性能。一般来说,勾丝现象主要发生在长丝或较长纤维制成的织物中,而棉、麻等短纤维织物在勾丝发生时,纤维可迅速脱出和断裂,具有较好的抗勾丝性能;圆形截面与非圆形截面相比,圆形截面纤维容易勾丝;纤维的强度高、伸长大时,勾丝现象明显。纤维的伸长率小、弹性大时,勾丝能通过纤维回缩来缓解和消除。

（2）纱线结构。一般规律是：结构紧密、条干均匀的不易勾丝。所以增加纱线捻度，可减少织物勾丝；线织物比纱织物不易勾丝；低膨体纱比高膨体纱不易勾丝。

（3）织物结构。结构紧密、表面平整的织物不易勾丝。针织物勾丝现象比机织物明显。

（4）后整理加工。热定形和树脂整理能使织物表面变得较为光滑平整，勾丝现象明显改善或消除。

六、色泽与色牢度

1. 织物的色泽　织物的色泽包括色彩和光泽两方面，是服装外观审美的重要指标。织物的色泽受纤维材料、纱线结构、织物结构和染色及后整理工艺等多种因素的影响。起绒织物的色泽还与光线的入射方向有关。

2. 织物的色牢度　有色织物在使用和保管中由于受到光、汗、摩擦、洗涤和熨烫等作用会发生褪色和变色现象。织物褪色和变色的程度可用色牢度来表示。色牢度包括日晒牢度、水洗或皂洗牢度、摩擦牢度、汗渍牢度和熨烫牢度等。以上各项色牢度都是在一定的光照条件下，比照标准的褪色或沾色样卡进行评级。除日晒牢度评级分为 8 级外，其余均为 5 级评定。8 级或 5 级为最好，1 级为最差。

色牢度对服装用织物是非常重要的。对于外衣，色牢度主要影响服装的外观。对于内衣和婴幼儿服装，色牢度还影响到服装的安全卫生性能。

第二节　服用纺织品的舒适性能

随着经济的发展和生活水平的提高，现代消费者对服装的要求不仅限于亮丽的外观，更在于舒适自如的感觉，对服装的穿着舒适性更加注重。而服装的舒适性在很大程度上取决于服用纺织品本身的舒适性能。服用纺织品的舒适性能主要包括热湿舒适性、触感舒适性和运动舒适性几个方面。在此主要讨论的是生理方面的舒适性。

一、热湿舒适性能

服装的基本功能之一是保持人体在热环境中的热湿平衡和舒适，在皮肤和服装之间形成舒适的微气候，来保护人体免受气候变化影响，并在各种综合环境条件和体力活动下支持人体的热湿调节系统，使人体即使处于较大的环境变化时，仍能保持体温处于正常范围。服装的这种调节能力的大小主要取决于服用纺织品的有关性能，主要包括隔热性、透气性、吸湿性、透湿性、透水保水性和润湿性等，统称为热湿舒适性。

（一）服用纺织品的保暖性

人体处在一定环境中，始终与环境不断地进行着热交换。人体由于新陈代谢会不断地产生一定的热量并向外界散发，而当外界温度较低或较高时就需要避免环境从人体夺取或输送过多的热量。在人与环境的热交换过程中服装影响着人与环境的热传导过程，热量通过服装从皮肤表面传导到服装外表面。

1. 服用纺织品的保暖性常用指标

（1）热阻。织物导热能力的大小可用热阻来表示。当材料的两表面出现温度差1℃时,热量从温度高的一面向温度低的一面以每平方米1W的速率通过,即表示为1个热阻,用热欧姆（T－Ω）表示,单位是$m^2 \cdot ℃/W$。

织物的热阻与织物的导热系数成反比,与织物的厚度成正比,并受环境的影响。

（2）克罗（clo）值。在室温21℃、相对湿度≤50%、风速≤0.1m/s,一位安静坐着或从事轻度脑力劳动的人,主观感觉舒适,他所穿衣服的隔热值为1克罗（clo）。

服装的热阻还常用克罗值（clo）来表示,其与热欧姆（T－Ω）的换算关系如下:

$$1(T－Ω) = 6.45clo$$

或

$$1clo = 0.155(T－Ω)$$

（3）保温率。国家标准GB/T 11048—2008《纺织品　生理舒适性　稳态条件下热阻和湿热的测定》中规定,织物的保温性能用保温率表征。保温率是指无试样时散热量和有试样时的散热量之差与无试样时的散热量之比,用百分率表示。

（4）导热系数。在稳定传热条件下,1m厚的材料,两侧表面的温差为1℃,在1h内,通过$1m^2$面积传递的热量称为导热系数,用λ表示,单位为$W/(m \cdot ℃)$。

$$\lambda = \frac{Qa}{F \cdot \Delta T \cdot t} \qquad (1-6)$$

式中:Q——通过材料的热量,kJ;

　　　a——材料的厚度,m;

　　　F——材料的面积,m^2;

　　　ΔT——温差,℃;

　　　t——时间,h。

纤维材料的导热系数决定了服用纺织品导热性能。常见纤维材料的导热系数见表1－1。

表1－1　常见纤维材料的导热系数（20℃室温条件下）

纤维材料	导热系数（W/m·℃）	纤维材料	导热系数（W/m·℃）
蚕丝	0.050～0.055	涤纶	0.084
羊毛	0.052～0.055	锦纶	0.240～0.340
棉	0.071～0.073	腈纶	0.051
黏胶纤维	0.055～0.071	氨纶	0.42
醋酯纤维	0.050	空气	0.026
丙纶	0.220～0.302	水	0.697

纤维的导热系数是衡量纤维导热性的指标之一。导热系数越大,热传递性越好,保暖性越差。静止空气的导热系数最小,所以它是最好的热绝缘体。服用纺织品的保暖性主要取决于其中含有的空气数量和状态,在空气不流动时,纺织品中含有的空气越多,绝热性越好。但一旦空气发生流动,保暖性就大大下降。

服装填絮材料、结构疏松的织物,如起绒织物、粗纺毛织物等,因织物内容纳有大量的静止空气,导热系数小,保暖性好。

水的导热系数比较大,约为纤维的 10 倍左右。随着纺织品回潮率的增大,材料的导热系数会增大,而保暖性下降。此外,温度对纤维的导热系数也有影响,温度高时,纤维的导热系数稍有增大。

2. 影响服用纺织品保暖性的主要因素

(1)纤维的导热系数。导热系数是衡量纤维保暖性的指标之一。导热系数越大,热传递性越好,保暖性越差。纤维的导热系数越小,热的传递性越小,保暖住越好。从表 1 - 1 中可看出,羊毛、蚕丝、腈纶的导热系数较小,其织物的保暖性就好。

(2)含气量。纺织品内含静止空气量越大,保暖性越好;较细的纤维,比表面积大,静止空气层的表面积也大,故保暖性好,如羽绒、某些超细纤维;中空纤维内部含有较多静止空气;具有卷曲的纤维,纤维间空隙多,含气量大,十分保暖,如羊毛、羊绒织物;起毛、蓬松的织物以及双层、多层结构的织物含气量大,保暖性好。

(3)织物密度与厚度。密度较大的织物热量不易散失;厚织物比薄织物利于保暖。因此,在原料相同的情况下,织物厚度越大、密度越高,保暖性就越好,冬季衣料应紧密厚实。

(二)服用纺织品的吸湿性

1. 吸湿性 纺织品吸收气态水分的能力称为吸湿性。纺织品释放气态水分的能力称为放湿性。因为人体不断地向体外排出水分,这些水分能否及时被服装吸收或透过服装释放到环境中,对于人体的舒适与否是十分重要的。吸湿性对服用纺织品形态尺寸、机械性能、染色性能、静电性能等都有一定影响。

人们对夏季服装和内衣的吸湿性和放湿性往往比秋冬季服装和外衣要求更高,以便吸收人体通过蒸发和出汗向皮肤表面排出的水分,并迅速释放到周围环境中,以保持皮肤表面适宜的湿度。对冬季服装及填絮材料而言,由于其吸湿后会使保暖性降低,一般希望吸湿性不要太高,尤其对于湿冷环境下穿着的冬季服装更是如此。此外,纺织品的抗静电性还与其吸湿性密切相关,吸湿性差的织物,引起静电问题的可能性要远远高于吸湿性良好的纺织品织物。

2. 服用纺织品的吸湿性常用指标 服用纺织品吸湿性的表征指标是回潮率。回潮率是指材料含水量占材料干燥重量的百分率。

$$回潮率 = \frac{材料湿重 - 材料干重}{材料干重} \times 100\% \qquad (1 - 7)$$

由于材料的吸湿是随周围环境的温湿度而变化的,为了正确比较各种材料的吸湿性,规定在温度 20℃,相对湿度 65% 的标准大气条件下,将材料放置一段时间,然后测其回潮率,此条件下所测得的是标准回潮率。在实际应用中,常采用在接近标准温湿度下测得的公定回潮率来表示材料的吸湿性能。表1-2为常见纺织纤维的公定回潮率。回潮率越大,吸湿性越好。

表1-2 常见纺织纤维的公定回潮率

纤维材料	公定回潮率(%)	纤维材料	公定回潮率(%)
蚕丝	11	涤纶	0.4
羊毛	15	锦纶	4.5
棉	11.1	腈纶	2
黏胶纤维	13	氯纶	0
亚麻	12	丙纶	0
兔毛	15	氨纶	1.3

3.影响服用纺织品吸湿性的主要因素 服用纺织品的吸湿性主要取决于其纤维原料的吸湿性,还受纱线结构、织物结构、后整理及环境等因素的影响。

纺织品吸湿能力大小首先取决于纤维的组成和结构。天然纤维分子中有亲水基团,能够吸附水分子并能使其渗入纤维内部,所以吸湿比较强,回潮率高。合成纤维分子中大多不含或含亲水基团较少,而且分子排列紧密,其纺织品吸湿能力较差,有的几乎不吸湿。

吸湿能力的大小还与纺织品的组织结构有关。组织较稀疏的织物,水分能从组织间隙中透过,也能起到一定的吸湿作用。若构成纺织品的纤维为疏水性,结构又过于紧密,水分既不被纤维吸附,又很难从纱线间隙中透过,这类织物吸湿性较差。

(三)服用纺织品的通透性

服用纺织品透过空气、水汽和水的能力统称为通透性。服用纺织品通透性的优劣与服装穿着舒适感密切相关。

1.纺织品的透湿性

(1)纺织品的透湿性含义。气态的水分透过纺织品的性能,称为纺织品的透湿性,也称作透汽性。纺织品的透湿性是气相水分因纺织品内外表面存在水汽压差而透过的性质。服用纺织品的透湿性是一项重要的舒适性能,它直接关系到纺织品排汗的能力。

(2)纺织品的透湿性评价指标。纺织品的透湿性评价指标主要是透湿率。在国家标准GB/T 12704.1—2009《纺织品 织物透湿性试验方法 第1部分:吸湿法》中,透湿率是指在纺织品两面存在恒定的水蒸气压差的条件下,在规定的时间内通过单位面积纺织品的水蒸气质量,单位是$g/(m^2 \cdot d)$,即每天每平方米纺织品上的透湿量。该标准规定用透湿杯法测定纺织品的透湿量,包括吸湿法和蒸发法两种。透湿率越大,纺织品透湿性越好。

(3)影响纺织品透湿性的主要因素。影响纺织品透湿性的主要因素有纤维的吸湿放湿性能、织物的紧密程度、厚度和后整理等。当接近皮肤的衣内空气层中水蒸气压力大于周围环境中水蒸气压力时,水蒸气便可以通过纤维间的空隙、纺织品的空隙从压力高的皮肤表面向外环境扩散。纺织品的紧密程度和后整理决定了这些空隙的大小和多少。纺织品的厚度越大,对水蒸气的黏滞力越大,对水蒸气的扩散阻力也就越大。纤维具有一定的吸湿能力,又有一定的放湿能力,可以从湿度高的环境吸湿后向吸湿低的环境放湿。在其他条件相同时,如果纤维的吸湿性好,放湿又快,透湿性则高。

2. 纺织品的透气性

(1)纺织品的透气性含义。当纺织品两侧空气存在压力差时,空气从一侧通向另一侧的性能称为透气性或通气性。

纺织品的透气性与服装的舒适性关系密切,它对服装的隔热性能影响显著。如果外层服装的面料透气性好,则服装的隔热性能较差。因此对于在寒冷环境中穿着的外层服装,要求有较小的透气性,以提高整体服装的防寒保暖性能。而夏季服装应有较好的透气性,使人感觉通透凉爽。

(2)纺织品的透气性评价指标。纺织品的透气性常用透气率表示。国家标准 GB/T 5453—1997《纺织品 织物透气性的测定》中规定,在纺织品一侧维持一定压力差(1000Pa)条件下,单位时间内通过纺织品单位面积的空气量,单位是 $L/(mm^2 \cdot s)$。透气率越大,纺织品的透气性越好。

(3)影响纺织品透气性的主要因素。影响纺织品透气性的主要因素有纤维材料、纺织品结构、厚度、表面特征、染整后加工及周围环境等多种因素。大多数异形截面、压缩弹性好的纤维,其纺织品的透气性好。吸湿性强的纤维,吸湿后纤维直径明显膨胀,透气性下降。织物紧度大,纱线捻度小,纺织品的透气性较差。在相同条件下,浮线长的织物透气性好。表面起绒、起毛及多层织物透气性较低;经水洗、砂洗、磨毛等后整理,透气性较原织物下降。一般针织物比机织物透气性能好。纺织品的回潮率对透气性有影响。吸湿后,纺织品的透气性下降。

3. 纺织品的透水性 纺织品透过水分的性能,称为透水性,即水分子从纺织品一面渗透到另一面的性能。纺织品防止水渗透的性能称为防水性,透水性与防水性是相反的性能。

具有良好吸湿性能的纺织品,透水性一般都较好。结构疏松的纺织品透水性也比较高。纤维表面存在的蜡质、油脂等可产生一定的防水性。如蚕丝、纯棉和麻织物具有较高的透水性,而卡其、华达呢、塔夫绸等结构紧密的织物可用作具备良好防水性的风雨衣及一些外衣面料。经过防水整理后,纺织品的防水性能得到显著提高,但透气、透湿性能下降。经防水透湿整理则使纺织品既防水又透气、透湿,使服装能符合人体舒适度的要求。

(四)纺织品的保水性能

1. 纺织品的保水性含义 纺织品的保水性能是指织物保持液态水的能力。纤维、纱线和织物都具有把水分集聚在纤维内、外表面或相互之间的空隙中的能力,这种现象被称为"吸附水"。纺织品保水性能的大小,就是由纤维、纱线和织物的这种保持吸附水的能力决定的。

纺织品的保水性能涉及服装吸汗的问题,是服用纺织品尤其是夏季及贴身穿着的服装面料舒适性的重要指标。纺织品的保水性能好,面料就可以更多地吸收汗液而不容易产生潮湿感和黏体感。对于薄型长丝织物,其最大容水量远小于较厚的短纤纱织物,纤维和纱线间的空气就被水分所取代,在含水量较低时,就会感到潮湿而导致不舒适。

2. 纺织品保水性的评价指标 织物的总含水量可以用称重法测量,对吸附水可将湿织物用离心分离机进行定量测量。

3. 影响纺织品保水性的因素 纤维的吸湿性、纤维的形态、纤维的线密度、纱线的紧密程度、织物结构和织物后整理等因素与纺织品保水性有关。一般来说,吸湿性好、线密度小、结构疏松的纤维和纱线制成的纺织品保水性良好。浮长线长、结构蓬松的织物的保水性好。经过起绒或缩绒整理的织物,其保水能力都可得到明显提高,拒水和防水整理均会使织物的保水能力减弱。

二、触觉舒适性能

服用纺织品的触觉舒适性是指人体皮肤在受到外界织物或服饰作用时的一种生理感觉。这些感觉通过人体的感觉神经,包括触觉、热感和痛感神经,并使人感觉到这些刺激作用的部位、区域和持续时间。触感舒适性是服装舒适性的重要方面,尤其对贴身穿着的服装更为重要。服用纺织品触感舒适性与纺织品的力学性能、皮肤的特性及环境的温湿度等影响因素有密切关系。服用纺织品的触感舒适性主要包括接触冷暖感,刺痒感等。

(一)服用纺织品的接触冷暖感

1. 服用纺织品接触冷暖感的含义 当人体与服装接触时,如果环境温度与人体体温有差异,热量就会通过接触部位由高温向低温传递,导致接触部位的皮肤温度发生变化,因而与其他部位的皮肤温度出现一定的差异,这种差异经过神经传导大脑所形成的冷暖判断及直觉,称作纺织品的接触冷暖感。在气温较低的秋冬季节,贴身穿着服装所用的织物若暖感较强则比较舒适,反之穿着时皮肤就会感到骤凉而不舒适。

2. 服用纺织品冷暖感的评价 常用的评价方法是最大的热流量法,利用织物热物性仪测定。测试时,将纺织品置于加热的铜板上,测量由加热铜板向纺织品的瞬间导热率。导热初期的最大热流量值越大,纺织品的冷感越强。

3. 影响纺织品冷暖感的主要因素 影响纺织品冷暖感的主要因素有纤维材料、纺织品结构、后整理、材料的吸湿性等。纤维的导热系数影响织物的接触冷暖感,在其他条件相同的情况下,导热系数值越大,纺织品的接触冷暖感就越强。吸湿性强的材料常会产生冷感。毛羽长、卷曲多及结构蓬松的材料常会带来暖感。经缩绒、磨毛和起绒、拉毛等整理能提高纺织品的温暖感。人体皮肤出汗,含有汗液、油脂残留物的纺织品与皮肤间的黏滞也会产生湿冷感。

(二)服用纺织品的刺痒感

1. 服用纺织品的刺痒感 纺织品的刺痒感一般指其表面毛羽对皮肤的刺扎疼痛和轻扎、刮拉、摩擦的刺痒综合感觉,而往往以"痒"为主,它是引起贴身穿着服装不舒适的一个重要方面。纺织品的刺痒感是由伸出其表面的纤维头端引起的机械刺激所致,主要是由直径大于 $30\mu m$ 的粗纤维引起的。纺织品的刺痒感主要见于毛衣、粗纺毛织物和麻织物等。

2. 织物刺痒感的评价 刺痒感的评价方法有两种，一是主观体验，另一种是客观实验。主观实验有前臂试验和穿着试验。客观实验方法有低压压缩测试法、突出纤维激光计数法、音频测量法等。由于织物的刺痒感并非单纯与伸出的纤维头端的数量有关，因此，上述的几种客观实验方法均有较大的局限性。

3. 影响织物刺痒感的因素 刺痒感主要与纺织品表面纤维的粗细、粗纤维的含量、毛羽多少、长短以及纤维在织物中滑移的难易有关。其中，纤维的粗细程度、粗纤维的含量和初始模量是影响织物刺痒感最重要的因素。纤维越粗，粗纤维的含量越高，纤维的初始模量越大，越容易导致纺织品产生刺痒感。纱线和织物结构对织物刺痒感有一定作用，结构疏松的织物较结构紧密的织物刺痒感要弱一些。

（三）服用纺织品的压迫感

因服用纺织品厚度、硬挺度、重量及结构等不合理引起人体受到压迫、压抑及紧张等不舒适感，称作服用纺织品的压迫感。压迫感会使人感到行动受阻、身体受到挤压以及精神紧张压抑。纤维的粗细程度、粗纤维的含量和初始模量是影响织物刺痒感最重要的因素。纤维材料和纺织品结构都会影响服用纺织品的压迫感。纤维材料越粗，相对密度越大，纤维的初始模量越高，纱线捻度越大，织物越厚、越重及结构越紧密，越容易导致纺织品产生压迫感。

第三节 服用纺织品的手感和风格

服用纺织品的手感和风格是人们服用时通过触觉、视觉来获知的织物性能，与服装的穿着舒适性有关，而且对服装的造型和保形性有直接影响，是纺织品多种力学性能和内在的质量的一种综合反映。服用纺织品手感和风格还会直接影响到消费者的购买意向。

一、服用纺织品手感和风格的基本概念

1. 基本概念

（1）手感。纺织品的手感就是人们用手触摸、抓握产品时，纺织品的某些力学性能作用于人手，并通过人脑产生的对其特性的综合判断。

纺织品的手感主要包括其表面的粗糙或光滑、柔软或硬挺、弹性如何、轻重厚薄、丰满及活络与否等多个方面，与织物低应力下的力学性能密切相关。

（2）风格。纺织品风格是一种综合概念，有广义风格和狭义风格之分。广义风格指纺织品在人体的触觉、视觉和听觉等官能上的综合反映。狭义风格指纺织品与人肤体之间的接触感，又常称之为手感。

视觉风格是织物的纹理、图案、颜色、光泽及其他特性作用于人的视觉器官并通过人脑产生的对纺织品特性的综合判断。纺织品的手感和视觉风格都对服装的外观美感有较大的影响，纺织品的手感同时还对服装的触觉舒适性有较大的影响。

视觉风格、触觉风格、成形性和穿着舒适性被并列为纺织品的主要品质内容。

2. 纺织品风格常用术语 风格是纺织品各种物理性能的综合反映,纺织品的常用术语与物理性能的联系如表1-3所示。

表1-3 纺织品风格常用术语与物理性能

风格用语	物理性能	风格用语	物理性能
柔软或硬挺	刚柔性	致密或疏松	表观密度
蓬松或坚实	压缩性	光滑或粗糙	平整性
活络或板结	伸展性	滑爽或粘涩	摩擦性
挺括或疲软	弹性	湿冷或暖和	冷暖性

二、纺织品风格的评定

纺织品风格评定的方法有主观评定和客观评定两种。

(一)纺织品风格的主观评定

纺织品风格的评定传统上采用主观评定的方法,通过人的手对织物触摸所引起的感觉以及对织物外观的视觉反应来做出评价,通常又称作感官评定,即以手感目测的方式根据感觉器官的感觉来进行纺织品风格的评定。

纺织品的风格的评定基于两个方面,一是由纺织品的力学性能和表面性能引起的触觉感受,二是纺织品的力学性能和表面性能对产品某种用途的适用性判断。在纺织品风格的主观评定时,实际上经历了对其风格基本评定和风格总体印象的判断,即对纺织品综合性能优劣的判断两个步骤。

对于不同用途的纺织品,有不同的基本风格要求。评判纺织品综合风格优劣的标准随地域、文化背景、性别、年龄和时间等不同而不断变化。常见服用纺织品的基本风格及纺织品综合性能评定时各基本风格如表1-4、表1-5所示。

表1-4 常见服用纺织品的基本风格

基本风格	秋冬季面料	春夏季面料
光滑度	30	0
滑爽度	0	35
硬挺度	25	30
丰满度	20	10
表面外观	15	20
其他	10	5

表 1 – 5　冬装与夏装基本风格的要求

类别	冬季男装面料	夏季男装面料	冬季女装面料	夏季女装面料
基本风格	硬挺度 光滑度 丰满度	硬挺度 滑爽度 悬垂度 丰满度	硬挺度 光滑度 丰满度 柔软度	硬挺度 悬垂度 滑爽度 丰满度 丝鸣

纺织品风格的主观评定具有简便、快速的优点。但主观评定常受物理、心理和生理等因素的影响,评定结果往往因人、因地、因时而异,有一定的局限性。纺织品性能与评定结果之间会存在差异,并缺乏定量的描述。

(二)纺织品风格的客观评定

纺织品风格的客观评定可通过织物风格仪进行。织物风格仪一般由拉伸—剪切试验仪、弯曲试验仪、压缩试验仪和表面试验仪等部分组成,可产生 16 项测试指标。可以对这些指标采用多元回归方法,建立织物基本手感值和织物力学性能的多元回归方程,从而建立起织物综合手感值和织物基本手感值的多元回归方程,实现织物手感的客观评定。

第四节　服用纺织品的强度和耐用性能

强度和耐用性能是服用纺织品的重要指标。服装用纺织品的耐用性是指产品既要不易损坏,又要在穿着一段时间后仍能使外观及性能基本保持不变。服用纺织品不仅能经受穿着过程中所受的各种外力作用,而且能经受服装加工过程和维护过程对织物的损伤。

服装在加工和穿着过程中,要受到不同程度的破坏。一次性破坏的有拉伸、撕裂、顶破、燃烧和熔孔等。多次反复破坏的有磨损。这些指标直接影响服装的耐用性。

一、拉伸强度

纺织品在承受较大拉伸负荷时,会产生断裂。纺织品拉伸断裂曲线随组成该织物的纤维材料、纱线种类和结构、织物组织、密度及染整方式的不同而变化。其检测方法可参见国家标准 GB/T 3923.1—1997《纺织品　织物拉伸性能　第 1 部分:断裂强力和断裂伸长率的测定　条样法》和 GB/T 3923.2—1998《纺织品　织物拉伸性能　第 2 部分:断裂强力的测定　抓样法》。

机织物常用扯边纱条样法、抓样法、剪切条样法,扯边纱条样法、抓样法如图 1 – 7(a)、图 1 – 7(b)所示。

针织物在采用矩形试样拉伸时,因夹口处的应力特别集中而使试样在钳口附近断裂,常采用梯形试条法、环形试条法,如图 1 – 7(c)、图 1 – 7(d)所示。

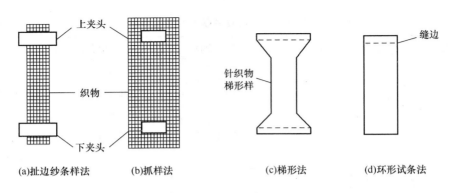

图1-7 织物拉伸强度检测

影响织物拉伸强度的主要因素有纤维的性能、纱线线密度、纱线结构、织物组织和染整加工等。

织物拉伸性能的指标有断裂强力、断裂长度、断裂伸长率、断裂功等。研究表明,断裂功与穿着耐用性有密切的关系,能在很大程度上反映织物的内在质量。国际上通常用经纬向断裂功之和作为织物的坚韧性指标。

一般穿着情况下,服装由于拉伸断裂而产生的破坏并不多,因为多数织物的断裂强力都能够承受穿着过程中受到的拉伸力。

二、撕破强度

服装在穿着过程中,常常会发生织物中的纱线因被异物勾住而发生断裂,或是织物局部被夹持受拉而撕裂的情况,织物的这种破坏现象称为撕裂或撕破。这是因为织物内局部纱线受到集中负荷而撕成裂缝。织物的撕破检测方法可参见国家标准 GB/T 3917.2—2009《纺织品　织物撕破性能　第2部分:裤形试样(单缝)撕破强力的测定》、GB/T 3917.4—2009《纺织品　织物撕破性能　第4部分:舌形试样(双缝)撕破强力的测定》、GB/T 3917.3—2009《纺织品　织物撕破性能　第3部分:梯形试样撕破强力的测定》,表征指标为撕破强度。

织物撕破强度的检测常用单缝法、双缝法、梯形法、落锤法等,如图1-8、图1-9所示。

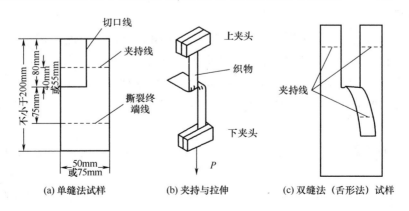

图1-8 织物撕破强度单缝法和双缝法的试样与夹持方法

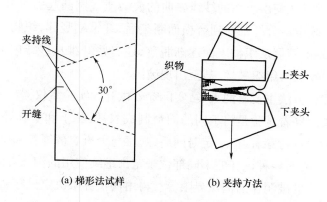

（a）梯形法试样　　　　　　　　（b）夹持方法

图 1−9　织物撕破强度梯形法的试样与夹持方法

通常用于野外作业人员所穿服装对织物的抗撕破强度要求较高。我国对经树脂整理的织物，要求测定其抗撕破强度。针织物一般不做撕破实验。

撕裂与拉伸断裂均为反映织物力学性能的断裂现象。在织物力学性能方面，撕裂与拉伸的主要不同点在于，拉伸断裂发生在直接受力纱线上，并且所有受力纱线瞬时发生断裂。而在撕裂现象中通常只有一根或若干根纱线出现断裂，并以阶段状使织物的纱线顺次发生断裂，直到织物完全撕开为止。另外，撕破断裂的纱线，有时发生在直接受力的纱线上，有时也会发生在非直接受力的纱线上。拉伸断裂与试样的宽度有关，而撕裂与试样宽度无关。

三、顶裂强度

织物局部在垂直于织物平面的外力作用下受到破坏，称作顶裂。测试方法可参见国家标准GB/T 19976—2005《纺织品　顶破强力的测定钢球法》，表征指标为顶裂强度。

织物在顶裂过程中，不是单向受力而是多方向受力，且在各处的受力不是均匀分布的。织物较大的顶裂应力通常集中在顶球的圆周，而与球接触的局部因摩擦因素的存在，其所受的拉伸负荷反而减少。由于沿经纬两个方向张力的作用，首先使纱线在变形最大、强度最薄弱的一点上断裂，随后沿经向或纬向撕裂，因此裂口一般呈 L 形（顶破强力较大时）或直线形。

随着服装更新周期的缩短，在使用过程中织物一般不会发生顶破现象，但服装穿着中较多出现膝部和肘部等突起的起拱变形现象，影响服装的挺括和美观。可以利用顶裂试验机，在试样上施加一定的负荷并且反复作用于织物上，进行起拱试验，分析织物的变形特点，判断服装穿着时的保形性能。

四、耐磨性能

服装在穿着过程中，会受到各种摩擦而引起臀、膝、肘等部位的损坏，并使服装发生起毛、厚度变薄、强度下降乃至出现破洞的现象，这种破坏被称为磨损。耐磨性能是指织物具有的抵抗磨损的特性。

面料的磨损,通常是从突出表面的纱线屈曲的波峰或线圈凸起弧段外层开始,逐渐向内发展。当构成面料的纱线中部分纤维受到磨损而断裂后,纤维端竖起,织物表面起毛。随着磨损的继续进行,有些纤维的碎屑从织物表面逐渐脱落,还有些纤维从纱线内抽出而局部变细。最终导致面料变薄,重量减轻,组织破坏,甚至出现破洞。

面料耐磨性的测试方法主要有两大类,实际穿着试验和实验室仪器试验。

1. 实际穿着试验 穿着试验是将不同的面料制成衣裤、袜子和手套等,组织合适的人员在实际工作或生活环境中进行穿着,待一定时间后,观察与分析衣裤等各部位的损坏情况。

穿着试验评定时,先对各种试样的不同部位规定出继续使用的淘汰界限,如裤子的臀部、上衣的肘部出现一定大小的破洞作为淘汰界限等。再由淘汰界限决定试穿后的淘汰件数,计算出淘汰件数占试验总件数的百分率,即淘汰率。

穿着实验的优点是比较符合实际穿着情况。缺点是需要花费大量的人力、物力和时间,试验结果的精度和重现性较差,且组织工作非常复杂。

2. 实验室仪器试验 实验室仪器试验是利用试验仪器模拟穿着过程中的磨损方式对面料进行磨损试验,并根据磨损结果对面料的耐磨性进行评价。仪器试验的优点是省时、省力、省钱,试验结果的精度和重现性较高。

根据织物在磨损时所处的状态,织物的磨损试验主要有平磨、曲磨、折边磨,还有动态磨和翻动磨等。

(1)平磨是指面料试样在一定压力下与磨料摩擦所受到的磨损。它是模拟上衣袖子、裤子臀部、袜底、沙发用面料及地毯等的磨损形态。按对试样的摩擦方式可分为往复式、回转式和马丁带尔多向式等。

(2)曲磨是使面料试样在弯曲状态下与磨料反复摩擦所受到的磨损。它模拟上衣的肘部和裤子的膝部磨损形态。

(3)折边磨是将试样对折后,试样的对折边缘与磨料反复摩擦所受到的磨损。它模拟服装的领口、袖口和袋口及其他折边部位的磨损形态。

(4)动态磨是指试样在反复拉伸和弯曲的状态下与磨料摩擦所受到的磨损。它是模拟服装在人体活动过程中的磨损。动态磨较符合服装穿着时实际磨损情况,其试验结果与穿着试验也较为接近。

(5)翻动磨是指试样在任意翻动的拉伸、弯曲、压缩和撞击状态下,与磨料摩擦所受到的磨损。它是模拟服装在洗衣机中洗涤过程中的磨损形态。

评价织物磨损主要采用比较磨损前后面料外观的综合变化的方式。例如,表面磨损后起毛、纤维断裂、破洞、光泽等的变化情况,磨损产生孔洞或磨断一定根数纱线所需的摩擦次数,经一定摩擦次数后试样重量的损失率,试样厚度的变化,强力损失,例如,经一定次数摩擦后织物拉伸、顶裂、撕裂强力的损失率等。

在对面料的耐磨性能进行评价时,还常用综合耐磨值。综合耐磨值是用平磨、曲磨、折边磨三种耐磨值平均值表示织物的综合耐磨性能。

$$综合耐磨值 = \cfrac{3}{\cfrac{1}{耐平磨值} + \cfrac{1}{耐曲磨值} + \cfrac{1}{耐折边磨值}} \tag{1-8}$$

由于面料使用范围很广,使用要求也不同,因此,可用不同的方法来描述产品的耐磨性。

五、耐用性能

服装经过穿着、洗涤、熨烫之后,它所具有的各种外观及内在性能指标仍能长期保持不变,材料的这种性能保持性称作耐用性。

耐用性能的主要评价指标是耐疲劳性。疲劳性是指材料在小外力的反复作用下变形的逐渐积累,最终导致材料破坏的一种性能。

面料的耐疲劳性主要与纤维的弹性恢复率、强力和延伸性、纱线结构、织物的结构和后整理等因素有关。服装的穿着条件与穿着频率对面料的耐疲劳性也有较大影响,勤换衣服可以使服装得到充分的"休息",以减小织物变形的累积。在洗涤和熨烫过程中,温度和水作用可以使面料变形得到有效的恢复,从而提高织物的耐用性。

第五节　服用纺织品的质量评定

纺织品质量也称作品质,它是用来评价纺织品优劣程度的多种有用属性的综合指标,是衡量纺织品使用价值的尺度。纺织品在出厂前,要按有关标准对其质量进行检验与等级评定。

纺织品的检验标准按制订的领域和范围分有国际标准、国家标准、行业标准、地方标准、企业标准及国家标准化指导性技术文件等。按制订性质分为强制性标准、推荐性标准、技术指南、技术规范和规程等。按形式又分为文字标准、实物标准和技术样照。按功能可分为基础标准、试验方法标准和产品标准等。

纺织品检验主要是运用各种检验手段如感官检验、化学检验、仪器分析、物理测试、微生物学检验等,对纺织品的品质、规格、等级等检验内容进行检验,确定其是否符合标准或贸易合同的规定。

纺织品检验所涉及的范围很广,纺织品检验按其检验内容可分为品质检验、规格检验、重量检验、数量检验和包装检验等,品质检验又分为外观质量和内在质量两个方面。

我国国家标准中,织物的质量评等一般包括实物重量、物理指标、布面疵点和染色牢度等项目。通常依据质量好坏,分为一、二、三等,低于三等为等外品。各类织物的评等的侧重有所不同。

(1)本色棉布和涤/棉布通常按物理指标、棉结杂质、布面疵点评等。物理指标包括经纬密度和经纬向断裂强度。棉结杂质用疵点合格率来表示。布面疵点是指织疵和纱线疵点。

(2)印染棉布由内在质量和外观质量两者的品等结合评定。内在质量为断裂强度、经纬密度、缩水率和染色牢度,按匹评等;外观质量指布面疵点,按匹评定等。

（3）毛织物常按实物质量、物理指标、染色牢度和外观疵点四项评等。物理指标包括幅宽、平方米克重、断裂强度、缩水率和非毛纤维含量等。实物质量指标指外观、手感、风格等,有检验者对织物进行"捏、摸、抓、看"后对比标样进行评定。

（4）丝织物按内在质量和外观质量两方面进行评定。内在质量包括长度、幅宽、经纬纱排列密度、平方米克重、断裂强度、缩水率等力学性能指标和染色牢度。外观质量指织、练、染、印、整等过程中产生的疵点。

（5）麻织物坯布按物理性能和外观疵点分等。物理性能包括断裂强度和经纬密度。印染布按内在质量和外观疵点评等。内在质量包括断裂强度、经纬密度、缩水率和染色牢度。

（6）针织物的质量评等中,内衣用布以批为单位按物理指标评等。评等内容包括横密、纵密、平方米干重和强力,外衣用布、弹力涤纶经编布和纬编布,按物理指标和外观疵点结合评等。

（7）非织造布的品质评等标准也分内在质量和外观质量两个方面。

☞ 思考题

1. 服用纺织品的外观性能包括哪些方面? 如何表征?

2. 服用纺织品的舒适性能主要有哪些方面?

3. 试述服装的外观保持性主要影响因素。

4. 试述服用纺织品的保暖性及影响因素。

第二章　服用纺织纤维

● 本章知识点 ●

1.服用纺织纤维的分类方法。
2.服用纺织纤维的性能。
3.服用纺织纤维技术指标。

服用纺织品在纺织品应用中占据很重要的位置,纺织产品中很大一部分都用于服装加工。纺织纤维作为纺织品的基本组成部分,也是构成服装面料的基本物质,因此,纤维是决定服装材料最终服用性能的关键要素。通过掌握纺织纤维的种类与性能就能掌握服装面料的根本特性,从而可以更充分地利用和发挥纤维材料的特性,使服装设计、生产、使用和保养更加科学、合理。

第一节　纤维的分类和结构特征

从生产实用角度看,凡是直径为数微米到数十微米或略粗些,长度比直径大许多倍(上千倍甚至更多)的物体,一般都称作纤维。其中长度达到数十毫米以上,具有一定强度、一定可挠曲性和互相纠缠抱合性能以及其他服用性能而可以生产纺织制品(如纱线、绳带、机织物、针织物等)的,叫做纺织纤维。

作为纺织纤维,必须具有一定的物理、化学性质,以满足工艺加工和人们使用时的要求。这些性质主要包括:必须具有一定的长度和细度;必须质地柔软,具有一定的强度、弹性及变形能力;必须具有一定的吸湿性、导电性和化学稳定性等;对穿着用和家用纺织纤维还需要有良好的染色性能,应该是无害、无毒、无致敏性的生理友好物质。因此,为了更合理且有效地利用纺织纤维,使之符合各种服装的要求,应该从外观的审美性、生理的舒适性、穿着的耐久性、保养的经济简便性等几个方面分析各种纤维的性能和用途。

一、纺织纤维的分类

纺织纤维的种类很多,一般按其来源可分为天然纤维和化学纤维两大类。

(一)天然纤维

天然纤维是自然界存在的,可以直接取得纤维,根据其来源分成植物纤维、动物纤维和矿物纤维三类。

1. 植物纤维 植物纤维是由植物的种子、果实、茎、叶等处得到的纤维,是天然纤维素纤维。从植物韧皮得到的纤维如亚麻、黄麻、罗布麻等;从植物叶上得到的纤维如剑麻、蕉麻等。植物纤维的主要化学成分是纤维素,故也称作纤维素纤维。

植物纤维包括:种子纤维、韧皮纤维、叶纤维、果实纤维。

(1)种子纤维。是指一些植物种子表皮细胞生长成的单细胞纤维。如棉纤维、木棉纤维。

(2)韧皮纤维。是从一些植物韧皮部取得的单纤维或工艺纤维。如亚麻、苎麻、黄麻、竹纤维。

(3)叶纤维。是从一些植物的叶子或叶鞘取得的工艺纤维。如剑麻、蕉麻。

(4)果实纤维。是从一些植物的果实取得的纤维。如椰子纤维。

2. 动物纤维 动物纤维是由动物的毛或昆虫的腺分泌物中得到的纤维。从动物毛发得到的纤维有羊毛、兔毛、骆驼毛、山羊毛、牦牛绒等;从动物腺分泌物得到的纤维有蚕丝等。动物纤维的主要化学成分是蛋白质,故也称作蛋白质纤维。

动物纤维(天然蛋白质纤维)包括:毛发纤维和腺体纤维。

(1)毛发纤维。动物毛囊生长具有多细胞结构由角蛋白组成的纤维。如绵羊毛、山羊绒、骆驼毛、兔毛、马海毛。

(2)丝纤维。由一些昆虫丝腺所分泌的,特别是由鳞翅目幼虫所分泌的物质形成的纤维,此外,还有由一些软体动物的分泌物形成的纤维,如蚕丝。

3. 矿物纤维 矿物纤维是从纤维状结构的矿物岩石中获得的纤维,主要组成物质为各种氧化物,如二氧化硅、氧化铝、氧化镁等,其主要来源为各类石棉,如温石棉、青石棉等。

(二)化学纤维

化学纤维是指用天然的或合成的高聚物为原料,经过化学和机械方法加工纺制而成的纺织纤维。

化学纤维可按原料来源、加工方法、纤维性能等分类。通常根据原料来源的不同,化学纤维可分为人造纤维和合成纤维两类。

1. 人造纤维 人造纤维是用含有天然纤维或蛋白纤维的物质,如木材、甘蔗、芦苇、大豆蛋白质纤维等及其他失去纺织加工价值的纤维原料,经过化学加工后制成的纺织纤维。人造纤维也称作再生纤维。根据原料的成分不同分为再生纤维素纤维和再生蛋白质纤维两类。

(1)再生纤维素纤维。是指用木材、棉短绒等纤维素为原料制成的结构为纤维素的再生纤维,如黏胶纤维、铜氨纤维等。

(2)再生蛋白质纤维。是指用酪素、大豆、花生等天然蛋白质为原料制成的再生纤维。这类纤维的物理化学性能类似于羊毛,但强度低,生产成本高,且原料本身又是食物,故发展受到限制。

2. 合成纤维 合成纤维是以石油、煤、天然气及一些农副产品等低分子物作为原料制成单体后,经人工合成获得的聚合物纺制而成的化学纤维。合成纤维原料来源丰富,品种繁多。常见的合成纤维有聚酯纤维(涤纶)、聚酰胺纤维(锦纶或尼龙)、聚乙烯醇纤维(维纶)、聚丙烯腈纤维(腈纶)、聚丙烯纤维(丙纶)、聚氯乙烯纤维(氯纶)等。

化学纤维按几何形状分为长丝、短纤维、异形纤维、复合纤维和变形丝。

(1)长丝。化学纤维加工中不切断的纤维。长丝又分为单丝和复丝。单丝只有一根丝,透明、均匀、薄。复丝由几根单丝并合成丝条。

(2)短纤维。化学纤维在纺丝后加工中可以切断成各种长度规格的纤维。

(3)异形纤维。改变喷丝头形状而制得的不同截面或空心的纤维。

(4)复合纤维。将两种或两种以上的聚合体,以熔体或溶液的方式分别输入同一喷丝头,从同一纺丝孔中喷出而形成的纤维。又称作双组分或多组分纤维。复合纤维一般都具有三度空间的立体卷曲,体积高度蓬松,弹性好,抱合好,覆盖能力好。

(5)变形丝。经过变形加工的化纤纱或化纤丝。常见的有高弹涤纶丝、低弹涤纶丝、腈纶膨体纱等。

化学纤维按照用途又可以分为普通纤维和特种纤维。其中普通纤维包括再生纤维与合成纤维;特种纤维包括耐高温纤维、高强力纤维、高模量纤维、耐辐射纤维等。

二、纺织纤维的结构特征

所谓纤维的结构特征就是构成该纤维的长短分子的组成及它们在空间的排列位置。它包括:当纤维处于平衡状态时,组成纤维的长短分子之间的几何排列,纤维的断面结构、形状,纤维内的空洞、裂隙以及微孔的大小和分布等。

(一)纤维的分子结构特征

纤维的分子和排列形成了纤维的结构特征,而这种特征正是影响纤维的物理性质和化学性质的主要因素。纺织纤维都是由高分子化合物所组成的,不同纤维具有不同的高分子化合物成分及排列形式。

1. 纤维的分子结构组成 服用纤维高分子化合物的最基本组成单元是呈长链状的大分子,它是保持该物质各种属性的,且能独立存在的基本单元,因此常把纤维的分子结构称为链结构。纤维的长链大分子由许多相对分子质量不大、化学结构相同或不完全相同的单个小分子,依靠共价键联结而成。所以在纤维的长短分子中,常常会出现一种或几种重复出现的链节。纤维分子链既细又长,在没有外力作用下,不可能保持直线状态,而是呈现各种各样的卷曲,这种特性称为链的柔顺性。链的柔顺性对所组成的纤维性能有相当大的影响。服用纤维的高分子化合物一般是直线型长链大分子,其链节可以是完全相同的(如纤维素、聚乙烯等),也可以是基本相同的(如蛋白质等),这种链节称为"单基"。纤维素的单基是葡萄糖剩基,蛋白质的单基是 α-氨基酸剩基,涤纶的单基是对苯二甲酸乙二酯。分子中含有单基的数量称为聚合度。一般条件下,纤维分子的聚合度越大,纤维的强度也越大。天然纤维的聚合度取决于纤维的生长条件和纤维的品种。化学纤维的聚合度可以通过生产工艺进行调节。

2. 纤维的一般特征 纺织纤维中每根纤维都是由许多长链分子组成,而长链分子依靠相互之间的作用力聚集起来,排列堆砌成整根纤维。长链分子在纤维内的排列无一定的规律。在同一根纤维内有些区域大分子片段排列较为整齐(称为结晶区),而有些区域大分子片段排列不整齐(称为非晶区)。因此纺织纤维结构中包含结晶态和非结晶态两部分。从整根纤维来看，表现出两方面的特征。

第一是大分子排列方向和纤维轴线方向的关系。在纺织纤维中，大部分大分子的排列方向(或大部分分子链段的排列方向)是和纤维轴线方向相同的，大分子排列方向与纤维轴向符合的程度称为"取向度"。纤维的取向结构使纤维许多性能产生各向异性，如力学性能，强度、模量在纤维轴向上提高，而伸长性降低；在热收缩和湿膨胀性能上，纤维轴向出现热收缩，径向膨胀，而湿膨胀径向大于轴向；纤维的热传导、电学、声学和光学性能也会有明显的各向异性。

第二是纺织纤维中结晶区的比例用"结晶度"来表示。结晶度一般是指结晶区的体积占纤维总体积的百分数。纤维结晶度较高时，纤维中缝隙、孔洞较少，密度较大，吸湿比较困难，强度较高，变形较小。

(二)纤维的形态结构特征

所谓纤维的形态结构是指纤维中尺寸比较大的分子敛集结构特征，这可在光学显微镜、电子显微镜下或原子力显微镜(AFM)观察得到。如纤维的各级微观结构、纤维的断面形状、纵向特征，以及纤维内部存在的各种缝隙、孔洞等。

一般将形态结构按尺度和部位分为表观形态、表面结构和微细结构三类。表观形态：主要研究纤维外观的宏现形状与尺寸，包括纤维的长度、粗细、截面形状和卷曲或转曲等；表面结构：主要涉及纤维表面的形态及表层的构造，是微观形态与尺度的问题；微细结构：是指纤维内部的有序区(结晶或取向排列区)和无序区(无定形或非结晶区)的形态、尺寸和相互间的排列与组合，以及细胞构成与结合方式。其中影响纤维服用性能的形态结构特征主要指纤维的表观形态。

1.纤维的长度 纤维长度直接影响纤维的加工性能和使用价值，反映纤维本身的品质与性能，故为纤维最重要指标之一。纤维长度与纱线质量、织物外观，以及织物手感等关系极为密切。一般而言，纤维越长，成纱强度越高，因此织物的坚牢度较好；在保证一定成纱强力的基础上，纤维越长，可纺制较细的纱线，织制出较为轻薄的面料，也可以使纱线少加捻，制成的织物手感柔软舒适；此外，纤维越长，纱上的纤维头端露出较少，因而服装外观光洁，毛羽少，不易起毛、起球。反之，由短纤维制成的织物外观则比较丰满，且有毛羽。

棉花、羊毛、亚麻等天然纤维，在同等纤维细度下，纤维长度越长，长度均匀度越好，品质也越好。纤维长度过短，会导致纺纱困难。棉纤维长度一般在 40mm 以下；毛纤维平均长度为 50～120mm；苎麻纤维较长，约为 120～250mm；亚麻纤维的长度较短，在 20～30mm 之间。

化学纤维的长度因用途而定，可加工成长度接近天然短纤维的三种短纤维类型：棉型纤维的长度在 51mm 以下，接近棉纤维长度，制成的织物外观特征接近于棉织物；毛型纤维长度在 76～150mm 之间，类似于羊毛纤维长度，制成的织物外观特征类似毛织物；中长纤维的长度介于 51～76mm 之间，在棉纤维和毛纤维的长度之间，用来织制仿毛型织物。

2.纤维的细度 纤维细度是指纤维粗细的程度，它是衡量纤维品质的重要指标，也是影响纱线与织物性能的重要因素。纤维的细度对所纺织纱线的粗细均匀度、抗弯刚度、强度以及纱线及织物的光泽有较大的影响。纤维越细，手感越柔软，由其制成的面料光泽越好，容易得到丰满蓬松的效果,但易起毛、起球。在纱线粗细相同的情况下,纤维越细,纱线断面内的纤维根数就越多,纱线强力越好。外观粗犷厚重的织物所用的纤维通常长而粗,精细轻薄的织物所用的纤维一般较细,同时较细的纤维还可以制成透气性良好和仿丝绸效果良好的服装面料。

纤维细度的表征方式有直接和间接两种。直接指标是用纤维的直径和截面积直接描述纤维粗细的指标,适于圆形纤维。直径常以微米为单位。间接指标是由纤维质量或长度确定,即定长或定重时纤维所具有的质量(定长制)或长度(定重制),无截面形态限制。定长制有线密度和纤度两种形式,单位分别为特克斯(tex)和旦尼尔(旦);定重制主要采用公制支数(公支)和英制支数(英支)表示。

(1)线密度。我国法定计量单位规定,纤维(或纱线)的细度统一用线密度表示,单位为特克斯(tex),简称特。表示1000m长的纤维(或纱线)在公定回潮率时的质量(g)。纤维常采用更细的分特(dtex)表示,即10000m长的纤维所具有的质量(g),为1/10特。

线密度的计算公式为:

$$Tt = \frac{1000G_k}{L} \qquad (2-1)$$

式中:Tt——纤维的线密度,tex;

G_k——纤维公定回潮率时的质量,g;

L——纤维的长度,m。

特数俗称号数,线密度越大,纤维越粗。

(2)纤度。9000m长纤维在公定回潮率时的质量(g),称为纤度,单位为旦尼尔(Denier),简称旦。计算公式为:

$$N_D = \frac{9000G_k}{L} \qquad (2-2)$$

式中:N_D——纤维的纤度,旦;

G_k——纤维公定回潮率时的质量,g;

L——纤维的长度,m。

纤度(旦)与线密度(分特)的转换关系为:

$$Tt = 0.11N_D \qquad (2-3)$$

化纤长丝与蚕丝的细度常用纤度表示。纤度越大,纤维越粗。

(3)英制支数 N_e。英制支数简称英支,是指在公定回潮率下,1磅重的纱线所具有的标准长度的倍数。棉和棉型混纺纱的标准长度为840码。即:

$$N_e = \frac{L_e}{840G_e} \qquad (2-4)$$

英制支数与线密度的转换关系为:

$$Tt = \frac{583.1}{N_e} \qquad (2-5)$$

棉纤维的细度常用公制支数表示。

（4）公制支数 N_m。公制支数简称公支，是指在公定回潮率时1g纤维或纱线所具有的长度（m），即：

$$N_m = \frac{L}{G_k} \qquad (2-6)$$

公制支数与线密度的转换关系为：

$$Tt = \frac{1000}{N_m} \qquad (2-7)$$

毛、麻纤维的细度常用公制支数表示。公制支数越大，纤维越细。

（5）直径与截面积。具有圆形截面的纤维，如羊毛或其他动物毛纤维可直接用直径来表示，非圆形截面的纤维直径常指该纤维等面积圆的直径。由于纤维很细，以微米（μm）为单位，近似圆形的计算为 $A = \pi d^2/4$。

纤维直径可按以下各式与纤维其他线密度指标进行换算：

$$d(\text{mm}) = 0.01189 \sqrt{\frac{N_D}{\gamma}} \qquad (2-8)$$

$$d(\text{mm}) = 0.03568 \sqrt{\frac{Tt}{\gamma}} \qquad (2-9)$$

$$d(\text{mm}) = \frac{1.1284}{\sqrt{N_m \gamma}} \qquad (2-10)$$

上式中 γ 表示纤维的密度（g/m^3）。由上式看出，纤维细度值相同，其直径可能不同，受到纤维密度 γ 的影响。常见纤维密度见表2－1。

表2－1　常用纤维的密度

纤维	密度（g/cm^3）	纤维	密度（g/cm^3）
棉	1.54	涤纶	1.38
麻	1.50	锦纶	1.14
羊毛	1.32	腈纶	1.17
蚕丝	1.33	维纶	1.26 ~ 1.30
黏胶纤维	1.50	丙纶	0.91
铜氨纤维	1.50	乙纶	0.94 ~ 0.96
醋酯纤维	1.32	氯纶	1.39
三醋酯纤维	1.30	氨纶	1.0 ~ 1.3

3. 纤维纵向结构与截面形态　不同类型的纤维,其纵向形态和横截面形态差异很大,通过显微镜观察可以发现各自的截面形态。常见的几种纤维的截面形态如表 2 - 2 所示。

表 2 - 2　常见纤维的纵横向形态

纤维	纵向形态	纵向形态特征	横截面形态	横截面形态特征
棉		扁平带状,有天然转曲		腰圆形,有中腔
苎麻		有横节、竖纹		腰圆形,有中腔及裂缝
亚麻		有横节、竖纹		多角形,中腔较小
羊毛		表面有鳞片		圆形或接近圆形,有些有毛髓
兔毛		表面有鳞片		哑铃型

续表

纤维	纵向形态	纵向形态特征	横截面形态	横截面形态特征
蚕丝		表面如树干状,粗细不匀		不规则的三角形或半椭圆形
黏胶		纵向有细沟槽		锯齿形,有皮芯结构
涤纶		平滑		圆形

从表 2-2 中可以看出,纤维的纵向结构主要有以下几种类型:

(1)转曲或横节结构。表面粗细不匀,有转曲或有横节,或有各类细小突起,如天然纤维素纤维。这种结构使纤维互相啮合,利于纺纱加工。

(2)鳞片状结构。出现在大部分的动物毛发中,如羊毛纤维。这种结构有利于纺纱加工,纤维易在加工中毡合而形成特有的毛呢表面风格。

(3)沟槽结构。纤维的表面呈现纵向的细沟槽,使纤维具有较好的可纺性,最典型的是普通黏胶纤维的表面细沟槽。

(4)平滑结构。熔融纺丝制成的合成纤维(如锦纶)和精练蚕丝具有这种结构,表面平滑,不利于纤维之间的相互啮合,纺纱加工较为困难。

(5)表面多孔结构。多见于涤纶和腈纶织物经改性处理后的纤维表面,有利于改善吸水、吸湿、染色性能和手感。

从纤维的截面形状来看,天然纤维都非圆形,即使是截面最接近圆形的细羊毛纤维严格意义上也是椭圆形的。化学纤维中,熔融法制得的纤维一般为圆形截面,但干法、湿法纺丝因溶剂析出收缩的原因或有特殊要求的异形纤维,都是非圆形的。

源于对天然纤维的表面形态模拟,化学纤维加工制造过程中其横截面形态发生了巨大变化,由单纯的圆形截面衍生出各种异形截面,如三角形、四角形、五角形、扁平形、中空形等。与圆形截面纤维相比,异形截面纤维在光泽效应、手感、染色性能、耐污性、蓬松性、透气性、保暖性等多个方面均有较好的改观。因此,改变纤维表面结构是材料改性的有效途径,可改善纤维的吸水性、吸湿性和外观风格等。例如,化学纤维尤其是合成纤维表面较光滑,常有蜡状感或挺而不柔感等,进行卷曲加工就可在纤维纵向产生明显的卷曲,改善手感、弹性和蓬松性等。对涤纶等合成纤维进行化学处理以改变表面状态可模仿真丝。羊毛的凉爽或防缩免烫整理也是通过破坏或改变表面的鳞片而实现。

服用纤维的种类众多,而且形态结构各异,从而导致其性能不尽相同,而各自的性能特征决定了服装的生产工艺、服装外观、服用性能以及服装保养等方面的不同。因此,人们对服装的各种要求,最终体现在对纤维原料的服用要求上。与服装加工及服用性能直接相关的纺织纤维的基本性能主要包括纤维的细度、长度、形态结构、密度、吸湿性、力学性能、热学性能、电学性能、耐气候性和耐化学品性能等。

(三)纤维的密度

纤维的密度是指单位体积纤维的质量,常用 g/cm^3 或 mg/mm^3 来表示。纤维的密度取决于纤维本身的化学结构,纤维长链分子的相对分子质量和纤维的结晶度都与之有关。纤维的密度直接影响织物的覆盖性,在重量相同的情况下,密度小的纤维具有较大的覆盖性;反之,覆盖性较小。当服装面料的组织结构以及服装款式、尺寸相同时,由密度小的纤维制成的服装重量较轻,而密度较大的纤维制成的服装重量则较重。从穿着舒适性角度考虑,无论是在夏季还是冬季,人们更乐于接受重量较轻的服装,特别是在穿衣较多的冬季,质轻、保暖的服装更受人们的欢迎。表 2-1 列出了常用纤维的密度。从表中可以看出,合成纤维的密度要比其他纤维小,尤其是丙纶,比水还轻,适合于制作水上运动的服装。

三、力学性能

纤维在各种外力作用下所呈现的特性称为力学性能。服用纤维在加工及使用过程中,会受到拉伸、弯曲、扭转、摩擦、压缩、剪切等各种外力的作用,从而会相应地产生各种变形,直接影响了服装的服用价值。因此研究纤维的力学性能对服装加工及使用具有重要意义。

(一)拉伸性能

纤维在拉伸外力作用下产生的应力—应变关系称为拉伸性能。表示纤维在拉伸过程中的负荷和伸长的关系曲线称为纤维的负荷—伸长曲线。它是以负荷为纵坐标,伸长为横坐标作得的拉伸过程图。可以通过负荷—伸长曲线的基本形态来分析纤维的拉伸断裂特征。由于负荷大小与纤维细度有关,对同种材料而言,试样越粗,负荷也越大;而伸长大小与纤维试样长度有关,所以负荷—伸长曲线对不同粗细和不同试样长度的纤维没有可比性。除此之外,拉伸曲线还有应力—应变曲线。它是将负荷除以试样的线密度(或横截面积)得到的比应力(或应力)作为纵坐标,将伸长除以试样长度得到的应变(或以百分率表示的伸长率)作为横坐标而作出的。应力—应变曲线在相对负荷单位统一和材料密度相同的基础上,对各种纤维才有可比性。常用的拉伸性能指标主要有强力、强度、断裂伸长率、初始模量、屈服点等。

1. 强力　强力是指纤维受力拉伸至断裂时所能承受的最大负荷,也称为绝对强力或断裂强力。单位为牛顿(N)或厘牛(cN)。强力与纤维的粗细有关,不同粗细的纤维,其强力没有可比性。

2. 强度　强度是用于比较不同粗细纤维的拉伸断裂性质的指标。根据采用的线密度指标不同,常用的强度指标主要有断裂强度、断裂应力和断裂长度。

(1)断裂强度(相对强度)。断裂强度是指每特纤维所能承受的最大拉力,单位为 N/tex,常用 cN/dtex。其计算公式为:

$$P_{Tt} = \frac{P}{Tt} \tag{2-11}$$

$$P_D = \frac{P}{N_D} \tag{2-12}$$

式中:P_{Tt}——线密度制纤维的断裂强度,N/tex;

　　P_D——纤度制纤维的断裂强度,N/旦;

　　P——纤维的强力,N;

　　Tt——纤维的线密度,tex;

　　N_D——纤维的纤度,旦。

(2)断裂应力(强度极限)。断裂应力是指纤维单位截面上能承受的最大拉力,单位为 N/mm²(即兆帕,MPa)。其计算公式为:

$$\sigma = \frac{P}{S} \tag{2-13}$$

式中:σ——纤维的断裂应力,MPa;

　　S——纤维的截面积,mm²。

(3)断裂长度。断列长度是指设想将纤维连续地悬挂起来,直到它因自身重力而断裂时的长度,单位为 km。其计算公式为:

$$L_p = \frac{P}{g} \times N_m \tag{2-14}$$

式中:L_p——纤维的断裂长度,km;

　　g——重力加速度,9.8m/s²;

　　N_m——纤维的公制支数。

纤维强度的三个指标之间的换算关系式为:

$$P_{\text{Tt}} = 9 \times P_{\text{D}} \qquad (2-15)$$

$$\sigma = \gamma \times P_{\text{Tt}} = 9 \times \gamma \times P_{\text{D}} \qquad (2-16)$$

$$L_{\text{p}} = \frac{P_{\text{Tt}}}{g} = 9 \times \frac{P_{\text{D}}}{g} \qquad (2-17)$$

式中:γ——纤维的密度,g/cm^3。

根据这些换算式可以看出,相同的断裂强度和断裂长度,其断裂应力还随纤维的密度而异,只有当纤维密度相同时,断裂强度和断裂长度才具有可比性。

3. 断裂伸长率　纤维拉伸时产生的伸长占原来长度的百分率称为伸长率。纤维拉伸至断裂时所产生的伸长值称为断裂伸长,也称绝对伸长。纤维拉伸至断裂时的伸长率称为断裂伸长率,它表示纤维承受拉伸变形的能力。其计算式为:

$$\varepsilon_{\text{p}} = \frac{L_{\text{a}} - L_0}{L_0} \times 100\% \qquad (2-18)$$

式中:ε_{p}——纤维的断裂伸长率(%);

　　　L_{a}——纤维断裂时的长度,mm;

　　　L_0——纤维加预张力伸直后的长度,mm。

几种常见纤维的断裂强力和断裂伸长率见表2-3。

表2-3　几种常见纤维的拉伸性能指标

纤维品种			断裂强度(N/tex)		断裂伸长率(%)		定伸长回弹
			干态	湿态	干态	湿态	(%)(伸长3%)
棉			0.26~0.43	0.29~0.56	7~12		74(伸长2%)
细羊毛			0.09~0.15	0.07~0.14	25~35	25~50	86~93
家蚕丝			0.26~0.35	0.19~0.25	15~25	27~33	54~55(伸长5%)
苎麻			0.49~0.57	0.51~0.68	1.5~2.3	2.0~2.4	48(伸长2%)
黏胶纤维	普通	短纤维	0.22~0.27	0.12~0.18	16~22	21~29	55~80
		长丝	0.15~0.20	0.07~0.11	18~24	24~35	60~88
	强力	短纤维	0.32~0.37	0.24~0.29	19~29	21~29	55~80
		长丝	0.30~0.42	0.22~0.33	7~15	20~30	60~89
	富纤短纤维		0.34~0.46	0.23~0.37	7~14	8~15	60~85
铜氨纤维	短纤维		0.26~0.30	0.18~0.22	14~16	25~28	55~60
	长丝		0.16~0.24	0.10~0.17	10~17	15~27	55~80
醋酯纤维	短纤维		0.11~0.14	0.07~0.09	25~35	35~50	70~90
	长丝		0.11~0.12	0.06~0.08	25~35	30~45	80~95
锦纶6	短纤维		0.40~0.66	0.33~0.56	25~60	27~63	95~100
	长丝		0.42~0.56	0.37~0.52	28~42	36~52	98~100

纤维品种		断裂强度（N/tex）		断裂伸长率%		定伸长回弹
		干态	湿态	干态	湿态	（%）（伸长3%）
涤纶	短纤维	0.41～0.57	0.41～0.57	30～50	30～50	90～95
	长丝	0.38～0.48	0.38～0.48	20～32	20～32	95～100
腈纶	短纤维	0.22～0.44	0.18～0.40	25～50	25～60	90～95
维纶	短纤维	0.33～0.55	0.28～0.44	12～16	12～16	70～85
	长丝	0.26～0.35	0.18～0.28	17～22	17～25	70～90
氨纶	长丝	0.04～0.08	0.03～0.08	450～800		95～99
乙纶	长丝	0.44～0.79	0.44～0.79	8～35	8～35	85～97
氯纶	短纤维	0.18～0.25	0.18～0.25	70～90	70～90	70～85
	长丝	0.24～0.33	0.24～0.33	20～25	20～25	80～90

4. 初始模量　初始模量是指纤维拉伸曲线上起始部分直线段的应力与应变的比值。如图 2-1 在负荷—伸长曲线起始直线段上任取一点 M，根据该点的纵、横坐标值和纤维的细度、试样长度，可求得其初始模量。计算公式为：

$$E = \frac{P \times L}{\Delta L \times Tt} \tag{2-19}$$

式中：E——纤维的初始模量，N/tex；

　　P——M 点的负荷，N；

　　ΔL——M 点的伸长，mm；

　　L——试样长度，即强力机上下夹持器间的距离，mm；

　　Tt——试样细度，tex。

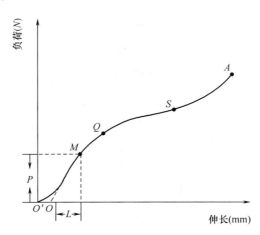

图 2-1　纤维负荷—伸长曲线

如果拉伸曲线上起始段的直线不明显,可取伸长率为1%时的一点来求初始模量,但纤维拉伸前,必须处于伸直状态,即有初张力。

初始模量的大小表示纤维在小负荷作用下变形的难易程度,即纤维的刚性。纤维的初始模量大,则纤维在小负荷作用下不易变形,刚性较好,其制品比较挺括;反之,初始模量小,制品比较柔软。

5. 屈服应力与屈服伸长率　在纤维的拉伸曲线上,曲线的倾斜度由大转向较小时,表示材料对于变形的抵抗力逐渐减弱,该转折点称为屈服点。屈服点处所对应的应力和伸长率就是屈服应力和屈服伸长率。

纤维在屈服点以前产生的伸长变形大部分是可以恢复的急弹性变形,而屈服点以后产生的伸长变形中,有很大一部分是不可恢复的塑形变形。一般屈服点高,即屈服应力和屈服伸长率大的纤维,不易产生塑性变形,拉伸回弹性较好,其服装面料的尺寸稳定性较好。

(二)拉伸变形与弹性

1. 拉伸变形　纤维受拉伸后产生变形,去除外力后变形并不能全部恢复。因此,纤维的变形包括可回复的弹性变形和不可回复的塑性变形。而弹性变形又可分为急弹性和缓弹性两部分。纤维的变形能力与纤维的内部结构关系密切。

(1)急弹性变形。急弹性变形是指纤维在外力作用下几乎立即产生伸长变形,而外力去除后,会立即产生回复的这部分变形。

(2)缓弹性变形。缓弹性变形是指当外力去除后,纤维能缓慢回复的这一部分变形。缓弹性变形的回复过程较慢。

(3)塑性变形。塑性变形是指当外力去除后,不能回复的这一部分变形。它是由于在外力作用下,纤维大分子链节产生了不可逆的移动而引起的大分子间不可回复的变形。

纤维变形的三种组分是同时进行的,而且各自的速度不同。急弹性变形的变形量不大,但发展速度很快;缓弹性变形以比较缓慢的速度逐渐发展,并因分子间相互作用条件的不同而变化甚大;塑性变形必须克服纤维中大分子之间更多的联系作用才能发展,因此比缓弹性变形更加缓慢。外力停止作用后,两种可逆变形以不同的速度同时开始消失。塑性变形不可逆,因为在外力去除后,没有促使这种变形消失的因素。

2. 弹性　弹性是指纤维变形的回复能力。表示弹性大小的常用指标是弹性回复率(或称回弹率),是指急弹性变形和一定时间内可恢复的缓弹性变形之和占总变形的百分率,其计算公式为:

$$R_e = \frac{L_1 - L_2}{L_1 - L_0} \times 100\% \qquad (2-20)$$

式中:R_e——纤维的弹性回复率(%);

　　L_0——纤维的初始长度,mm;

　　L_1——纤维加负荷伸长的长度,mm;

　　L_2——纤维去负荷再加预张力后的长度,mm。

弹性回复率是在指定的条件下测定计算得到的，如加负荷情况、负荷作用时间、去负荷后变形恢复时间等，因此，它是一个条件值。不同条件下测得的弹性回复率没有可比性。相同条件下测得的弹性回复率越大，表示纤维弹性越好，变形回复能力强，而且纤维耐磨、耐疲劳，其服装制品也较为耐穿。几种常见纤维的弹性回复率见表2-3。

（三）纤维的疲劳

高分子纤维材料在外力作用下发生变形时，其变形不仅与外力的大小有关，同时也与外力作用的延续时间有关。

纤维在一恒定的拉伸外力作用下，变形随受力时间的延续而逐渐增加的现象称为蠕变。即使是较小的外力但长时间的作用在纤维上，也会由于蠕变而使伸长率不断增加，最后导致纤维的断裂，这种现象称为纤维的疲劳。在拉伸变形恒定的条件下，纤维内的应力随着时间的延续而逐渐减小的现象称为应力松弛。

纤维材料的蠕变和应力松弛是一个性质的两个方面，都是由于纤维中大分子重排所引起的。蠕变是由于随着外力作用时间的延长，不断克服大分子间的结合力，使大分子逐渐沿着外力方向伸展排列，或产生相互滑移而导致伸长增加，增加的伸长基本上都是缓弹性变形和塑性变形。应力松弛是由于纤维发生变形时具有内应力，使大分子逐渐重新排列，在此过程中部分大分子链段间发生相对滑移，逐渐达到新的平衡位置，形成新的结合点，从而使内应力逐渐减小。

纤维的疲劳有两种情况：一种是静止疲劳，对纤维施加不大的恒定拉伸力，开始时纤维伸长较快，然后伸长速度逐步趋缓，直到伸长趋于不明显，当达到一定时间后，纤维在最薄弱处发生断裂。施加的外力较小时，静止疲劳断裂所需的时间较长；另一种是多次拉伸疲劳，纤维经受多次加负荷、去负荷的反复循环作用，因为塑性变形的逐步积累，纤维内部局部损伤，形成裂痕，最终被破坏。

从上述纤维疲劳的两种情况可以看出，纤维在经受外力作用时，即使受力不大，但如果作用时间长或反复作用，都可使纤维产生疲劳破坏。因此在使用时，减少外力作用时间或减少外力作用次数，增加纤维回复变形的机会就可使纤维及其制成品获得更长的使用寿命。

服装在穿着过程中，会经常承受各种强度不大的外力作用而导致疲劳，如能保持衣服勤洗勤换，为其提供更多的缓弹性变形回复的机会，就会使衣服具有较好的保形性而且较为耐穿。

四、吸湿性能

吸湿性是指纤维在空气中吸收或放出气态水的能力。纤维的吸湿性是影响纤维物理性能、纺织工艺以及服装穿着舒适性的一项重要特性。纺织纤维由于其分子组成及化学结构的不同，其吸湿性能差异也很大。天然纤维和再生纤维具有较高的吸湿能力，称为亲水性纤维。大多数合成纤维吸湿能力较低，是疏水性纤维。因此，现代纺织工业生产中，常用合成纤维与纤维素纤维、蛋白质纤维混纺，以弥补纯合成纤维制品吸湿性能差的弱点。

（一）吸湿指标

1. 含水率和回潮率　衡量纤维吸湿性的指标主要有含水量和回潮率。含水量是指纤维中所含水分重量占纤维湿重的百分比。回潮率是指纤维中所含水分重量与纤维干重的百分比。目前纺织行业中除原棉有时还沿用含水量外,其他纤维都采用回潮率来表示纤维吸湿性的强弱。

含水率 M 和回潮率 W 的计算公式为:

$$M = \frac{G - G_0}{G} \times 100\% \qquad (2-21)$$

$$W = \frac{G - G_0}{G_0} \times 100\% \qquad (2-22)$$

式中: G——纤维的湿重,g;

G_0——纤维的干重,g。

两者的换算关系式为:

$$W = \frac{M}{1 - M} \quad \text{或} \quad M = \frac{W}{1 + W} \qquad (2-23)$$

2. 标准回潮率　各种纤维及其制品的实际回潮率随温湿度条件而变。为了比较各种纤维的吸湿能力,往往将它们放在统一的标准大气条件下,一定时间后使它们的回潮率达到一个稳定值,这时的回潮率称为标准大气状态下的回潮率,即标准回潮率。关于标准大气状态的规定,国际上是一致的,而容许的误差各国略有不同。我国的《纺织材料试验标准温湿度条件规定》如表 2-4 所示。实际中可以根据试验要求,选择不同的标准级别。

表 2-4　标准温湿度及其允许误差

级别	标准温度（℃）		标准相对湿度（%）
	A 类	B 类	
1	20 ± 1	27 ± 2	65 ± 2
2	20 ± 2	27 ± 3	65 ± 3
3	20 ± 3	27 ± 5	65 ± 5

3. 公定回潮率　在贸易和成本计算中,纤维并非处于标准温湿度状态。而且,在标准温湿度状态下同一种纺织材料的实际回潮率也还与纤维本身的质量和含杂等因素有关。为了计重和核价的需要,必须对各种纺织材料的回潮率作统一规定,这称为公定回潮率,公定回潮率接近于实际的回潮率,但不是标准大气条件下的回潮率。

各国对于纺织材料公定回潮率的规定并不一致。我国常见的几种纤维的公定回潮率[在相对湿度(65 ± 2)%、温度(20 ± 2)℃的条件下]见第一章表 1-2。

纤维在公定回潮率时的重量称为公定重量,简称"公量"。其计算公式如下:

$$G_k = G \frac{1 + W}{1 + W_k} = G_0 (1 + W_k) \qquad (2 - 24)$$

式中：G_k——纤维的公量，g；

G——纤维的湿重，g；

G_0——纤维的干重，g；

W——纤维的实际回潮率（%）；

W_k——纤维的公定回潮率（%）。

多种纤维混合时的公定回潮率可按混合比例的加权平均计算。计算公式为：

$$W_k = \sum_{i=1}^{n} b_i W_i \qquad (2 - 25)$$

式中：W_i——混合纤维中第 i 种纤维的公定回潮率（%）；

b_i——混合纤维中第 i 种纤维的混合比（%）；

n——混合纤维种类数。

（二）吸湿机理

所谓吸湿机理，是指水分与纤维的作用及其附着与脱离过程。由于纤维种类繁多，吸湿又是复杂的物理、化学作用，因此现有的理论有其适用范围。

一般认为，在吸湿过程中，大气环境中的水分子首先被吸附于纤维的表面，然后再逐步地向其内部扩散，与大分子上的亲水性基团相结合。这种由于纤维中极性基团的极化作用而吸着的水分称为直接吸收水，水分子与纤维的结合力较大，吸收过程相当缓慢，有时需要数小时才能达到平衡状态。然后水蒸气在纤维的毛细管壁凝聚，便形成毛细凝聚作用，称为毛细管凝结水。这种毛细凝聚过程，即便是在相对湿度较高的情况下，也要持续数十分钟，甚至数小时。

在外部条件相同时，纤维的大分子结构、聚集态结构、形态结构等因素决定了纤维吸湿性的大小。纤维大分子中亲水基团的多少和作用强弱对纤维的吸湿性能有很大影响。亲水基团的数量越多，极性越强，则其吸引力越强，吸收水分子能力越强，因此吸湿性越好。天然纤维的长链分子中亲水性基团数量较多，因此天然纤维的吸湿能力较强。

纤维吸收的水分子绝大多数进入非结晶区。这是由于纤维的结晶区内分子排列整齐、空隙较小，水分子难以进入；而非结晶区内分子排列不规整，空隙较大，水分子较易进入。所以结晶度越高，纤维的吸湿性越差。纤维所吸收的部分水分子，是被纤维的表面或内部空隙的表面所吸附，所以纤维的表面积越大，能吸附的水分子也越多。涤纶内部不存在亲水性基团，它的吸湿仅靠表面吸附。天然纤维在生长过程中还存在一些糖类、胶质，这些物质的吸湿能力较大，所以这些物质在被分离前后，纤维的吸湿能力也有所不同。

（三）吸湿性对纤维性能的影响

纤维吸湿后，由于纤维分子与水分子的结合，使纤维的化学结构产生了变化，进而影响了纤维的性能。而纤维性能的变化将直接影响纤维制品的服用性能。吸湿后，纤维性能的变化主要表现在以下几个方面：

1. 对纤维物理性能的影响　纤维吸湿后,其重量增加,同时体积发生膨胀,其中横截面方向的膨胀较大,而纵向膨胀较小,具有明显的各向异性。纤维吸湿后的膨胀,特别是横向膨胀,会使织物变厚、变硬并产生收缩现象。吸湿后纤维的横向膨胀使纱线变粗,这样纱线在织物中的弯曲程度增加,迫使织物收缩,这是造成织物缩水的原因之一;同时,纱线的变粗会造成织物空隙堵塞,使疏松的织物增加弹性。

纤维在吸着少量的水分时,其体积变化不大,单位体积重量随吸湿量的增加而增加,使纤维密度增加,大多数纤维在回潮率为4% ~6%时密度最大。待水分充满孔隙后再吸湿,则纤维体积显著膨胀,而水的相对密度小于纤维,所以纤维密度逐渐变小。

2. 对纤维力学性能的影响　纤维吸湿后,其力学性能如强力、伸长、弹性、刚度等都会有较大改变,这对纤维的纺织工艺、纤维制品及服装的洗涤条件和方法均有很大影响。

除棉、麻等天然纤维素纤维的强力随回潮率上升而增大外,绝大多数纤维的强力随回潮率的上升而降低,其中黏胶纤维尤为突出。这是因为水分子进入纤维内部无定形区,减弱了大分子间的结合力,使分子间容易在外力作用下发生滑移。强力下降的程度,则视纤维内部结构和吸湿多少而定。合成纤维由于吸湿能力较弱,所以吸湿后强力的降低不太显著。

纤维吸湿后,内部分子间作用力减弱,在受力后不能完全回复到受力之前的状态,塑性变形增加,从而导致纤维的弹性下降。吸湿能力越强的纤维,吸湿后越容易产生塑性变形,对纤维弹性的影响也较大,如棉、黏胶、麻、蚕丝、维纶等纤维,吸湿后弹性下降很明显。反之,纤维吸湿性越小,吸湿后弹性变形也就越小,如涤纶、锦纶、腈纶、氯纶、丙纶等纤维,吸湿后弹性下降不明显。同时,湿润的纤维较为柔软、易变形,因受力而改变后的形状不易回复。因此吸湿后服装的抗皱能力和保形能力变差。

吸湿后,纤维的伸长率有所增加,这是因为水分子进入纤维内部后,减弱了大分子间的结合力,使它在受外力作用时容易伸直和产生相对滑移的缘故。吸湿后,纤维的脆性、硬性有所减小,塑性变形增加,摩擦系数有所增加。

3. 对纤维电学性能的影响　干燥纤维的电阻很大,是优良的绝缘体。干燥纤维吸湿后,随着其回潮率的增加,使纤维的电阻变小,绝缘性能也随之呈下降趋势。

由于纤维的绝缘性,在纺织加工过程与服装穿着过程中由于摩擦会产生静电,给生产和服用带来问题。为了改善这种情况,可适当提高纤维的回潮率,改变纤维吸湿后的导电性,这样积聚在纤维表面的电位就会迅速地被释放,服装的静电现象会大大减少。

4. 对纤维热学性能的影响　纤维在吸湿时会放出热量,这是由于空气中的水分子被纤维大分子上的极性基团所吸引而与之结合,分子的动能降低而转换为热能被释放出来而产生的。

纤维在给定回潮率下吸着1g水放出的热量称为吸湿微分热。各种干燥纤维的吸湿微分热大致接近。随着回潮率的增加,各种纤维的吸湿微分热会不同程度地减小。

在一定温度条件下,1g重的绝对干燥纤维从开始吸湿到完全润湿时所放出的总热量,称为吸湿积分热。吸湿能力强的纤维,其吸湿积分热也大。

纺织纤维吸湿和放湿的速率以及吸湿、放湿热量对服装的舒适性有直接影响。当干燥的纤维暴露在一定相对湿度的大气中,会吸收水蒸气并放出热量,这使纤维中水蒸气的压力和纤维本身的湿度增加,而使吸湿速度减慢。回潮率高的纤维放湿时需要吸收热量,这使纤维中水蒸气压力和纤维本身的湿度降低,而使放湿速度降低。因此,纤维的吸湿放热对人体生理上的体温调节有利,而且吸湿放热对服装的保暖性有利。但这一特性对纤维材料的储存是不利的,库存时如果空气潮湿,通风不良,就会导致纤维吸湿放热而引起霉变,甚至会引起火灾。

5. 对纤维光学性能的影响 纤维吸湿会影响其对光线的折射、反射、透射和吸收性能,进而影响纤维的光泽、颜色,以及光降解和老化性能:当纤维的回潮率升高时,纤维对光的折射率、透射率和光泽会下降,光的吸收会增加,颜色会变深,光降解和老化会加剧等。这些变化都是由于水分子进入纤维后引起纤维结构改变所造成的。

(四)热学性能

纺织纤维在加工和使用过程中会经受不同温度的作用,而且温度范围很广。服用织物的使用温度冬天可低达零下数十摄氏度,夏天则高达40℃以上。工艺加工过程中的烘干、热定型等温度都很高。不同的温度会给纤维的内部结构及物理性质带来很大的影响。纺织纤维在不同温度下表现出的热物理性能称为热学性能。研究纺织纤维的热学性能,可以能动地利用它进行染整等加工,并可在了解纤维热学性能的基础上做到合理应用,防止损伤纤维。

对纤维热学性能的研究可以从不同的角度考虑,研究其热学性能的不同方面。从服用卫生的角度考虑,主要研究纤维的热传导性,以便改善纤维的保暖性和隔热防暑的功能;在加工和使用方面,主要考虑纤维的耐热性、热塑性和防火性等;也可以利用纤维的热性能,改善或提高纱线、织物和服装等纤维制品的加工品质和使用性能。服装加工中,也常利用纤维的热性能,来达到服装定形的要求。特别是一些高级服装的制作,几乎所有工序都离不开熨烫热加工。

1. 比热容 质量为1g的材料温度变化1℃所吸收或放出的热量,称为该材料的比热容,单位是J/(g·℃)。

比热容的大小,直接反映了纤维材料温度变化的难易程度。比热容较大的纤维,温度升高(或降低)1℃,所吸收(或放出)的热量较多,表明纤维的温度变化相对困难;反之,比热容较小的纤维温度变化相对容易。在纺织纤维通常的回潮率范围内,比热容随回潮率上升而增大。由于水的比热容约为一般干燥纤维的2~3倍,因此潮湿的服装由于比热容上升,在接触到热源时,温度升高的速度没有干燥的衣服快。常见纤维的比热容见表2-5所示。

表2-5 几种常见干燥纤维在20℃时的比热容

纤维种类	比热容[J/(g·℃)]	纤维种类	比热容[J/(g·℃)]
棉	1.21~1.34	锦纶66	2.05
亚麻	1.34	芳香族聚酰胺纤维	1.21
大麻	1.35	涤纶	1.34
黄麻	1.36	腈纶	1.51
羊毛	1.36	丙纶	1.80
桑蚕丝	1.38~1.39	玻璃纤维	0.67
黏胶纤维	1.26~1.36	石棉	1.05
锦纶6	1.84	静止空气	1.01

2. 纤维的导热性和保温性 在外界环境有温差的情况下,热量总是从高温向低温传送,这种性能称为导热性。纤维的导热性常用导热系数 λ 来表示,它是指当纤维材料的厚度为 1m 及两端间的温度差为 1℃时,1s 内通过 $1m^2$ 纤维材料传导的热量(J)。导热系数越小,说明纤维的导热性越差,即抵抗热由高温向低温传递的能力越强,因此纤维的绝热性能越好,即保暖性越好。常见纤维的导热系数见第一章表 1-1 所示。

纤维集合体中含有空隙和水分,一般测得的纺织材料的导热系数,是纤维、空气和水分这个混合体的导热系数。

由第一章表 1-1 可以看出,静止空气的导热系数最小,是理想的热绝缘体。所以如果能使夹持在纤维中的空气处于静止状态,则纤维层中的这种空气越多,材料的保暖性越好。但若空气一旦发生了流动,纤维层的保暖性就大大下降。试验资料表明,纤维层的体积质量在 0.03 ~ 0.06g/cm³ 范围时,导热系数最小,即此时的纤维层保暖性最好。提高化学纤维保温性的方法之一,是制造异形空心纤维,使每根纤维内部都夹持有较多的静止空气。

水的导热系数较大,约为服用纺织纤维的 10 倍左右。随着纤维中水分的增加,其导热系数增大,导致纤维绝热性下降,保暖性降低。绝热性好的纤维制成的服装,在服用过程中能较好地减少外界环境温度的影响,保证人体周围空气的相对稳定,以满足人们对热舒适性的需要。

3. 纤维的耐热性和热稳定性 纺织纤维在热的作用下,随着温度的升高,大分子链段的热运动加剧,大分子间的结合力减弱,使纤维强度下降,最终导致熔融或分解。

纤维的耐热性是指纤维随温度升高导致强力降低的程度。纤维的热稳定性是指在一定温度下,强度随时间延续而降低的程度。

耐热性较好的纤维在加工和使用过程中,可以承受较高温度的作用而保持一定的强度。各种常用纤维的耐热性见表 2-6。比较各种纤维的耐热性可知:涤纶、锦纶和腈纶的耐热性较好。锦纶在 120℃ 短时间加热所引起的强度损失大部分可以恢复。涤纶和腈纶分别在 170℃ 和 150℃ 内短时间加热所引起的强度损失也可回复。黏胶纤维的耐热性也较好。羊毛的耐热性较差,加热到 100~110℃ 就变黄,强度下降。蚕丝的耐热性比羊毛好,短时间加热到 110℃,纤维强度变化不显著;比较各种纤维的热稳定性可知:天然纤维中的蚕丝、棉,化纤中的黏胶纤维、锦纶、腈纶都比较差。热稳定性最好的是涤纶,它长时间在高温作用下,颜色不发生变化,强度损失也不大。维纶的耐热性能差,缩醛化后可有所改善。氯纶的耐热性也差,不能浸在沸水中。耐热性好的纤维,热稳定性并不一定好。只有涤纶同时具有良好的耐热性和热稳定性。锦纶和腈纶都是耐热性较好,而热稳定性较差。

表 2-6 几种常见纤维的耐热性

纤维种类	剩余强度(%)				
	在 20℃时	100℃时		130℃时	
	未加热	20 天	80 天	20 天	80 天
棉	100	92	68	38	10
亚麻	100	70	41	24	12

纤维种类	剩余强度(%)				
	在20℃时 未加热	100℃时		130℃时	
		20天	80天	20天	80天
苎麻	100	62	26	12	6
蚕丝	100	73	39	—	—
黏胶	100	90	62	44	32
锦纶	100	82	43	21	13
涤纶	100	100	96	95	75
腈纶	100	100	100	91	55
玻璃纤维	100	100	100	100	100

4. 纤维的燃烧性能 纺织纤维的化学结构决定了其具有可燃烧性,而各种纤维燃烧的难易程度又取决于其不同的化学结构。各种纤维所造成的损伤程度与纤维的点燃温度、火焰传播速率和范围以及燃烧时产生的热量有关。表征纤维及其制品燃烧性能的指标主要来自两个方面:

(1)可燃性指标。以纤维的点燃温度或纤维的发火点作为评价指标,见表2-7。显然,点燃温度或发火点越低,纤维越容易燃烧。天然纤维比合成纤维容易燃烧。而天然纤维中,蚕丝是较不易燃烧的,而且柞蚕丝优于桑蚕丝。

表2-7 常见纤维的发火点和燃烧温度

纤维种类	发火点(℃)	点燃温度(℃)	火焰最高温度(℃)
棉	160	400	860
羊毛	165	600	941
黏胶	165	420	850
生丝	185	—	—
精练丝	180	—	—
锦纶6	390	530	875
锦纶66	390	520	—
涤纶	390	450	697
腈纶	375	560	855
丙纶	—	570	839

(2)阻燃性指标。以燃烧时材料重量减少程度、火焰维持时间长短或极限氧指数来表示。极限氧指数(LOI)是指材料经点燃后在氧—氮大气里持续燃烧所需的最低氧气浓度,一般用氧占氧—氮混合气体的体积比(或百分比)表示。显然LOI值越大,材料的耐燃性越好。空气中氧气所占的比例接近20%,因此从理论上讲只要LOI>21%就有自灭作用。但考虑到空气对流等因素,要求LOI>27%才能达到阻燃要求。常见纤维的极限氧指数见表2-8。

表 2 – 8　常见纤维的极限氧指数

纤维种类	织物克量(g/m²)	极限氧指数(%)
棉	220	20.1
羊毛	237	25.2
黏胶	220	19.7
锦纶	220	20.1
涤纶	220	20.6
腈纶	220	18.2
维纶	220	19.7
三醋酯纤维	220	18.4
丙烯腈共聚纤维	220	26.7
丙纶	220	18.6
聚氯乙烯	220	37.1
棉	153	16～17
阻燃棉	153	26～30
芳纶 1313	220	27～30
酚醛树脂纤维(Kynol)	238	29～30
杜勒特纤维	160	35～38

目前,改善和提高纺织材料阻燃性能有两个途径:一种是对纺织品进阻燃整理,另一种是制造阻燃纤维。阻燃纤维有两种类型,一种是对一般纤维作防火变性处理,即在纺丝液中加入防火剂后纺丝制成的阻燃纤维;另一种是用专门的阻燃聚合物纺制而成的阻燃纤维。

5.纤维的热收缩和热定型性

(1)热收缩性。纤维的热收缩是指在温度增加时,由于纤维内大分子间的作用力减弱而产生的纤维收缩现象。纤维的热收缩是不可逆的,不同于一般固体材料的"热胀冷缩"现象。通常只有合成纤维有热收缩现象,天然纤维和再生纤维的大分子间的作用力较大,不会产生热收缩。

合成纤维产生热收缩性的原因是由于在纺丝成形过程中都经受过拉伸,在纤维中残留有应力,但受玻璃态的约束不能缩回。当纤维受热温度超过一定限度时,减弱了大分子间的约束,从而产生了收缩。

热收缩的程度用热收缩率来表示,它指加热后纤维缩短的长度占原来长度的百分率。根据加热介质的不同,可以得到沸水收缩率、热空气收缩率和饱和蒸汽收缩率三种不同的热收缩率。

不同品种合成纤维的热收缩率不同。合成纤维的热收缩对织物的服用性能有影响。热收缩率大,会影响织物的尺寸稳定性。将热收缩率差异较大的合成纤维混纺或交织,在一定温度作用下,会导致布面不平整。而利用这一特性也可织制具有特殊外观效果的面料。将收缩性能各异的纤维混纺并配以相应的织物组织,制品经过加热可以形成有起皱效应或富有毛感的织物。

(2)热定型性。合成纤维或其织物在玻璃化温度以上时,纤维内部大分子间的作用力减弱,分子链段开始自由运动,纤维的变形能力将增大。此时,加以外力使它保持一定形状,就会使大分子间原来的结合点拆开,而在新的位置上重建起来达到新的平衡。在冷却并解除外力作用后,这个形状就能保持下来。使用中的温度只要不超过这一处理温度,纤维或织物的形状基本上不会发生变化。纤维的这种性能称为热塑性。这一处理过程称为热定型。服装熨烫就是热定型的一种形式。热定型可以在一定温度且无外力作用下进行,纤维迅速松弛蠕变而消除内应力,冷却后纤维的尺寸与形状的稳定性增加,这种加工方法称为松弛热定型。

影响热定型效果的主要因素是温度和时间。热定型温度要高于合成纤维的玻璃化温度,低于软化点及熔点温度。温度太低,达不到热定型的目的;温度太高,会使纤维及其织物颜色变黄,手感变硬变糙,甚至熔融、分解。热定型需要足够的时间以使热量能均匀扩散。一般当温度低时,定型时间需长些;当温度高时,定型时间可短些。另外,介质对热定型效果也有影响。应视介质对纤维的侵入情况而定。例如,锦纶吸湿能力较大,水分子可以侵入,有利于大分子结合点的拆开和重建,饱和蒸汽定型就是一种非常有效的定型手段。

热定型时,纤维或织物经高温处理一段时间后,冷却要迅速,从而使分子间新的结合点很快"冻结"。否则,缓慢冷却,纤维大分子间的相互位置不能很快固定下来,纤维及其织物的变形会消失,纤维内部结构也会显著结晶化,而使织物的弹性和手感均变差。

热定型处理得当,会显著改善织物的尺寸稳定性、弹性和抗皱性等。热定型加工时,纤维或其织物在高温处理后需急速冷却,使纤维内部分子间的相互位置很快冻结而固定,形成较多的无定形区,使纤维或织物的手感较为柔软,富有弹性,而且定型效果良好。如果高温处理后长时间缓慢冷却,纤维内部分子的相互位置不能很快固定,除了纤维和织物的变形会消失外,还会引起纤维内部结构的显著结晶化,使织物弹性下降,手感变硬。

(五)电学性能

在纺织纤维的加工和使用过程中,经常会遇到一些有关电学性质的问题。例如,干燥的纤维电阻很大,工业和国防上常用作电器绝缘材料;风力大、干燥的气候会使合成纤维服装由于穿着时摩擦而产生静电吸附现象;利用静电现象还可进行静电纺纱、静电植绒等特殊工艺加工。服用纤维的电学性能主要包括纤维的导电性能和静电性能。

1. 电阻   电阻是表示物体导电性能的物理量。纤维的电阻一般以比电阻表示。比电阻有表面比电阻、体积比电阻和质量比电阻之分,纺织纤维常用的是质量比电阻。电流通过长度为1cm,重1g的纤维束时的电阻(Ω)称为质量比电阻。纺织纤维是电的不良导体,因此质量比电阻都很大。为便于表示,常采用质量比电阻的对数值(即$\lg\rho_m$)表示。一些纤维在相对湿度65%时的$\lg\rho_m$值见表2-9。

表 2 - 9　常用纤维的质量比电阻(相对湿度 65%)

纤维种类	$\lg\rho_m$	纤维种类	$\lg\rho_m$
棉	6.8	醋酯纤维	11.7
苎麻	7.5	腈纶	8.7
蚕丝	9.8	腈纶(去油)	14
羊毛	8.4	涤纶	8.0
黏胶纤维	7.0	涤纶(去油)	14
锦纶	20.1		

从表 2 - 9 中可以看出,在相对湿度相同的情况下,各种纤维素纤维的质量比电阻比较接近,而且较小。蛋白质纤维比纤维素纤维的电阻值高。对比而言,合成纤维的电阻值最高,而用适当的抗静电剂处理后,能减小合成纤维的电阻。

纺织纤维的电阻与其内部结构有关。由非极性分子组成的纤维,如丙纶等,导电性能差,比电阻大。聚合度大、结晶度大、取向度小的纤维电阻也大。除与纤维的内部结构有关外,纤维的电阻主要受纤维的吸湿性和空气温湿度的影响。纤维吸湿性好、空气相对湿度又大时,纤维吸湿量大而电阻小。因此棉、麻、黏胶纤维的电阻比涤纶、锦纶、腈纶等合成纤维的电阻小。羊毛纤维表面因有鳞片覆盖而表面的吸湿性很差,表现出较高的电阻。纺织纤维的电阻随温度的升高而降低。测试纺织材料比电阻须在标准温湿度条件下进行。

2. 静电　由于纺织纤维的电阻很高,特别是吸湿能力差的合成纤维电阻更高。因此,纤维在纺织加工和使用过程中相互摩擦或与其他材料摩擦时产生的静电荷,不易散逸而积累,造成静电现象。

静电现象的严重与否,与纤维摩擦后的带电量以及静电衰减速度有关。对纺织材料来说,电荷的积累和流散与多种因素有关,如周围空气相对湿度、离子化程度、织物的织造规格和表面特征等,但直接有关的因素是其导电性。电荷衰减的时间,常用半衰期表示。电荷半衰期是指纺织材料上静电荷衰减到原始数值一半所需的时间。纺织材料的静电衰减速度主要取决于它的表面比电阻,表面比电阻大的静电衰减速度小,静电现象较严重。

静电如果处理不当,将会影响纺织品的生产加工,降低织物品质;服装在产生静电时极易使空气中的灰尘等微小颗粒吸附在服装上,使服装变脏;同时,静电易使服装穿、脱时产生放电,使服装与皮肤或服装与服装之间互相贴附,致使人体活动不方便,穿着不舒服、不雅观,甚至引起火灾。因此,在纤维及其制品生产和使用过程中应对静电现象进行预防与改善。

纤维素纤维的静电现象不明显,羊毛或蚕丝有一定的静电干扰,而合成纤维的静电现象较严重。为此常采用以下方法来改善静电现象:

(1)对合成纤维进行暂时性的表面处理,以消除纺织加工中的静电干扰。常用表面抗静电剂,主要是表面活性剂,使纤维表面形成一层薄膜,一方面降低表面摩擦系数,另一方面增强纤维表面的吸湿性,以降低纤维表面的电阻,使产生的静电易于散逸,减少或防止静电现象。因此这种措施必须在环境相对湿度充分大的条件下,纤维表面活性剂才能充分发挥其抗静电作用。

（2）为使合成纤维织物在穿着使用过程中无静电干扰,必须使合成纤维及其织物具有耐久抗静电性能。常采用以下方法来实现:在混纺纱中,混入吸湿性强的纤维或按电位序列把摩擦后带正电荷的纤维和带负电荷的纤维进行混纺;在制造合成纤维时加入亲水性聚合物,或用复合纺丝法制成外层具有亲水性的皮芯结构复合纤维;对合成纤维织物进行耐久性的亲水性树脂整理;将碳粉微粒嵌入涤纶或锦纶的表面,制成导电纤维;在纱线和织物中均匀混入直径在 $12\mu m$ 以下的金属纤维。

（六）表面性能

纤维的表面性能是指纤维表面是否光滑、纤维自身是否顺直等性能。它取决于纤维表面和表层的结构特征。从广义的角度,纤维的表面性质包括:表面摩擦、磨损和变形;表面光学特性,如色泽特征;表面传导特性,如对热、湿、声、电的传递;表面能、表面吸附和黏结等。

纤维的表面性能对织物和服装的性能有明显的影响。密度小、表面不光滑且有天然转曲或卷曲的纤维,其织物覆盖性大、蓬松柔软、质量轻且保暖性好。如棉纤维的天然转曲,羊毛纤维的卷曲和鳞片,麻纤维的横节、竖纹等,对织物的覆盖性、蓬松性及纤维之间的缠结、粘贴、勾挂都有明显的影响。反之,密度越大,表面光滑无卷曲的纤维,如涤纶、锦纶,其织物做成的服装质量越大、手感不好,并且由于纤维表面光滑,在穿用过程中,纤维极易被拉出而起毛、起球,服装缝合部位横向受力后易撕裂,严重影响外观。因此,工业生产中,常用卷曲加工的方法,使合成纤维纵向有卷曲;还常制作高弹丝或低弹丝,用这样的纤维原料制成的织物和服装能使手感、覆盖性都有所改善。

（七）耐气候性

纤维制品在室外使用,除受阳光直接照射外,还会不同程度地受风雪、雨露、霉菌、昆虫、大气中各种微粒的磨损以及风吹拂而使纤维制品受到反复弯曲等的作用,致使纤维及其制品老化,以致机械性能恶化。纤维抵抗这类破坏作用的性能,称为耐气候性。纤维的耐气候性主要涉及纤维的耐日光性、机械性能和生物性能。这里主要讨论纤维的耐日光性。

日光中紫外线对纤维长链分子的破坏较严重。户外穿用的服装及使用的其他纤维制品,在阳光下被照射后,会导致变黄发脆、强力下降、褪色以及光泽变暗淡,影响服装的穿着性和美观。服装在洗涤、晾晒过程中,要尽量避免强光暴晒,以延长其使用寿命。各种纤维耐日光性的优劣次序为:

矿物纤维＞腈纶＞麻＞棉＞毛＞醋酯纤维＞涤纶＞氯纶＞富强纤维＞有光黏胶纤维＞维纶＞无光黏胶纤维＞铜氨纤维＞氨纶＞锦纶＞蚕丝＞丙纶。

可以看出,多数化学纤维的耐光性比棉差,而优于蚕丝。化学纤维中有光纤维的耐光性优于无光纤维,这是因为有光纤维可反射一部分日光。化学纤维中腈纶的耐光性很好,因此,腈纶常用于经常织造承受日光照射的服装。

（八）耐化学品性

纤维的耐化学品性是指纤维抵抗各种化学药剂破坏的能力。纤维在纺织染整加工过程中,如丝光、漂白、印染及后整理等,要使用各种化学品。而服装在穿着使用过程和洗涤过程中也会接触洗涤剂、柔软剂、整理剂等化学品。为了能达到预期的工艺效果并提高服装的使用寿命及使用质量,就要了解各种纤维的耐化学品性,以便在加工和整理过程中合理地选择相应的化学用品。

纤维素纤维对碱的抵抗能力较强,而对酸的抵抗能力很弱。其染色性能较好,可用直接染料、还原染料、碱性染料及硫化染料等多种染料染色。

蛋白质纤维的化学性能与纤维素纤维不同,对酸的抵抗力较对碱的抵抗力强。无论是强碱还是弱碱都会对蛋白质纤维造成不同程度的损伤,甚至导致分解。除热硫酸外,蛋白质纤维对其他强酸均有一定的抵抗能力,其中蚕丝稍逊于羊毛。蛋白质纤维对氧化剂的抵抗力也较差。羊毛可用酸性染料、耐缩绒染料、酸性媒染染料和活性染料染色;蚕丝可用直接染料、酸性染料、活性染料及酸性媒染染料染色。

合成纤维的耐化学品性各有特点,耐酸、碱的能力要比天然纤维强,详见表2－10。表2－11为各种纤维的染色性能。

表2－10　常用合成纤维的化学性能

纤维种类	耐酸性	耐碱性	耐溶剂性	染色性
锦纶6	16%以上的浓盐酸以及浓硫酸、浓硝酸可使其部分分解而溶解	在50%的苛性钠溶液或28%的氨水内强度几乎不下降	不溶于一般溶剂,但溶于酚类(间甲酚)、浓蚁酸;在冰醋酸内膨润,加热可使其溶解	可用分散性染料、酸性染料染色,其他染料也可以用
锦纶66	耐弱酸,溶于并部分分解于浓盐酸、硝酸和硫酸	在室温下耐碱性良好,但高于60℃时,碱对纤维有破坏作用	不溶于一般溶剂,但溶于某些酚类化合物和90%的甲酸	可用分散性染料、酸性染料、金属铬合染料及其他染料染色
涤纶	35%的盐酸、75%的硫酸、60%的硝酸对其强度无影响,在96%的硫酸中会分解	在10%的苛性钠溶液、28%的氨水中,强度几乎不下降,但遇强碱时会分解	不溶于一般溶剂,能溶于热间甲酚、热二甲基甲酰胺及40℃的苯酚—四氯乙烷的混合溶剂中	可用分散染料、色酚染料、还原染料、可溶性染料进行载体染色或用高温高压染色
腈纶	35%的盐酸、65%的硫酸、45%的硝酸对其强度无影响	在50%的苛性钠溶液、28%的氨水中强度几乎不下降	不溶于一般溶剂,能溶于二甲基甲酰胺、热饱和氯化锌、65%的热硫氰酸钾溶液中	可用分散染料、阳离子染料、碱性及酸性染料染色,其他染料也可染色
维纶	10%的盐酸、30%的硫酸对纤维强度无影响;浓盐酸、浓硫酸、浓硝酸能使其膨润或分解	在50%的苛性钠溶液中强度几乎不下降	不溶于一般溶剂,在酚、热吡啶、甲酚、浓蚁酸里膨润或溶解	可用一般染料染色,如直接染料、酸性染料、硫化染料、还原染料、可溶性还原染料、色酚染料、分散染料等

续表

纤维种类	耐酸性	耐碱性	耐溶剂性	染色性
丙纶	耐酸性优良，一氯磺酸、浓硝酸和某些氧化剂除外	优良	不溶于脂肪醇、甘油、乙醚、二硫化碳和丙酮，在氯化烃中于室温下膨润，在72~80℃时溶解	可用分散染料、酸性染料、某些还原染料、硫化染料和偶氮染料染色

注　一般溶剂为乙醇、乙醚、丙酮、汽油、四氯化碳等。

表 2-11　常用纤维的染色性能

纤维种类	棉、黏胶纤维	蚕丝、羊毛	醋酯纤维	锦纶	涤纶	腈纶	维纶
直接染料	○	△	×	△	×	△	△
碱性染料	△	○	△	△	×	○	△
酸性染料	×	○	△	○	×	○	△
酸性媒染染料	×	○	×	×	×	△	△
络合染料	×	○	△	△	×	△	△
还原染料	○	△	△	△	△	△	○
硫化染料	○	×	×	△	×	×	○
纳夫妥染料	○	△	×	△	△	△	○
活性染料	○	○	×	△	△	△	△
分散染料	×	×	○	○	○	○	○

注　○—可以染色，且可使用一般的染料；△—用特殊方法可能染色，但不常用；×—不能染色或染色困难。

实际使用中常常利用各种纤维的化学性能来作为鉴别纤维的理论依据，生产中还可合理利用各种纤维的耐酸、碱性制成不同风格的产品。如棉、麻织物的丝光处理是依据其耐酸、碱能力较强，通过碱处理而改善其表面的光泽；涤纶织物的碱减量处理是在一定工艺条件下对涤纶织物用碱处理，使其溶掉表层（即减量），形成松软轻薄似真丝织物的风格；烂花织物则是将耐酸、碱性能不同的两种纤维混纺织成织物后，按花纹要求用酸（或碱）溶掉一部分形成花纹。

（九）保养性能

优良的服装材料，除了能制作外观好、式样新、穿着舒适而耐用的服装外，人们还希望服装易于保管和不需要特别护理，因此纤维的保养性能主要体现在服装制品保管和护理的难易程度。

天然纤维素纤维和蛋白质纤维都易受霉菌作用，特别在高温、高湿条件下，霉菌极易繁殖。若服装沾有油污，就会为霉菌提供营养，导致霉菌迅速生长，甚至使服装霉烂变质。羊毛纤维抗虫蛀和微生物的能力很弱，容易被蠹虫、衣鱼、衣蛾和蛀虫等咬破，特别是沾有污物的蛋白质纤维制品更易被虫蛀。因此，含蛋白质纤维的服装在存放时必须保持清洁、干燥，或使用防蛀虫剂等以保护纤维。合成纤维制品对霉菌和昆虫的抵抗能力较强，所以存放较为方便，但不宜使用精萘丸,以免使服装强力下降。各种纤维对虫蛀和微生物的抵抗能力如表 2 – 12 所示。

表 2 – 12 各种纤维对虫蛀和微生物的抵抗性

纤维种类	抗虫蛀	抗微生物
棉	较弱	弱
蚕丝	很弱	弱
羊毛	很弱	较弱
黏胶纤维	强	弱
醋酯纤维	强	稍有变色
维纶	强	很强
锦纶	强	很强
偏氯纶	很强	强
氯纶	很强	强
腈纶	强	强
涤纶	强	很强

影响纤维保养难易的另一方面是洗涤性能。纤维原料不同,服装的洗涤、晾晒以及洗后整烫的要求和方法也随之不同。通常天然纤维织物的洗涤、晾晒和熨烫要求较高,晾晒时要避免日光直射。如毛织物因容易毡缩,一般需要干洗或用手轻揉,只有经过"机可洗"防缩处理的毛织物可以用洗衣机而不发生外形的变化;真丝织物洗后易起皱,因而需要熨烫,而且要避免在日光下暴晒。合成纤维织物中,特别是涤纶织物,易洗快干,也可免烫。

第二节　常用天然纤维及其性能

一、棉纤维

棉纤维是我国纺织工业的主要原料,在服用纤维中占据极其重要的地位。在世界范围内,棉花的种植范围很广,从北纬 37°到南纬 30°之间的温带地区均可种植。中国、美国、前苏联、埃及、巴基斯坦、印度及西欧均为世界主要产棉国。

(一)原棉的种类

1. 按纤维的长度、细度分

(1)细绒棉。又称陆地棉或高原棉,种植范围最广,产量居全球棉产量的前列。纤维细度、长度中等,一般长度在 23 ~ 33mm,其特点是丰产、早熟、适应性强、品质较好,色洁白或乳白,有丝光。我国种植的棉花大多属于这一类。

(2)长绒棉。又称海岛棉,是一种棉纤维最长、品质最好、富有光泽、强力较高的高级棉纺织原料,纤维较细,绒棉细且长度长,颜色为乳白或淡棕黄色,一般长度在 33~45mm,最著名的是埃及长绒棉。它适宜于生长期较长、雨水少、日光足的棉区种植。我国产量不多,新疆是我国长绒棉生产的主要基地。

(3)粗绒棉。又称亚洲棉,是我国利用较早的纺织纤维。纤维短粗,一般长度在 20mm 左右,其特点是生产期短、成熟早,产量低,色泽呆白,光泽度差,品质差,只能纺粗特纱,宜用作起绒织物等。由于产量低,纺织价值低,目前已趋淘汰。

2. 按纤维的色泽分

(1)白棉。正常成熟的棉纤维,呈洁白、乳白或淡黄色。棉纺厂使用的原棉,绝大部分为白棉。

(2)黄棉。指棉铃生长期间受霜冻或其他原因的影响,铃壳上的色素染到纤维上,使纤维大部分呈黄色。一般属低级棉,棉纺厂仅有少量使用。

(3)灰棉。指棉铃在生长或吐絮期间,因雨淋、日照时间、雷变等影响,纤维色泽灰暗的原棉。灰棉一般强力低,品质差,仅在纺制低级棉纱中使用。

(二)棉纤维的生长过程及结构特征

棉纤维是由胚珠(即将来的棉籽)表皮壁上的细胞伸长加厚而形成的。一个细胞就长成一根纤维,它的一端着生于棉籽表面,另一端成封闭状。棉籽上长满了棉纤维,称为"籽棉",去除棉籽的叫做"皮棉"。根据棉纤维的品质,适于纺纱的称作"原棉",不适宜纺纱,可供填充棉衣和被褥等用的称作"絮棉"。

棉纤维的生长可以分为伸长期、加厚期和转曲期三个时期。

在伸长期内,纤维长度增加,而胞壁极薄,最后形成有中腔的细长薄壁管状物;加厚期时,纤维长度很少再增加,外周也基本无变化,只是细胞壁由外向内逐日淀积一层纤维素而使纤维壁逐渐变厚,最后形成一根两端较细、中间较粗的棉纤维;在转曲期内,棉纤维与空气接触,纤维内水分蒸发,胞壁发生扭转,形成不规则的螺旋状,称作天然转曲。天然转曲使棉纤维具有一定的抱合力,有利于纺纱工艺过程的正常进行和成纱质量的提高。但转曲反向次数多的棉纤维强度较低。

正常成熟的棉纤维,纵向呈具有天然转曲的细长扁平带状,横截面为不规则的腰圆形,内有中腔。成熟度低的棉纤维,则纵向呈薄带状,没有或很少转曲,截面扁平。棉纤维的截面由外至内主要由初生层、次生层和中腔三个部分组成。初生层是棉纤维在伸长期形成的初生细胞壁,外皮是一层极薄的蜡质与果胶。次生层是棉纤维在加厚期淀积而成的部分,几乎都是纤维素。棉纤维生长停止后遗留下来的内部空隙就是中腔。

棉纤维细胞壁的主要组成物质是纤维素。纤维素是天然高分子聚合物,由碳、氢、氧三元素组成,分子式为$(C_6H_{10}O_5)_n$。干燥的成熟棉纤维中,纤维素的含量在 95% 以上,是自然界中纯度极高的纤维素资源之一。除此之外,棉纤维还附有 5% 左右的其他物质,称为棉纤维的伴生物,伴生物对纺纱工艺与练漂、印染加工有影响。棉纤维的表层含蜡类物质和少量糖类物质,内壁面含有蛋白质、糖类等。棉纤维中腔内留有少数原生质和细胞核残余,残余物质的颜色随棉花品种而不同,这些颜色决定棉纤维的本色。

（三）物理性能

1. 细度　棉纤维的细度与成纱细度、成纱强度、成纱均匀度有密切关系,成熟的棉纤维一般以稍细一些为宜,不成熟的棉纤维虽细但脆,所以并不是理想的纺纱原料。纤维越细,成纱强度越高,刚性越差,细纤维不宜做起绒织物的起绒纱。棉纤维的线密度一般在1.3~1.7dtex之间,比毛、丝纤维细。纤维较细且柔软,对皮肤的触感较舒适。棉纤维的细度与品种和成熟度有关。较细的棉纤维手感较柔软,可纺纱支较细的棉纱;较粗的棉纤维手感较硬挺,但弹性稍好。

2. 长度　棉纤维的长度是决定棉纤维品级和价格的主要依据。一般棉纤维的长度在23~28mm之间,比毛纤维短。棉纤维的长度与其品质有密切关系,在其他条件相同的情况下,较长的棉纤维纺成的纱线强度较大、弹性较好,可纺纱支较细,条干较均匀。

3. 强度和伸长率　棉纤维的强度是表示纤维性能的重要指标之一。其他条件一致的情况下,纤维强度越高,成纱强度越高;反之,成纱强度较低。棉纤维的强度主要取决于纤维的品种、粗细等,成熟长绒棉断裂强度较大,细绒棉次之,粗绒棉较低。棉纤维在不同的回潮率下强度和伸长率不同,一般情况下,湿强大于干强。

4. 吸湿性　棉纤维的主要成分是含有大量亲水基团的纤维素,而且在纤维表层中又有很多孔隙,因此具有优良的吸湿性和芯吸效应。棉纤维在水中浸润后,能吸收接近其本身重量1/4的水分,吸湿后强力增加。脱脂棉纤维吸着液态水最多可达干纤维本身质量的8倍以上,利用这一性能可以制成药棉。

5. 保暖性　棉纤维是热的不良导体,而且在纤维内部结构和纤维填充层之间存在大量的空气,静止的空气是最好的热绝缘体,所以赋予了棉纤维良好的保温性。

6. 导电性　棉纤维是电的不良导体,导电性能差,不易产生静电,所以棉纱可以用来包电线。但在潮湿的状态下,棉纤维也有一定的导电性。

7. 可塑性　棉纤维在150℃的高温下,所含水分会全部蒸发,此时若加以强大的压力,就可以随便改变它的形状。有些纺织品就是利用这个性质进行整理的。

（四）化学性能

1. 耐酸性　棉纤维与有机酸(醋酸、蚁酸等)一般不发生作用。但与其他天然纤维素纤维一样,耐无机酸(盐酸、硫酸、硝酸等)的能力较弱,这是因为纤维素分子的葡萄糖苷键在无机酸作用下容易发生水解,从而导致纤维素大分子链断裂。在浓硫酸或盐酸中,即使在常温下也能引起纤维素的迅速破坏,纤维素长时间在稀酸溶液中也会水解,强力降低。

2. 耐碱性　棉纤维耐碱性较好,遇碱时不会发生作用或者只发生一些作用,但无损纤维的主要性能。棉纤维在碱溶液内不溶解,但其截面会产生膨化,此时若在张力和碱液同时作用下,会使纤维呈现丝一般的光泽,洗去碱液后,光泽仍可保持,即丝光效应。

3. 耐热性　棉纤维在温度100℃以内,牢度不受影响。当温度升至120℃时,纤维开始变黄,强力下降;125℃时,纤维开始炭化;150℃时,纤维分解;250℃时,纤维产生火花,并迅速燃烧。

4. 耐日光性　棉纤维耐光性一般,如长时间与日光接触,纤维强力会降低,并发硬变脆。原因是日光促进了纤维素与空气中氧的结合,从而生成氧化纤维素。

5. 与水的作用　在一般情况下,棉纤维不与水发生作用。但如果水温达到100℃以上,强力便会下降,200℃以上会分解成褐色的水解纤维素。在一定的温湿度条件下,棉纤维易受霉菌等微生物的侵害,纤维素大分子水解,纤维会发霉变质。

6. 其他性能　棉纤维如遇氧化剂、漂白粉或具有氧化性能的染料,纤维强力会下降,并发生脆变;棉纤维可溶于铜氨溶液,从而制得铜氨纤维。

二、麻纤维

麻纤维是从各种麻类植物上获取的纤维的统称,包括从茎部取得的韧皮纤维和从叶子上得到的叶纤维。麻纤维是世界上最早被人类所使用的纺织纤维原料,其产量较少和风格独特,被誉为凉爽和高贵的纤维。麻纤维属于纤维素纤维,许多品质与棉纤维相似。

(一)麻纤维的分类

麻纤维的种类较多,按其特性可分为两大类:一类是从一年生或多年生草本双子叶植物的韧皮层取得的纤维,质地柔软,适宜纺织加工,常称为软质纤维。这类纤维品质繁多,纺织上采用较多、经济价值较高的有苎麻、亚麻、黄麻、洋麻、大麻等。其中苎麻纤维品质优良,单纤维长,可采用单纤维纺纱;其他麻类纤维,单纤维很短,一般都用工艺纤维(束纤维)纺纱。苎麻和亚麻纤维质地柔软,可用作夏季服装用料。

另一类是从单子叶植物的叶上获得的管束纤维,如剑麻、蕉麻等。这类纤维质地粗硬,常称为硬质纤维,不宜做纺织材料,但其纤维长,强度高,韧性大,伸长小,耐海水侵蚀,不易霉变,因此适宜制作绳索、渔网等。

(二)麻纤维的形态结构与成分组成

麻纤维是两端封闭的纺锤形细胞,有中腔,其截面形状和表面形态因麻的种类而异。苎麻纤维是由一个细胞组成的单纤维,其长度是植物纤维中最长的,横截面呈腰圆形,有较大中腔,两端封闭呈尖状,整根纤维纵向呈扁平带状,无天然转曲,表面光滑略有横节竖纹。亚麻也是由一个细胞组成的单纤维,但其长度较短。亚麻单纤维横截面呈有中腔的多角形,细胞壁较厚,中腔较小。纤维纵向表面光滑,略有横节竖纹,整根纤维呈管状,无天然转曲。

苎麻是麻纤维中品质最好的纤维,色白且具有真丝般的光泽。染色性能优于亚麻,可以印染更多的色彩。优良的亚麻纤维为淡黄色,光泽较好,因有较高的结晶度而使染色性能较差。

麻纤维的主要组成物质是纤维素,其次还有胶质、木质素、蜡质和水分等。这些成分含量的多少,因麻的种类和初步加工方法的不同而各不相同。原麻中的纤维素含量比棉低,一般只有60%～80%。苎麻纤维中纤维素占65%～75%,经过脱胶的亚麻纤维中纤维素占70%～80%。纤维素含量越多,麻纤维的品质越好;胶质含量越多,麻纤维的质地则越粗糙发硬,容易折断;木质素含量越多,麻纤维在日光照射下或受潮时,就越容易变色。因此,麻纤维的成分对其性质的好坏有很大的影响。

(三)物理性能

1. 长度和线密度　苎麻纤维比棉纤维粗,纤维长度较长,但参差不齐,较长的单根纤维可以纺纱,较为高档的麻织物原料。亚麻纤维的长度较苎麻纤维短,而线密度较苎麻纤维细,虽可纺织加工，但多用作粗犷的服装面料及衬料。亚麻纤维手感比苎麻纤维柔软但比棉纤维粗硬。

2. 强度 苎麻纤维具有很高的强度，在天然纤维中居于首位，其强度相当于棉纤维的 8 ~ 9 倍，而且湿强较干强高约 20% ~ 30%。但苎麻纤维初始模量高，纤维硬挺，刚性大，断裂伸长率低，因此苎麻纺纱时纤维之间的抱合差，不易捻合，纱线毛羽较多。

亚麻纤维的强度和刚性都远大于棉纤维，但小于苎麻；断裂伸长率低，接近苎麻纤维；抗弯刚度很大，纤维刚硬，因此亚麻织物具有挺括、滑爽、弹性差、悬垂性较差、易折皱的特点。

3. 弹性 麻纤维的弹性在天然纤维中是最差的，所以麻织物服装容易皱褶，洗涤后必须上浆熨烫，才能保持其平整板直。苎麻纤维和亚麻纤维都具有弹性回复率低、弹性差的特点，因此织物手感硬挺，不贴身，而且折皱回复性差，耐磨性差。

4. 吸湿性和导热性 麻纤维具有较强的吸湿能力，而且吸湿、放湿速度都很快，在相同条件下，吸湿速率比棉纤维快 30% ~ 50%。同时，麻纤维还具有良好的导热性，制成的面料挺括，出汗后不贴身，穿着凉爽、透气性好，因此非常适用于夏季面料。

5. 导电性 麻纤维是电的不良导体，具有很好的绝缘性能，因此不易产生静电。

(四)化学性能

苎麻和亚麻纤维的主要成分是纤维素，其化学性能与其他纤维素纤维基本相同。

1. 耐水性 麻纤维不与水发生作用，而且含湿后纤维强力大于干态强力，所以较耐水洗。

2. 耐酸碱性 麻纤维的耐酸碱性与棉纤维相似，耐碱不耐酸，而且不受漂白剂的损伤。

3. 耐热性 在干热条件下，苎麻和亚麻的耐热性较差；在湿热的条件下，则以苎麻的耐热性为最大。

4. 其他性能 苎麻纤维耐海水侵蚀，抗霉和防蛀性能较好；而且染色鲜艳，不易褪色，可用来与棉、蚕丝、羊毛、合成纤维混纺织成各种服装面料。亚麻纤维具有一定的耐光性，日光照射下不变色，对紫外线的透过率也较大，有利于人体皮肤的卫生保健。

三、毛纤维

毛纤维为天然蛋白质纤维，种类很多，纺织面料中使用最多的是绵羊毛，其次为山羊绒。羊毛狭义上专指绵羊毛。从绵羊身上剪下来的毛称为原毛，原毛须经过洗毛、炭化等工艺去除各种杂质，才能用于纺织生产。

(一)毛纤维的分类

1. 按品种分

(1)绵羊毛。覆盖在绵羊身上的毛。

(2)山羊绒。从山羊身上梳取下来的绒毛，原产于中国的西藏。山羊绒绒毛纤维内部结构无髓质层，长度为 30 ~ 40mm，其强伸度、弹性变形较绵羊毛好，具有轻、软、暖的优良特征。

(3)马海毛。安哥拉山羊毛，原产于土耳其。马海毛的形态与长羊毛相似，长度为 120 ~ 150mm，强度高、光泽强，是做提花毛毯、长毛绒、顺花大衣呢的理想原料。

(4)兔毛。兔毛的纤维内部结构都有髓质层，其特点是轻而细，保暖性好，但纤维蓬松，抱合力差，强度较低，单独纺纱困难，多和羊毛或其他纤维作混纺织物。

（5）骆驼绒。双峰骆驼毛质量较好，单峰驼毛无纺纱价值，骆驼毛由绒毛、两型毛及粗毛组成，绒毛俗称为驼绒，粗毛俗称为驼毛，驼绒结构与羊毛相似，但纤维表面鳞片很少，强度高，光泽好，保暖性好，可织造高级粗纺织物、毛毯和针织物。

（6）牦牛绒。产量小，长度约为 30mm。

2. 按纤维组织结构分

（1）细绒毛。直径在 $30\mu m$ 以下，无髓质层，鳞片多呈环状，油汗多，卷曲多，光泽柔和。异质毛中底部的绒毛，也为细绒毛。

（2）粗绒毛。直径在 $30 \sim 52.5\mu m$ 之间。

（3）粗毛。直径为 $52.5 \sim 75\mu m$，有髓质层，卷曲少，纤维粗直，抗弯刚度大，光泽强。

（4）发毛。直径大于 $75\mu m$，纤维粗长，无卷曲，在一个毛丛中经常突出于毛丛顶端，形成毛辫。

（5）两型毛。一个纤维上同时兼有绒毛与粗毛的特征，有间断的髓质层，纤维粗细差异较大。

（6）死毛。除鳞片层外，整根羊毛充满髓质层，纤维脆弱易断，枯白色，没有光泽，不易染色，无纺纱价值。

3. 按毛被上的纤维类型分

（1）同质毛。羊体各毛丛由同一种类型毛纤维组成，纤维细度、长度基本一致。

（2）异质毛。羊体各毛丛兼含有绒毛、发毛和死毛等不同类型的毛纤维。

此外，按剪毛季节分春毛、秋毛、伏毛；按取毛方式和取毛后原毛的形状分套毛、散毛和抓毛；按毛纤维在纺织工业中的用途不同可分为精梳用毛、粗梳用毛、地毯用毛和工业用毛；还可按羊毛生产地或集散地分类，如澳毛、新西兰毛、河南毛、山东毛、西安毛等。

（二）羊毛纤维的形态结构与成分组成

羊毛纤维是由绵羊皮肤上的细胞发育而成的。毛纤维呈簇状密集覆盖于绵羊皮肤的表面，在每一小簇中，有一根直径较粗、毛囊较深的导向毛，其他较细的毛纤维围绕着导向毛生长，形成毛丛。毛丛的形态和质量是羊毛品质好坏的重要标志。毛丛中具有纤维形态相同，长度、细度相近，生长密度大，又有较多的脂汗使纤维相互粘连的结构时，羊毛品质最好。

1. 形态结构　羊毛由许多细胞聚集构成，纵面有天然卷曲，呈鳞片状覆盖的圆柱体；截面近似圆形或椭圆形，主要可分成三个组成部分：包覆在毛干外部的鳞片层，组成羊毛实体主要部分的皮质层，由毛干中心不透明毛髓组成的髓质层。髓质层只存在于较粗的纤维中，细毛无髓质层。

鳞片层位于羊毛纤维的最外层，是由许多薄而透明的扁平角质蛋白细胞组成的，形成鱼鳞状包覆在毛干的外部。根部附着于毛干，梢部伸出毛干表面，并指向毛尖，使纤维表面呈现明显的锯齿形。鳞片层的主要作用在于保护毛纤维避免日光和化学物质的侵蚀，降低机械损伤。

皮质层位于鳞片层里面，是羊毛的主要组成部分，也是决定羊毛物理、化学性质的基本物质。皮质层由两种不同的皮质细胞组成，即结构较疏松的正皮质细胞和结构较紧密的偏皮质细胞，它们的染色性、力学性能均不相同。由于这两种皮质细胞通常呈双侧分布，因而使羊毛呈现天然卷曲的外形。皮质层发育越完善,所占比例越大时,羊毛纤维的品质较优良,表现为强力、卷曲、弹性较好。

髓质层位于羊毛纤维的最里层,是由结构松散和充满空气的角蛋白细胞组成。由于细胞间相互连接不牢固,因此髓质层越大,羊毛纤维的强度、弹性、柔软性、染色性能就越差。并不是所有的羊毛都有髓质层,较细的、品质优良的羊毛纤维一般没有或只有较少的髓质层;羊毛越粗,所具有的髓质层比例越大,羊毛的品质也越差。

2. 成分组成 羊毛纤维是天然蛋白质纤维,因此它的主要组成物质是角质蛋白。角质蛋白是一种由多种 α - 氨基酸缩聚而成的高分子化合物,含有碱性的氨基和酸性的羧基,因此,它是一种两性反应的纤维材料,对羊毛的理化性质起着决定的作用。

(三)物理性能

1. 细度 羊毛细度是确定羊毛品质和使用价值的重要指标。一般而言,羊毛越细,其细度就越均匀,相对强度高,卷曲多,鳞片密,光泽柔和,脂汗含量高,但长度偏短。羊毛纤维细度越细有利于成纱强度和成纱条干均匀度。羊毛的细度指标常用平均直径、品质支数和线密度表示。选用不同平均直径的毛纤维可以体现各类品种毛织物的不同风格。

2. 长度 羊毛长度对毛纱品质有较大影响。当羊毛纤维细度相同时,纤维长而整齐、短毛含量少的羊毛,成纱强度高、条干好、纺纱断头率低。由于天然卷曲的存在,羊毛纤维长度可分为自然长度和伸直长度。纤维束在自然卷曲下,两端间的直线距离称为自然长度。羊毛纤维去除卷曲,伸直后的长度称为伸直长度。在毛纺生产中都采用伸直长度。

3. 卷曲 羊毛在自然状态下,其纵向有自然的周期性卷曲。一般以每厘米的卷曲数来表示羊毛卷曲程度,称为卷曲度。卷曲是羊毛的重要工艺特征,与毛被形态、纤维线密度、弹性、抱合力和缩绒性等都有一定关系。羊毛卷曲排列越整齐,越能使毛被形成紧密的毛丛结构,可以更好地预防外来杂质和气候的影响。羊毛的卷曲度越高,其品质越好。

4. 缩绒性 缩绒性是指羊毛在湿热条件及化学试剂作用下,经机械外力反复挤压,纤维集合体逐渐收缩紧密,并相互穿插纠缠、交编毡化的特性。定向摩擦效应、卷曲、柔软性和弹性是羊毛缩绒的内在原因,温湿度、化学试剂和外力作用是促使羊毛缩绒的外部因素。因此,羊毛的缩绒性是纤维各项性能的综合反映。缩绒可使毛织物紧密厚实,坚固耐用,提高织物的外观特征。但缩绒也会使毛织物在穿着过程中容易产生尺寸收缩和变形。因此,一些精纺毛织物和针织物需对羊毛进行防缩处理。

5. 强力 由于羊毛分子排列较稀疏,结晶度较小,取向度不高,因此强度比棉纤维低;但羊毛纤维比棉纤维长,表面覆有鳞片,呈天然扭曲,有利于纺纱时纤维间的抱合,从而增加纱线的强度。潮湿状态下羊毛纤维强力会下降。

6. 弹性 羊毛纤维的天然卷曲使其具有良好的弹性及变形恢复能力。同时,羊毛纤维断裂伸长率大,初始模量低,拉伸变形能力大,因此,虽然其强力较低,但其耐用性优于其他天然纤维,羊毛织物能长期保持挺括、不皱的外观,保形性好。

7. 可塑性 羊毛纤维的可塑性能较好。在100℃的沸水或蒸汽中,羊毛纤维会逐渐膨胀、发软、失去弹性,这时如果使用压力使其变形并迅速冷却,形状会稳定下来,称为羊毛的热定型。

因此,经高温处理的毛织物服装,长期穿着,不易发生皱褶或变形。

8. 吸湿性 羊毛纤维的吸湿性在常用纺织纤维中最好,公定回潮率下可达 15% 左右。在湿润的空气中,羊毛的吸湿性可高达 30% 以上,而手感并不觉得潮湿。这是由于羊毛是一种多孔性纤维,在毛细管的作用下,水分很容易被吸进纤维的孔隙中或吸附在纤维的表面。

9. 保暖性 羊毛纤维有温暖的手感,保暖性能优于其他纤维。原因在于两方面:一方面羊毛纤维本身是热的不良导体,导热系数较小;另一方面羊毛纤维呈卷曲状,可使纱线蓬松,将空气包含在纤维的空隙间而形成隔离层。因此,经过缩绒和起毛整理的粗纺毛织物是冬季的理想面料,同时,羊毛也是理想的内衣材料,舒适而保暖。

(四)化学性能

1. 耐热性 羊毛纤维抵抗热的能力较一般纤维差,在整烫羊毛制品时不能干烫,应喷水湿烫或垫上湿布进行熨烫。熨烫温度一般在 160～180℃。

2. 耐酸性 由于羊毛纤维由蛋白质分子构成,因此它对酸性有较好的稳定性和抵抗性。羊毛纤维可以吸收有机酸或无机酸,并与内部的蛋白质相结合而质量不受影响。所以羊毛染色往往采用酸性染料,在生产过程中,也常用酸来处理夹杂在羊毛中的植物纤维杂质。

3. 耐碱性 羊毛纤维对碱的抵抗力较差。碱对羊毛角质有很大的破坏作用,随着碱的浓度增加,温度升高,处理时间延长,羊毛损伤程度加剧。由于碱对羊毛有腐蚀作用,因此毛料服装在洗涤时应选择中性洗涤剂。

4. 耐光性 羊毛纤维与棉纤维一样不耐日晒,日照时间长,则纤维会发黄,同时强力和弹性会有所下降,因此晾晒毛织物服装应在阴凉通风处。

5. 生物性能 羊毛纤维的蛋白质成分使其易受虫蛀,也易霉变、发黄而被破坏,因此保管时须注意防蛀。

四、蚕丝

蚕丝是天然蛋白质纤维的一种,而且是唯一的天然长丝纤维,光滑柔软,富有光泽,穿着舒适,被称为"纤维皇后"。蚕丝最早产于中国,目前我国蚕丝产量仍居世界第一,日本和意大利等国也产蚕丝。

(一)蚕丝的分类

蚕丝分为家蚕丝和野蚕丝两种。家蚕丝即桑蚕丝,在我国主要产于浙江、江苏、广东和四川等地;野蚕丝的种类较多,有柞蚕丝、蓖麻蚕丝、木薯蚕丝、樟蚕丝等,其中柞蚕结的茧可以缫丝,其他野蚕结的茧不易缫丝,仅作绢纺原料或制成丝绵。柞蚕丝主要产于辽宁和山东等地。产量较高的是桑蚕丝和柞蚕丝,以桑蚕丝的质量最优。

(二)蚕丝的形态结构和成分组成

1. 蚕丝的形态结构 蚕丝是由蚕体内一对绢丝腺分泌出的丝液凝固而成的。桑蚕茧由外向内分为茧衣、茧层和蛹衬三部分。其中茧层可用来做丝织原料,茧衣与蛹衬因细而脆弱,只能用作绢纺原料或丝绵材料。蚕丝吐出时由两根单丝组成,外面包覆着丝胶。当蚕丝从蚕茧上分离下来后,经合并形成生丝。由于生丝外丝胶的存在,蚕丝的触感较硬、光泽较差,一般要在以后的加工中脱去大部分丝胶,形成柔软光亮的熟丝。

蚕丝由两根平行排列的单纤维并合而成,中心为丝素,外围为丝胶。其中丝素是蚕丝的基本组成部分,呈白色半透明状;纵向平直光滑、富有光泽,截面近似三角形或椭圆形,这种截面形状决定了蚕丝制品具有特殊的闪光及丝鸣效果。丝胶能溶于热水,而丝素不溶于水。

2. 蚕丝的成分组成 蚕丝是天然蛋白质纤维,它的化学组成因蚕的品种、季节、产地和饲养条件不同而有差异。蚕丝主要是由丝素和丝胶两种蛋白质组成,约占95%以上;其次还含有色素、蜡质、脂肪、无机物等少量杂质。丝素是一种不溶性蛋白质,称为丝朊,主要组成元素有碳、氢、氧、氮等。丝素和丝胶对蚕丝的化学性质起着主要作用。

(三)桑蚕丝的性能

1. 物理性能

(1)强力。蚕丝的强力在天然纤维中较高,断裂伸长率介于羊毛纤维和棉纤维之间。蚕丝在湿态时的强力低于干态时强力,仅相当于干强的80%左右,所以天然丝织物在洗涤时,不宜用力搓拧。

(2)吸湿性。由于蚕丝的丝素是由许多极细的小纤维紧密排列而成,而小纤维中间仍有空隙,能够吸收水分,因此桑蚕丝的吸湿性较强。桑蚕丝即使在很潮湿的环境中,仍无潮湿感。

(3)保暖性。蚕丝的保暖性仅次于羊毛,是冬季较好的服装面料和填充材料。

(4)丝鸣。干燥的蚕丝相互摩擦或揉搓时发出特有的清晰微弱的声响,称为丝鸣。丝鸣是蚕丝特有的风格特征。

(5)其他性能。桑蚕丝大都为白色,有的也呈淡黄色。纤维外表光滑,无卷曲,所以抱合力较差,难与其他纤维混纺。但其手感凉爽,纤维细软,制品轻薄,是夏季理想的服装面料。又由于蚕丝的多孔性特点,使其保暖性好,因此又适宜做冬季服装。

2. 化学性能

(1)耐热性。蚕丝的耐热性较强,优于羊毛纤维。在120℃时纤维无明显变化。熨烫温度为160~180℃,宜用蒸汽熨斗,一般要垫布,以防烫黄和水渍。

(2)耐光性。蚕丝的耐光性比棉纤维和毛纤维都差。在日光照射下,蚕丝易脆化、泛黄,强度下降。因此,真丝织物应尽量避免在日光下直接晾晒。

(3)耐酸性。蚕丝是一种弱酸性物质,因此酸对蚕丝的作用较弱。弱无机酸和有机酸对丝素作用较稳定。用有机酸处理丝织物,可增加其光泽,改善手感,丝绸的强伸度稍有降低。

(4)耐碱性。蚕丝的耐碱性远低于棉纤维和麻纤维。碱可使丝素膨润溶解,苛性钠等强碱对丝素的破坏最为严重,即使在稀溶液中,也能侵蚀丝素。所以天然丝织物不宜用碱性大的肥皂洗涤。

(5)与盐的作用。蚕丝纤维不耐盐水侵蚀。因此夏季丝织物服装如汗衫、衬衫等,受到汗水侵蚀后,会出现黄褐色斑点。这不仅影响其使用寿命,使强度降低,甚至还会造成破洞。所以穿丝织面料的服装,要勤洗勤换,同时蚕丝织物也不宜用含氯漂白剂或洗涤剂处理。

(四)柞蚕丝的性能

柞蚕丝有许多优良的物理、化学性能。它具有天然的淡黄色,有良好的吸湿透气性;它的保暖性、强力、耐水性、吸湿性、耐光性都优于桑蚕丝,化学性能也较桑蚕丝稳定,对强酸、强碱和盐类的抵抗力较强。但柞蚕丝的光泽不如桑蚕丝光亮,手感也不如桑蚕丝光滑,特别是柞蚕丝织物遇水时,丝纤维会吸水膨胀,产生扁平状突起,改变光的反射形成水渍,水渍在服装重新下水后才会消失。

第三节　常用化学纤维及其性能

化学纤维可根据原料来源的不同,分为人造纤维和合成纤维。

一、人造纤维

人造纤维是用纤维素和蛋白质等天然高分子化合物为原料,经化学加工制成高分子浓溶液,再经纺丝和后处理而制成的纤维。目前生产的人造纤维主要有黏胶纤维、醋酯纤维和铜氨纤维等。

(一)黏胶纤维

1. 纤维来源　黏胶纤维以木材、棉短绒和芦苇等含天然纤维素的材料经化学加工而成。

2. 主要品种

(1)按性能分。普通黏胶纤维和富强纤维(高湿模量黏胶纤维)。

(2)按形态分。短纤维和长丝。黏胶短纤维常称人造棉,根据长度和粗细又可分为棉型、毛型和中长型;黏胶长丝又称人造丝,分有光、无光和半无光三种。

3. 结构与成分

(1)结构。纵向平直,表面有沟槽,横截面为具有锯齿形的皮芯结构。

(2)成分。主要组成物质是纤维素,分子式与棉纤维相同,聚合度低于棉纤维。

4. 主要性能

(1)普通黏胶纤维的性能。

①手感和光泽。由黏胶短纤维纺制的面料具有棉织物的手感,光滑、舒适;由黏胶丝纺织的面料光泽强,如丝纤维一般光滑。

②吸湿性和透气性。黏胶纤维的吸湿性和透气性比棉纤维好,是所有化学纤维中吸湿性和透气性最好的。

③染色性能。由于黏胶纤维吸湿性较强,所以黏胶纤维比棉纤维更容易上色,色谱全,色泽鲜艳,牢度好。

④湿强度。由于黏胶纤维聚合度、结晶度较棉纤维低,所以纤维强力低于棉纤维,而且纤维吸水后直径变粗、长度收缩,强度明显下降。因此普通黏胶纤维织物不耐水洗,尺寸稳定性差。

⑤弹性。黏胶纤维质地较软,手感柔软,因此保形性和弹性较差,织物易折皱且不易恢复。

⑥耐酸碱性。黏胶纤维低于棉纤维。

⑦耐热湿性。黏胶纤维耐热湿性差,在高温、高湿下容易发霉。

（2）富强纤维的性能。富强纤维俗称虎木棉、强力人造棉，是变性的黏胶纤维。与普通黏胶纤维相比，富强纤维具有以下特点：

①强度。富强纤维织物强度大，比普通黏胶纤维织物结实、耐穿。

②缩水率。富强纤维的缩水率是普通黏胶纤维的一半。

③弹性。用富强纤维制作的服装比较平整，耐折皱性比黏胶纤维好。

④耐碱性。由于富强纤维的耐碱性比黏胶纤维好，因此富强纤维织物在洗涤中对洗涤剂的选择不像黏胶纤维那样严格。

（二）醋酯纤维

1. 纤维来源　醋酯纤维（简称醋纤）是用含纤维素的天然材料经化学加工而制得，属于纤维素衍生物，是一种半合成纤维。

2. 主要品种　根据醋酯化程度不同，醋酯纤维可分为二醋酯纤维（二醋纤）和三醋酯纤维（三醋纤）两种。醋酯纤维一般是指二醋酯纤维。

3. 结构与成分

（1）结构。纵向平直光滑，横截面形状为多瓣形叶状或耳状，无皮芯结构。

（2）成分。主要成分是纤维素醋酸酯。

4. 主要性能　醋纤的主要成分是纤维素醋酸酯，因此不属于纤维素纤维，性质上与纤维素纤维相差较大，与合成纤维有些相似。

（1）吸湿性与染色性。醋纤的吸湿性与染色性差，醋酯纤维因纤维素的羟基被酯化，因而吸湿性比黏胶纤维低很多，而且染色性也较差。

（2）耐热性。醋酯纤维耐热性差，难以通过热定形的方式形成永久保持的褶裥，在高温时易熔化。

（3）强度。醋酯纤维强度低于黏胶纤维，湿态强力也较低，耐用性较差。

（4）弹性和弹性回复性能。醋酯纤维的初始模量低，较易变形，在低延伸度时有较高的弹性回复率，因此织物手感柔软，有弹性，悬垂性优良。

（5）耐酸碱性。醋酯纤维对稀碱和稀酸具有一定的抵抗力，但浓碱会使纤维皂化分解，在浓酸中会发生裂解。

（三）铜氨纤维

1. 纤维来源　铜氨纤维是把棉短绒等天然纤维素原料溶解在氢氧化铜或碱性铜盐的浓氨溶液内，制成铜氨纤维素纺丝液，采用湿法纺丝制得。因此，铜氨纤维也是再生纤维素纤维。

2. 结构与成分

（1）结构。铜氨纤维的横截面为结构均匀的圆形，无皮芯结构，纵向光滑。

（2）成分。铜氨纤维的成分与黏胶纤维相同，主要为纤维素，但铜氨纤维制造过程中，纤维素的破坏比较小，平均聚合度比黏胶纤维高。

3. 主要性能　铜氨纤维可承受高度的抽伸，容易制成很细的纤维。因此铜氨纤维手感柔软，光泽柔和，有真丝感，可用于制作高级服装面料。

铜氨纤维与黏胶纤维相比，在干湿态强力、耐磨性、耐疲劳性、染色性等诸多性能方面要优于黏胶纤维,吸湿性与黏胶纤维相近。浓硫酸和热稀酸能溶解铜氨纤维,稀碱对其有轻微损伤,强碱则可使铜氨纤维溶胀直至溶解。铜氨纤维不溶于一般有机溶剂,而溶于铜氨溶液。

二、合成纤维

合成纤维(简称合纤)是以煤、石油、天然气中的简单低分子为原料,经人工聚合形成大分子高聚物,经溶解或熔融形成纺丝液,然后由喷丝孔喷出,凝固而成的纤维。合成纤维具有强度大,弹性好,不霉不蛀,摩擦易产生静电,易沾污等共同特点。常用的合成纤维有涤纶、锦纶、腈纶、氯纶、维纶、丙纶、氨纶等。

(一)涤纶

1. 化学名称和商品名称　涤纶学名为聚对苯二甲酸乙二酯,是聚酯纤维的一种。我国商品名称为涤纶,其他国家有特丽纶(Terylene)、达克纶(Dacron)、特多纶(Tetoron)等商品名。目前涤纶应用最广泛,是世界上用量最大的合成纤维。

2. 主要品种　涤纶的品种很多,主要有长丝和短纤之分;长丝又有普通长丝(包括帘子线)和变形丝;短纤又可分棉型、毛型和中长型等。

3. 结构　普通涤纶纵向平滑光洁;横截面一般为圆形,为改善纤维的吸湿性能、染色性能和表观性能,也可加工成其他形状,如三角形、Y形、中空形和五叶形等。

4. 主要性能

(1)弹性。涤纶的弹性比任何纤维都好。涤纶具有优良的弹性和回复性,接近羊毛,而且在干、湿状态下弹性能保持一样。面料挺括、不起皱,保形性好,尺寸稳定。

(2)强度和耐磨性。涤纶大分子的结晶度和取向度较高,所以强度较高,耐磨性、耐冲击性较好,其面料坚牢、挺括、不易变形,有免烫的优势。

(3)耐热性。涤纶具有很好的耐热性和热稳定性,有较高的熔点,因此可通过热定形工艺使涤纶服装形成永久性褶裥和造型。

(4)化学稳定性。在室温下,涤纶不会与弱酸、弱碱、氧化剂发生作用;但涤纶不耐强碱,遇碱容易水解,在高温时尤为显著。可利用浓碱腐蚀涤纶表面,使涤纶重量减轻,细度变细,产生真丝风格,称为碱减量处理。

(5)吸湿性与染色性。涤纶的吸湿性极差,涤纶服装穿着有闷热感,易产生静电使织物易起毛、起球和吸灰,但涤纶织物具有易洗快干的特点。由于吸湿能力差导致纤维染色困难,需采用特殊染料或设备工艺条件,在高温高压下染色。

(6)耐光性。涤纶的耐光性极好,仅次于腈纶,与棉纤维相似。所以涤纶纺织物适合做夏季服装的面料和窗帘装饰布等。

(7)起毛起球性。涤纶面料经常摩擦易起毛、起球。

(二)锦纶

1. 化学名称和商品名称　锦纶学名为聚酰胺纤维。常见的商品名有尼龙(Nylon)、卡普纶(Caprolan)、阿米纶(Amilan)等。锦纶是最早的合成纤维品种,由于性能优良,原料资源丰富,因此一直是合成纤维产量最高的品种。

2. 主要品种　纺织业中应用最广泛的是锦纶 6 和锦纶 66。锦纶有长丝和短纤维之分。目前锦纶以长丝产品为主,普通锦纶长丝用于针织和机织产品,高弹丝用于针织弹力织物。锦纶短纤维产量小,主要与羊毛或其他毛型化纤混纺,以提高产品的强度和耐磨性。

3. 结构　传统锦纶的纵向平直光滑,横截面为圆形,具有光泽。

4. 主要性能

(1)密度。锦纶的密度较涤纶、黏胶等纤维要小,织物较轻,穿着轻便,适于做登山服、宇航服、降落伞等。

(2)强度和耐磨性。锦纶最突出的特点是强度高、耐磨性好,其耐磨性是棉的 10 倍、羊毛的 20 倍。因此,锦纶适宜制作绳索、袜子等经常受摩擦的制品。

(3)弹性。锦纶弹性好,回复性好,织物不易起皱。但纤维刚度小,与涤纶相比保形性差,织物外观不够挺括,在小负荷下容易变形。

(4)耐光性。锦纶的耐光性差,日光照射下易泛黄、发脆,强力降低,故锦纶织物洗后不宜久晒。

(5)耐热性。锦纶的耐热性较差,不如涤纶,在高温下易变黄,导致强力下降,烘干温度过高会产生收缩和永久的褶皱。

(6)耐酸碱性。锦纶耐碱不耐酸,特别是对无机酸的抵抗能力很差。

(7)吸湿性。锦纶的吸湿性较好,但不如天然纤维和黏胶纤维。

(8)起毛起球性。锦纶面料在经常摩擦之处易起毛、起球。因此,常将锦纶与其他纤维混纺,以提高织物的耐磨性。

(三)腈纶

1. 化学名称和商品名称　腈纶学名为聚丙烯腈纤维。常见的商品名奥纶(Orlon)、阿可利纶(Acrilan)、开司米纶(Creslan)等。腈纶外观呈白色,卷曲、蓬松、手感柔软,酷似羊毛,多用来和羊毛混纺或作为羊毛的代用品,故又被称为"合成羊毛"。

2. 主要品种　目前腈纶以短纤维产品为主,其中大多为毛型短纤维,用于纯纺或与羊毛或与其他毛型短纤维混纺,主要产品有腈纶膨体纱、毛线、针织品、仿毛皮制品。中长型腈纶常用来与涤纶混纺制成中长型织物。少量腈纶棉型短纤维,用于纯纺或混纺针织品制作运动衫。

3. 结构　腈纶纵向为平滑柱状,有少许沟槽;横截面呈哑铃形,也可呈圆形或其他形状,无论纵向或截面都可看到空穴的存在。

4. 主要性能

(1)密度。腈纶的密度较小,纤维质轻,体积蓬松,相同保暖性下比羊毛轻。

(2)强度和耐磨性。腈纶的强度不如涤纶、锦纶等合成纤维,耐磨性在合成纤维中较差,因此腈纶不适宜制作袜子、手套等经常受摩擦的物品。

(3)弹性。腈纶的弹性比羊毛、涤纶、锦纶差,反复拉伸后弹性下降更多,尺寸稳定性较差,因此腈纶服装在袖口、领口等处易于产生变形。

(4)耐光性和耐气候性。腈纶的耐光性和耐气候性突出,在服用纤维中最好,除用于服装外还适宜作帐篷、窗帘等制品。

(5)耐热性。腈纶具有特殊的热收缩性,将纤维热拉伸后骤然冷却,则纤维的伸长暂时不能恢复,若在松弛状态下高温处理,则纤维会相应地发生大幅度回缩,这种性质称为腈纶的热弹性。将这种高伸腈纶与普通腈纶混纺,经高温处理即成膨松性好、毛型感强的膨体纱。

(6)耐酸碱性。腈纶的化学稳定性较好,耐弱酸弱碱,但在浓硫酸、浓硝酸、浓磷酸中会溶解,在冷浓碱、热稀碱中会变黄,在热浓碱中会立即被破坏。

(7)吸湿性与染色性。腈纶的吸湿性优于涤纶,但比锦纶差,易产生静电;由于空穴结构的存在和第二、第三单体的引入,腈纶的染色性较好。

(8)起毛起球性。无论是纯纺还是混纺,腈纶织物都易起毛、起球,这是降低腈纶美观性和舒适性的重要因素,使腈纶一直无法成为高级成衣用料,也无法取代羊毛在服装材料中的地位。

(四)丙纶

1. 化学名称和商品名称 丙纶学名为聚丙烯纤维。常见的商品名称有赫克纶(Herculan)、霍斯塔纶(Hostalen)等。其生产工艺简单,成本低,是最廉价的合纤之一。由于丙纶性能优良,所以发展很快。

2. 主要品种 丙纶主要有长丝和短纤维两种形式。长丝常用来制作仿丝绸织物和针织物;短纤维多为棉型,用于地毯或非织造织物。

3. 结构 传统丙纶纵向光滑平直,截面多为圆形。

4. 主要性能

(1)密度。丙纶密度较小,仅为 $0.91g/cm^3$,比水还轻,是服装用纤维中最轻的。

(2)吸湿性与染色性。吸湿性较差,在使用和保养过程中易起静电和毛球。但丙纶具有较强的芯吸作用,水汽可以通过纤维中的毛细管进行传递。由于分子中没有亲水性基团,因此丙纶的染色性较差,不易上染,且染色色谱不全。

(3)强度、弹性和耐磨性。丙纶的强度、弹性和耐磨性都较好,接近于涤纶,结实耐用,适合制作绳索、袜子、地毯等耐磨物品。

(4)耐热性。丙纶耐热性较差,软化点、熔点比其他纤维都低,较耐湿热,而不耐干热,因此在水洗、干洗和熨烫时温度都不能过高,否则会引起收缩、变形,甚至熔融。

(5)耐光性和耐气候性。丙纶对紫外线敏感,耐光性和耐气候性较差,尤其在水和氧气的作用下容易老化,纤维易在使用、加工过程中失去光泽,强度、延伸度下降,以至纤维发黄变脆,因此对丙纶通常要进行防老化处理。

(6)耐酸碱性。丙纶的化学稳定性优良,对无机酸和碱都很稳定,几乎不受化学试剂的腐蚀。

(五)维纶

1. 化学名称和商品名称 维纶学名为聚乙烯醇缩甲醛纤维。常用的商品名称有维尼纶(Vinylon)和仓敷纶(Kuralon)等。维纶洁白如雪,柔软似棉,因而常被用作天然棉花的代用品,又称"合成棉花"。

2. 结构 维纶纵向平直,有 1～2 根沟槽,截面大多为腰圆形,有明显的皮芯结构,皮层结构紧密,芯层结构疏松。

3. 主要性能

（1）吸湿性与染色性。维纶的吸湿性是普通合纤中最高的,回潮率为4% ~5%。但由于皮芯结构和缩醛化处理,维纶的染色性能较差,染色色谱不全,不易染成鲜艳的色泽。

（2）密度。相对密度小于棉,热导率低,故质量较轻,保暖性好。

（3）强度、弹性和耐磨性。维纶的强度、弹性和耐磨性均优于棉纤维,较棉制品结实耐用,但弹性恢复能力较差,织物容易起皱。

（4）耐热性。维纶耐干热性较好,接近涤纶;耐湿热性较差,在热水中明显变形并发生部分溶解,因此洗涤时水位不宜过高,熨烫时不宜喷水和垫湿布。

（5）耐日光性。维纶耐日光性较好,长期在日光下暴晒强度损失不大。

（6）化学稳定性。维纶的化学稳定性能好,放在一般有机酸、醇、酯及石油等溶剂中都不会溶解;而且有较强的耐腐蚀能力,不霉不蛀,长期放在海水中或埋于地下均影响不大。

（六）氨纶

1. 化学名称和商品名称　氨纶学名为聚氨酯纤维,常用的商品名为莱卡(Lycra),也称斯潘德克斯(Spandex)。此外还有埃斯坦(Estane)和奥佩纶(Opelon)等商品名。氨纶以其卓越的高弹性,迎合了追求舒适随意、方便快捷、便于休闲运动的现代生活方式,因此面市以后很快就掀起了席卷全球的弹性浪潮。

2. 结构　氨纶截面为圆形或蚕豆形,纵向平直光滑。

3. 主要性能

（1）强度和耐磨性。氨纶的强度在服用纤维中最低,耐磨性较差,一般不单独使用。

（2）弹性。氨纶具有高弹性、高伸长,断裂伸长率可达450% ~800%,使用氨纶织成的织物穿着舒适,无压迫感。

（3）耐晒性。氨纶具有较好的耐晒性,在日光照射下,稍微发黄,强度稍有下降。

（4）化学稳定性。氨纶有较好的耐酸碱性,而且能抗霉、防蛀,对大多数化学物质和洗涤剂稳定性较好,但氯化物和强碱会造成纤维损伤。

（5）耐热性。氨纶耐热性差,水洗和熨烫温度不宜过高,熨烫时采用低温快速熨烫。

（6）吸湿性。氨纶的吸湿性较差,回潮率较低。

（七）氯纶

1. 化学名称和商品名称　氯纶学名为聚氯乙烯纤维。氯纶是最早开发的合成纤维,原料丰富,工艺简单,成本低廉,是目前最廉价的合纤之一,但由于产品的稳定性差等原因,其制品始终处于低谷。氯纶在国外有天美纶(Teviron)、罗维尔(Rhovyl)等商品名,由于我国的氯纶首先在云南研制成功,故又称滇纶。

2. 结构　氯纶纵向平直光滑或有1 ~2根沟槽,横截面近似圆形。

3. 主要性能

（1）吸湿性与染色性。氯纶吸湿性差,染色困难,对染料的选择性较窄,电绝缘性强。

（2）强度、弹性和耐磨性。氯纶的强度接近棉纤维,弹性和耐磨性优于棉纤维,但在合成纤维中较差。

（3）燃烧性能。氯纶具有难燃性，是服装用纤维中最不易燃烧的纤维，接近火焰时纤维部分收缩熔融，离开火焰后自动熄灭。因此，在国防工业中具有特殊用途。

（4）保温性。氯纶的保温性较好，比棉纤维和羊毛纤维都高。

（5）化学稳定性。氯纶的化学稳定性好，能耐酸碱和一般的化学试剂。

（6）耐热性。氯纶的耐热性差，在 60～70℃时开始收缩，沸水中收缩率更大，因此氯纶织物只能在 30～40℃水中洗涤，不能熨烫，不能接近暖气、热水等热源。

☞ 思考题

1. 试述服用纺织纤维的分类方法。

2. 天然纤维素纤维和人造纤维素纤维主要有哪些？试述主要性能。

3. 试述动物纤维的种类及性能。

4. 化学纤维的种类有哪些？试述常用纤维的主要性能。

第三章　服用纱线

1.服用纱线的种类及特点。

2.纱线的形成方法。

3.单纱、股线的技术指标及表示方法。

4.纱线性能对服装的影响。

　　纱线是纱与线的总称,是由纺织纤维经成纱加工而成,具有纺织特性且长度连续的线型集合体。纱线是由一定长度的纤维经排列、捻接抱合而成的长度无限的线状物,分为单纱和股线。

　　纤维制成的单股纱线,称为单纱。纱是由短纤维沿轴向排列并经加捻纺制而成,或是由长丝加捻或不加捻而成的连续纤维束。两根或两根以上的单纱合并加捻而成的纱线,称为股线。根据合股纱的根数,有两股线、三股线、四股线等。股线再合并加捻就成为复捻股线。

　　纱线是从纤维到机织物和针织物所必需的中间环节。不同的面料和织造工艺对纱线的要求也不尽相同。

第一节　纱线的分类及特征

一、纱线的形成

1. 天然长丝　通过缫丝制成。首先用一定温度的热水煮茧,让黏结茧层的丝胶部分溶解、膨润,解除对茧层的黏结,然后按要求把几个茧并在一起抽丝,获得一定粗细的长丝。

　　合并在一起抽丝的茧的个数由成丝的细度和蚕茧内丝的细度来定,一般为 6~8 个。一只茧丝的长度通常有几百米至上千米。

2. 化学长丝　由化纤原液经喷丝孔引出的单丝加工而成的。化学长丝可根据要求进行切断,成为化学短纤维。

3. 短纤维纱线　经纺纱过程把杂乱无章的短纤维制成连续不断、具有一定细度的纱。

　　短纤维纺纱过程根据原料可分为棉纺工程、毛纺工程、绢纺工程和麻纺工程。化学短纤维的混纺和纯纺往往也归类于与其混纺的天然纤维的纺纱系统。虽然各种纺纱系统所用设备和工艺流程有很大差异,但其目的都是为了生产均匀、有一定强力、外观和内在品质符合要求的纱线。

短纤维纺纱系统的主要工序有开清、梳理、并条、粗纱、细纱、合股等。

(1)开松和清洁。将紧包的纤维开松、清除杂质和尘土等,并均匀、混和后制成符合要求的棉卷。

(2)分梳。通过梳理机中针齿对纤维进行细致加工后,使纤维平行伸直,并进一步除去杂质,并形成条子(生条)。

(3)精梳机。通过精梳机对喂入小卷中的纤维进行更为细致的加工,排除短绒和杂质,使纤维平行伸直,制成均匀整洁的精梳条。

(4)并条。并条加工后,可以降低条子的重量不匀率,改善条子的内在结构,使纤维得到充分混合,并做到定量控制,从而保证了细纱质量符合要求。

(5)粗纱。在并条工序和细纱工序之间可以分担5~12倍牵伸的工序,并对牵伸后的粗纱进行加捻,制成一定的卷装形式。

(6)细纱。通过细纱机的牵伸、加捻和卷绕后,将粗纱纺制成具有一定线密度、符合质量标准的细纱,供机织、针织或捻线使用。

(7)合股。把两根或两根以上的单纱在捻线机上合并捻成股线,以提高纱线的强力、光泽、手感、均匀度和美观等品质。

二、纱线的种类

纱线种类很多,按纤维原料组成可分为纯纺纱、混纺纱;按加工用途可分为机织用纱和针织用纱;按纺纱方法可分为精梳纱、粗梳纱、气流纺纱、尘笼纺纱和空气纺纱等;按外形和结构不同可分为单纱与股线、单丝与复丝、膨体纱与花式纱、包芯纱与包缠纱等。

(一)按纱线的纤维原料分类

1.纯纺纱线 纯纺纱线是由一种纤维原料构成的纱线,包括纯棉纱线、纯毛纱线、纯麻纱线、纯涤纶纱线等。

2.混纺纱线 混纺纱线是由两种或两种以上的纤维按一定比例混合纺成的纱线。如涤纶与棉混纺而成的涤/棉纱线,羊毛、涤纶和腈纶混纺而成的毛/涤/腈纱线等。

3.混纤纱线 混纤纱线是将两种或两种以上性能或外观有差别的长丝纤维结合在一起形成的纱线。

(二)按成纱方式分类

1.短纤维纱线 短纤维纱线是用一定长度的短纤维经过各种纺纱过程把纤维捻合纺制而成的纱线。如棉纱、毛纱、亚麻纱及绢纱等。短纤维纱线一般结构比较疏松,纱线表面纹路清晰,有毛羽,手感丰满、光泽柔和,可广泛用于机织物、针织物和缝纫线中。

(1)环锭纱线。环锭纱是指在环锭细纱机上,用传统的纺纱方法加捻制成的纱线。原料适应性强,适纺品种广泛,成纱结构紧密,强力较高。但由于同时靠一套机构来完成加捻和卷绕工作,速度进一步提高将造成大量断头,因而生产效率受到限制。此类纱线用途广泛,可用于各类织物、编结物、绳带中。

（2）自由端纱线。自由端纱线是指在高速回转的纺杯内或在静电场内使纤维凝聚并加捻成纱线,加捻与卷绕过程分别用不同的部件完成,因而效率高,成本较低。

①气流纱。气流纱也称转杯纺纱,棉条通过分离装置先被分离成单纤维状,然后被气流送入纺纱杯加捻后形成的。气流纱比传统的环锭纱更加蓬松、条干均匀,杂质和毛羽较少,染色较鲜艳,纱线的外观和手感都优于环锭纱。其主要缺点是强力较低。气流纱主要用于机织物中蓬松厚实的平布、丰满柔软的绒布、灯芯绒和牛仔布,还可用于制作针织品。

②静电纱。静电纱是利用静电场对纤维进行凝聚并加捻制得的纱。纱线结构同气流纱,用途也与气流纱相似。

③涡流纱。涡流纱是用固定不动的涡流纺纱管,代替高速回转的纺纱杯所纺制的纱。纱上弯曲纤维较多、强力较低、条干均匀度较差,但染色、耐磨性能较好。此类纱多用于起绒织物,如绒衣、运动衣等。

④尘笼纱。尘笼纱也称摩擦纺纱,是利用一对尘笼对纤维进行凝聚和加捻纺制的纱。纱线呈分层结构,纱芯捻度大、手感硬,外层捻度小、手感较柔软。此类纱主要用于工业纺织品、装饰织物,也可用于防护服等外衣。

2.长丝纱线　长丝纱线是由单根或多根长丝组成的纱线。由单根长丝组成的长丝纱线称为单丝,由多根长丝组成的长丝称为复丝。复丝广泛用于机织物和针织物中,单丝主要用于制织轻薄、透明的织物如袜子、丝巾等。

图3－1(a)、图3－1(b)分别为短纤维纱线和长丝纱线的结构示意图。

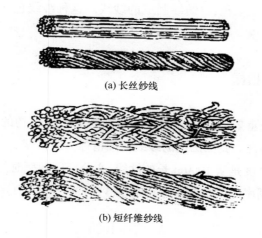

(a) 长丝纱线

(b) 短纤维纱线

图3－1　长丝纱线和短纤维纱线的结构示意图

3.缫出丝　从蚕茧缫出的生丝。

4.裂膜丝　多为聚丙烯薄膜片,采用切、割、打孔等技术分裂成一定宽度经强拉伸而制成的片丝。

（三）按用途分类

1. 机织用纱 机织用纱又可分为经纱和纬纱,经纱强力要求较高,捻度较大,条干要均匀,表面光滑,纬纱强力可低一些,手感较柔软。

2. 针织用纱 针织用纱要求洁净、均匀、手感柔软,强力和捻度可稍低。

3. 起绒用纱 供起绒类织物形成绒层或毛绒的纱。要求纤维较长,捻度较小。

4. 特种用纱 特种产品用纱,如轮胎帘子线等。

5. 其他用纱线 还有编织线、缝纫线、绣花线、花边线、绳带用线和绒线等。

（四）按纱线结构分类

1. 单纱 一般指由短纤维经捻合纺制成的单股纱线。

2. 股线 由两根或两根以上单纱捻合制成的纱线。

3. 复捻多股线 将几根股线按一定方式捻合在一起而形成的纱线。

4. 单丝和复丝 单丝,即指一根长丝;复丝是由两根以上的单丝组成的长丝纱。

5. 花式线 由两根或两根以上纱线采用一定的工艺和设备加工而成的线,表面具有特殊外观效应的纱线,如辫子线、环圈结子线、断丝线、包芯纱等。

（五）按染整加工分类

1. 本色纱线 未经漂白、染色等加工,手感柔软,蓬松,毛羽较多。

2. 丝光纱线 纱线经氢氧化钠溶液处理除去纱线表面的绒毛,纱线丰满光滑,光泽好。

3. 烧毛纱线 用气体或电热烧掉纱线表面的毛羽而得到的表面光洁的纱线。

4. 漂白纱线 本色纱线经煮练漂制而成的纱线。

5. 染色纱线 将本色纱线经煮练、染色制成的有色纱线。

6. 色纺纱线 将纤维先染色,再纺纱制成的纱线。这种纱线色泽均匀、里外一致。其织物在磨损后不会出现飞白现象。

三、纱线的主要技术指标

（一）纱线的粗细

纱线的粗细是纱线最重要的指标。纱线的粗细将影响到织物的结构和外观,如织物的厚度、刚硬度、覆盖性和耐磨性。我国法定的纱线粗细指标为线密度。

1. 线密度（Tt） 线密度是指 1000m 长的纱线,在公定回潮率时的质量（g）。若纱线试样的长度为 $L(m)$,在公定回潮率时质量为 $G(g)$,则该纱线的线密度（Tt）为:

$$Tt = \frac{G}{L} \times 1000 \qquad (3-1)$$

线密度的单位名称为特克斯,符号为 tex。

纱线线密度的数值越大,表示纱线越粗,数值越小表示纱线越细。

常用的棉纱规格有 13tex,14.5tex,19.5tex,29tex,32tex 等。常用的毛纱的规格有 11.8tex,9.8tex,12.3tex,15.5tex 等。常用的绢丝规格有 5.9tex,4.9tex 等。

股线的线密度,以组成股线的单纱线密度乘以股数来表示,如单纱为18tex的双股股线,则股线特数为18tex×2,其名义线密度为36tex。当股线中的单纱线密度或其他指标不同时,则以单纱的线密度相加来表示,如18tex+12tex等,其名义线密度为30tex。

2. 其他纱线细度表示方法　除线密度外,还可用纤度、支数等表示方法。

(1)英制支数(N_e)。英制支数指公定回潮率时,0.45kg(lb)重的纱线所具有的长度是768.10m(840yd)的倍数。英制支数属于定重制,是指一定重量的纱线的长度,它的数值越大,表示纱线越细。

(2)公制支数(N_m)。公制支数指在公定回潮率时,1g重的纱线所具有的长度(m)。若纱线长度为L(M),公定回潮时质量为G(g),则公制支数为:

$$N_m = \frac{L}{G} \qquad\qquad (3-2)$$

(3)纤度(N_D)。纤度指9000m长的纱线在公定回潮率时的质量(g)。常见于表示化学纤维和长丝的粗细。

3. 纱线细度指标的换算

(1)线密度与英制支数(Tt 与 N_e)

$$\text{Tt} = \frac{C}{N_e} \qquad\qquad (3-3)$$

式中:C——换算系数。

因材料的种类和公定回潮率而不同,常见纱线的换算系数见表3-1。

表3-1　纱线细度换算系数 C

纱线种类	混纺比例比(%)	公定回潮率(%)		换算系数
		英制	特数制	
棉纱	100	9.89	8.50	583
纯化纤纱	100	公定回潮率	公定回潮率	590.5
涤棉混纺纱	65/35	3.70	3.20	588
腈棉混纺纱	50/50	5.94	5.25	587
丙棉混纺纱	50/50	4.95	4.30	587
维棉混纺纱	50/50	7.45	6.80	587

(2)线密度与纤度(Tt 与 N_D)

$$\text{Tt} = \frac{1}{9} N_D \qquad\qquad (3-4)$$

(3)线密度与公制支数(Tt 与 N_m)

$$Tt = \frac{1000}{N_\mathrm{m}} \qquad\qquad (3-5)$$

(二)纱线的捻向

纺纱过程中将纤维条回转搓捻,使纤维相互抱合成纱的工艺称为加捻。短纤维纺纱必须加捻,长丝在加工过程中虽不加捻,但由于高速卷绕,也稍有捻回存在。根据产品的要求,长丝也可以在捻丝机上进行加捻。纱线表面由于加捻而使纤维产生倾斜,其倾斜的方向为捻向。纱线加捻的方向有 Z 捻和 S 捻两种,如图 3-2 所示。

1.单纱的捻向 单纱一般为 Z 捻。也有少量 S 捻纱,常被称之为反捻纱。

2.股线的捻向 股线的捻向一般与单纱的捻向相反,以获得较好的手感,记为 ZS,第一个字母为单纱的捻向,第二个字母为股线的捻向,如图 3-3(a)。有些稀薄类产品,织物紧度小但要求手感挺爽结构稳定,布面清晰富有弹性,股线加捻时就采用与单纱相同的方向,如 SS。

股线与单纱捻向相反,外层纤维先退捻后加捻,内外层捻幅均匀,强力、手感均好,捻缩小,捻回稳定。股线与单纱捻向相同,纱线手感挺爽,外层捻幅大于内层,回挺性高,渗透性差,纤维倾斜角大,反光紊乱,光泽差,纤维抱合紧,向内压力大,手感硬,捻缩大,捻回稳定性差。

3.复捻股线 复捻股线由两根或两根以上的单捻股线并捻而成,复捻股线的捻向多与单捻股线的捻向相反,如图 3-3(b),复捻股线捻向 Z,记为 ZSZ。

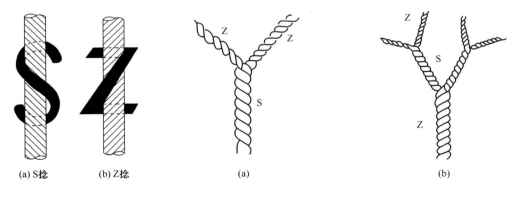

图 3-2 纱线的捻向　　　　　　　图 3-3 股线和复捻股线的捻向

(a) S捻　　　(b) Z捻　　　　　　　(a)　　　　　　　(b)

(三)纱线的捻度(T)

纱线单位长度上的捻回数称为捻度。通常以 10cm 内的捻回数来表示捻度。纱线按捻度分为弱捻、中捻、强捻和极强捻纱,见表 3-2。

表 3-2 纱线的捻度

名称	捻度(捻/10cm)	名称	捻度(捻/10cm)
弱捻纱	30 以下	强捻纱	100 ~ 300
中捻纱	30 ~ 100	极强捻纱	300 以上

纱线的捻度影响织物的外观、手感和内在性能。捻度大,纤维抱合好,强力大,纱线表面清晰,反光弱,手感硬爽;捻度小,纱线结构疏松,内应力小,手感柔软,蓬松,吸湿性好,织物表面颗粒大,易起毛、起球。

一般机织纱较针织纱捻度大,经纱较纬纱捻度大。绒布的纬纱捻度较小以便于起绒。

(四)捻系数(α_t)

相同捻度粗细不同的纱线,纱的表层纤维对于纱轴线的倾斜角也不相同,对于纱线性质影响程度也不同。由于捻度不能用来比较不同组细纱线的加捻程度,在实际生产中,常用捻系数来表示纱线的加捻程度。捻系数是结合线密度表示纱线加捻度的相对数值,可用于比较不同粗细纱线的加捻程度。捻系数可根据纱线的捻度 T 和纱线的线密度 Tt 计算而得到。

$$\alpha_t = T \cdot \sqrt{Tt} \qquad\qquad (3-6)$$

第二节　花式纱线及其他纱线

一、花式纱线

花式纱线的品种极为丰富,有单纱类、股线类,有短纤维类、长丝类。

花式纱线按其形态或色彩的变化一般分为三大类:花式线、花色纱线和特殊花式线。常见花式纱线的外观形态如图 3-4 所示。

(一)花色纱线

花色纱线是在其长度方向上配置两种或两种以上的色彩花纹,使其外观呈现出特殊的装饰效果。花色纱线并非完全依靠纺制加工技术,主要是事先对单纱进行漂白、染色、印花后再经并合加捻而成。纱线上的色彩分布可以是规则的,也可以是随机性的,这样可使纱线富有艺术性色彩。

1. 花色纱　花色纱是利用不同的染色、印花方法,使色彩变化来达到不同的色彩效应。如纱线段与段之间色泽不同的多色纱。

目前市场上出现的印花纱很多。其形成方法大体上有两种:一种是先在粗条上染上不同的色彩,在后道工序纺制过程中即可产生预先设计好的混色效果。另一种方法是在已纺成的纱线上分节染以不同的颜色,使纱线的色彩在形成织物后时隐时现,呈现出自然、美观、含蓄、抽象的效果。这种方法在富有仿古情调的现代欧洲装饰织物中运用很多。

花色纱的风格可随不同线密度、不同色泽、不同色彩分布的变化而不同。花色纱使用范围极广,既可用作制织服装面料,也可用作制织装饰用品。

2. 花色线　花色线是将不同色彩或不同染色效果的单纱再进行并捻合成后形成的彩色股线。

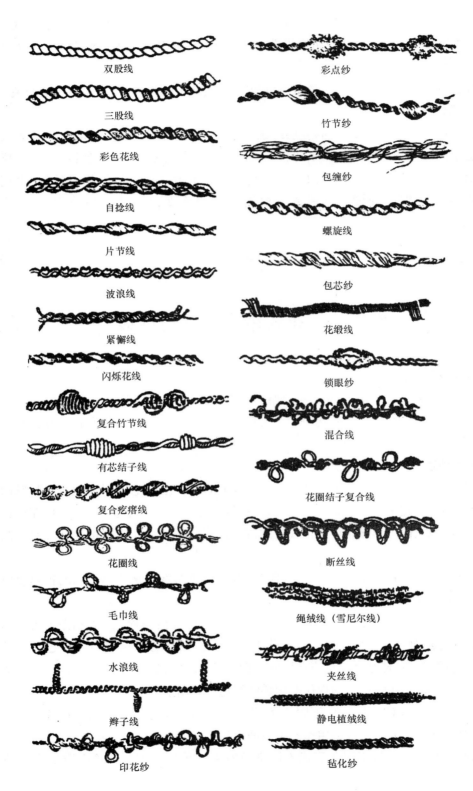

图 3 - 4　常见花式纱线的外观形态示意图

双股线

彩点纱

三股线

竹节纱

彩色花线

包缠纱

自捻线

螺旋线

片节线

包芯纱

波浪线

花缎线

紧懈线

锁眼纱

闪烁花线

混合线

复合竹节线

花圈结子复合线

有芯结子线

复合疙瘩线

花圈线

断丝线

毛巾线

绳绒线（雪尼尔线）

水浪线

夹丝线

辫子线

静电植绒线

印花纱

毡化纱

花色线的种类非常多。根据捻度不同可分为普通花线(具有正常捻度的双色或多色股线),低捻花线(具有低于正常捻度的双色或多色股线,俗称松捻花线或懈花线),强捻花线(具有大于正常捻度的双色或多色股线)。根据纱线的股数可分为双色股线、三色股线、彩色股线等。这些股线并合根数不多,一般都是采用一次并捻(单捻)而成,并捻方向与单纱的捻向相反,而股线内各根单纱的原料、线密度、捻度及捻向均相同。

如果改变单纱的原料、线密度、捻度和捻向,或有意改变单纱的条干均匀度,或采用不同颜色的单纱,则形成的股线线型各异,通常有以下五种形式:

(1)片节线。是指由一根或两根线密度不同或粗细不均匀的片节纱与一根单纱或股线捻合而成的线。可使纱线表面有意形成时粗时细、捻圈密度分布不匀的花纹效应。若使用不同色彩的片节纱捻合效果会更佳。

(2)螺旋形波纹线。是用一根加强捻(Z向)的粗捻纱与另一根或数根普通细捻纱(S向)合并加捻而成,捻向为S捻。若使芯线均匀退捻,则在纱线表面上会形成螺旋形波浪花纹。

(3)波纹线。将两根不同线密度、不同捻向的纱并合后,再按原高线密度(低支)纱的捻向进行捻合。这时高线密度纱因捻缩而呈弯曲状,低线密度(高支)纱因退捻而伸长,呈松弛状态,于是在纱线表面就产生有规则的波纹效应,纱线富有弹性。

(4)闪烁花线。利用有光泽效应的金属丝或有光人造丝与无光泽效应的普通纱线加捻而成。使花线能在光线的折射下呈现出闪闪烁烁的星点效果。

(5)自捻花线。将两根纱条进行牵伸后,分别通过一对加捻罗拉交替地进行S向和Z向的加捻。这两根纱通过加捻罗拉后,由于退捻力矩的作用而互相并合。为了稳定其形态,可再加一根细而牢固的固结线。两根色纱捻向的不断变化,将使织物表面呈现出朴素而多变的纹斑效果。

花色纱线在现代服用纺织品中应用十分普遍,这主要因为它具有以下一些特点:

(1)花色纱线加工工艺简单,通常只需要一两道工序便可以完成,加工简便,而且花色丰富,产品多变。

(2)采用不同色彩、不同原料、不同粗细以及不同捻度、捻向的纱线适当地组合配置,能产生各种绚丽多彩、风格别致、色泽鲜艳悦目、变化万千、富有时代青春活力的各种各样的花色效果。

(3)单纱经过合股并捻,能够进一步改善纱线的条干均匀度,增加耐磨性,提高强力(通常股线强力要大于各根单纱强力总和)。

(4)花色纱线表面平滑,光泽好,手感也较柔软,如果合理地选择纤维原料,还能使其具有仿毛、仿麻、仿丝等特殊效果。

(二)花式线

花式线是运用不同原料、不同色彩、不同捻度或捻向变化,采用特殊的加工技术,由两根或多根单纱捻合而成的,纱线外观呈现出一种特殊的结构形态。

花式线被现代设计师们誉为"富有生命力的纱线",广泛应用于服用纺织品的设计中。花式纱线的品种很多,加工方法各异,形成的纱线外观形态和结构参数也不尽相同。

1. 竹节纱 竹节纱是在纱的表面呈现等节距或不等节距分布的粗节,形成竹节纱状的节结,故称为竹节纱。其风格特征是能使其织物表面显示出竹节状波纹,被广泛应用于色织或毛织类女装面料、男衬衫和装饰织物中。用于生产针织物时,会使织物表面具有雪花型的特殊风格,颇为美观,在国外广泛应用于室内装饰织物。竹节纱可应用于机织、针织、编织等各个生产领域。

2. 彩点纱(结子纱、雪花纱) 所谓彩点即缠绕紧密的小型纤维有色结节(疙瘩)。若纱上附有长度短、缠绕紧、体积小的有色结子则称为彩点纱。还有结子纱、雪花纱之称。

彩点纱的原料一般可采用各种天然纤维、化学纤维、纺纱过程中的落棉下脚废料,如涤纶、腈纶的斩刀花、车肚花、纯棉抄斩花和毛纺、绢纺的下脚料等。彩点纱要求能保持一定的张力即可,对条干要求不高,所以原料成本较低,经济效益较好。

彩点纱按原料不同可分:

(1)棉型彩点(结子)。因为一般纺纯棉彩点纱时,细纱断头率较高,故对配棉的要求较高,原棉成熟度、长度和细度指标要着重考虑;用于漂白不染色的结子织物时,还应控制原棉的含杂率。

(2)化纤型彩点(结子)。涤纶、腈纶在梳棉机上的斩刀花长度为36mm左右,细度为14tex左右,制成的结子颗粒大小适中,直径约为2~5mm左右,粒子挺凸,适宜于春秋外衣面料或装饰用品,织物立体感强。

(3)绢丝型彩点(结子)。用绢丝落绵纺成的结子,结子一般较细小,直径约2mm左右,不易突出结子的风格,适用于薄型衣料上的点缀。

(4)毛型彩点(结子)。用羊毛下脚制成,结粒粗大面硬,直径约为4~7mm,适用于冬季在粗厚织物上作点缀,如钢花呢。

用作彩点的原料可预先染成各种颜色,置于本色或彩色纱中制成彩结纱。纱线不需染色可直接用作织物的纬纱。也可将本色结子与做基纱的原料混合,纺成彩点纱后再经染整处理。由于各种纤维染色性质上的差异,彩点纱上的结子和基纱将呈现出不同的色彩,使得彩点纱织物风格独特,远看是一片素色,近看则似繁星点点,文静素雅。

彩点纱织物多用于妇女服装面料和装饰纺织品中。

3. 结子线(纱节线) 结子线是由相同或不相同的颜色、大小、开头和间距的结子作为点缀而形成的花式线。结子线风格独特、立体感强,织物表面有许多醒目的小斑点,经久耐磨。结子线能使织物产生特殊的情趣与装饰效果。结子线织物表面粗糙不匀,用作沙发面料时,能增加沙发与人体接触时的摩擦系数,使人坐靠时不易下滑,增加了稳定感。用作窗帘布和贴墙布则有利于吸收外来光线和杂音,很受消费者喜爱。

结子线的原料可选用各种天然纤维或化学纤维。结子线一般是由两根相同细度的纱线进行加捻制成的,芯纱由周期性的间隙转动机构送入加捻区,饰纱则由罗拉以等速送入加捻区。

4. 纱环线(环圈线) 纱环线是花式线中最松软的一种。它是由芯纱、饰纱和固纱组成的,其中芯纱是纱环线的主干,饰纱用以形成环圈状花式效应,固纱用以固定纱环,并与芯纱共同构成纱环线强力基础。合理选配组合纱的纤维原料、纱线线密度、捻度和捻向,适应控制输出速比和捻度比例,可以获得不同花纹的纱环线。

(1)花圈线。花圈线是指装饰线在芯线周围产生连续、饱满、方向各异、大小均等的花圈环。这些花圈环呈圆形、透空,美观大方,风格别致。根据环圈透孔大小的不同,花圈线可以划分为大花圈线(环圈透孔如绿豆大小)、中花圈线(环圈透孔如米粒大小)、小花圈线(环圈透孔如芝麻大小)三种。

(2)毛巾线。毛巾线是指装饰线在芯线周围产生稀疏匀散的小纱圈。这些小纱圈丰满、立于纱线表面,呈现出毛绒绒的外观效应,与毛巾织物表面覆盖的毛圈相类似,故此而得名。根据毛巾圈大小的不同,毛巾线可以划分为小毛巾线、中毛巾线、大毛巾线三种。

(3)波浪线。波浪线是指装饰线在芯线周围产生连续的、凹凸相同的水浪型波纹。这些水波纹呈起伏状均匀地分布在芯线两侧。根据大小不同的屈曲状态,波浪线可分为大波浪线、中波浪线、小波浪线三种。

(4)辫子线。辫子线是指纱线表面扭结有许多辫子的花式线。这些辫子均匀分布,并突出于花式线的表面。可用于生产毛绒织物。

(5)组合线。将前几种花式线进行不同组合,即可得到不同效应的混合花式线。如波浪毛巾线(强调波浪线效应)、花圈毛巾线(强调花圈线效应)、毛巾花圈线(强调毛巾线效应)等。通常这些花式线是先进行一次加工,再根据设计需要,加强其饰线效应,使之成为组合花式线。

5. 断丝线 断丝线是利用黏胶长丝的干湿强力之差而形成的一种花式线。其特征是纱线表面呈现许多断续不均分布的有色丝线。断丝线一般用一根133dtex(120旦)黏胶长丝用芯线,用两根13tex(45英支)涤/棉或纯棉纱作饰纱进行并合加捻,然后连同纱管浸泡在100℃以上的热水中,黏胶长丝受热吸水,强力降低,在进行牵伸时,两根饰纱被拉直,而黏胶长丝则被拉成一小段一小段的断丝状附加在饰线上,最后再加上一根固结纱将断丝固定,从而形成了断丝线。

6. 复合花式线 复合花式线是由各种花式线进行不同的组合以形成不同风格的特种花式线。例如,将结子线与圈形线并合加捻,结子线与断丝线并合加捻,竹节纱与圈形线并合加捻,用两根双色结子纱并合就能形成四色结子纱等。通过这种不同的组合,可以得到千变万化、具有特殊效应的花式线。

(三)特殊花式纱线

1. 雪尼尔线(绳绒) 雪尼尔线又名绳绒,是一种外形如瓶刷或刺毛虫状的花式绒线。具有丝绒效果,立体感较强。雪尼尔线也是由芯纱和饰纱所组成,饰纱以打圈的形式喂入两根芯纱的交汇处,在两根芯纱加捻的同时,用刀将打成圈状的饰纱连续切割成半圆,饰纱则断成了较短的纱,被夹持在芯纱捻回中,经热处理后,这些纱纤维完全松散,则制成了外观圆整的雪尼尔线。

雪尼尔线一般采用31.3tex(32公支)涤/腈中长纱或31.3tex腈纶纱做芯纱,采用腈纶有光正规条或无光正规条、腈纶膨体纱38.5tex×2(26公支/2)或38.5tex(26公支)针织绒做绒毛,绒头长度有1.5mm和1mm两种。前者用于针织物,后者用于机织物。雪尼尔线的规格随绒毛长度及毛纱粗细而异,一般用38.5tex(26公支)腈纶绒作绒头,绒毛长1.5mm,细度为454.5tex

（2.2公支）。

雪尼尔线主要用作装饰线、手编毛线、针织外衣等织物。

2. 假线 假纱是指在纺纱机上引入一根芯线（单纱或股线）与罗拉送出的须条并合加捻而成的夹心线。它不像股线那样有着均匀的条干和整齐的捻回色纹，而是表面粗糙不匀，结构紧密。假线适用范围较广，不仅能用于机织机作纬纱，在一定条件下，也能被用作经线。假线种类甚多，如包芯纱、花假线和螺旋线等。

（1）包芯纱。是指用一种纤维作包覆材料，另一种纤维作芯纱纺制成的纱。一般是以化纤长丝为芯纱，外包材料为由短纤维组合的纱条所形成的一种具有独特结构的纱线。如以氨纶长丝为芯纱，外包纯棉，制成氨纶弹力包芯纱，用作制织弹力牛仔布、弹力灯芯绒、弹力涤卡。

包芯纱的纺制方法很多，如环锭纺、气流纺、自捻纱、尘笼纺、喷气纺、涡流纺、静电纺以及空心锭包芯纺等均能纺制包芯纱。所以包芯纱的性质不仅取决于原料的性质，而且还取决于纺纱方法的不同。

（2）花假纱。花假纱是指以粗纱作芯纱，外面紧紧地缠绕数根不同色彩的丝条，形成了较粗的假型花色线。

（3）螺旋线。螺旋线是以一根饰线与一根芯线加捻而成的一种花式线。有时为了进一步增加螺旋效应，也可将所得股线再与另一根线密度较小的固结线第二次加捻而成。

螺旋线采用线密度较小的股线作为芯纱，与中等线密度的弱捻纱合股后，再与线密度较小的固结线合股加反向强捻。由于纱线细，且又是第二次反向加以强捻，因此成纱表面形成密度大、排列整齐、螺距很小的螺旋线迹。螺旋线一般用于制织装饰面料、男女夏季衬衣或女式内衣面料。

3. 无捻复合线 将所需加工的花式纱线，借助于某种载体或黏附方式，使饰线黏附在芯线的表面，如熔融法复合纱、静电植绒纱和毡化纱等。

4. 金银线

（1）金银线。用金、银为原料制作的线及其仿制品。金银线的生产方法在古代是真正用金银制成薄箔片，再切成细条而加工成线的。而现在多为仿制品，主要是采用聚酯薄膜为基底，运用真空镀膜技术，在其表面镀上一层铝箔，再覆以颜色涂料层与保护层，经切割成细条加工后而形成金银线。涂覆的颜色不同，可获得金线、银线、变色线及五彩金银线等多种品种。

金银线厚度一般为 $12 \sim 25 \mu m$，宽度为 $0.25 \sim 0.36mm$，每千克长约为 $7 \sim 14km$，有多种色泽品种。主要供织物作装饰彩条，也可并捻在纱线中作为一种新颖的编结线。

（2）金银丝花色线。实际上是以金丝或银丝作为饰纱的花式线。如圆捻线、稀捻线、绉捻线等。

①圆捻线。芯线材料为从 $8tex$（72旦）的化纤长丝一直到多股并合的棉纱，采用真空热定型技术，消除捻缩现象，捻线结构是将金银箔片呈螺旋状均匀包覆在芯线表面而成。

②稀捻线。此类花式线是用一根金银丝和一根（或多根）化纤长丝、针织纱或绒线，采用特殊方法加捻而成。稀疏加捻的金银丝每圈之间的节距视产品设计的要求而定，通常在 $4 \sim 7mm$。用于产品中，可使之呈现分散性闪光点，恰似夜空中繁星点点的依稀景象。

③绉捻线。利用复合加捻的原理加工而成,将金银丝包覆在表面成螺旋状。用这种花式线制成的产品,在光线下产生漫反射,犹如阳光照射下的湖面,波光粼粼,别具一格。

除上述产品外,还可选用弹性芯纱加工成具有伸缩性的弹力金银线,以及在金银线上外包高特长丝的交叉捻线等。

金银丝花色线具有广泛的用途和装饰效果,在国外普遍流行;在国内随着人民生活水平的不断提高,也正在迅速发展之中。

(3)闪光线。闪光线是指在纱线中混有闪光纤维,使产品具有闪光效应。闪光纤维用量一般为15%～30%,并和纱线中的其他纤维配色要协调,对比度要强,以达到闪光效果。

若使用染色性能相同的纤维原料生产闪光线时,可先将主体纤维条染后,再将闪光纤维按比例混合后纺纱;若使用不同染色性能的纤维原料生产闪光线时,则可按比例混合后,先纺成白坯纱,再用绞纱或筒子纱染色的方式进行染色,由于混入纤维的染色性能不同,只上染主体纤维后,即可得到闪光线。

二、变形纱

合成纤维长丝在热和机械或在喷射空气的机械作用下,由伸直变成卷曲,即称为变形纱或变形丝。

常规的合纤长丝具有挺直、光滑的外观,表面无毛羽,蓬松透气性差,手感光滑。长丝经变形处理后,不仅改变了纱的外观,而且还改善了长丝的吸湿性、透气性、柔软性、弹性和保暖等性能。由于变形纱一般是由弹性和抗皱性好的涤纶或锦纶等合成纤维制成,由其制成的服装面料具有优越的外观保持性、易洗快干、柔软蓬松等性能。

变形纱一般可分为以下三类:

1. 弹力纱　弹力纱具有优良的弹性变形和恢复性能,而蓬松性一般。主要以锦纶长丝变形纱为主。

2. 低弹纱　低弹纱也可称为变性弹力纱,具有一定程度的弹性,即弹性伸长适中,螺旋卷曲多,具有一定的膨松性。由这类纱织成的织物尺寸比较稳定,主要用于内衣、毛衣及其他针织物和机织物。其长丝可以是涤纶、丙纶或锦纶。

3. 膨松纱　膨松纱的主要特点是高度膨松,而且又有一定的弹性。这类纱主要用于膨松性远比弹性重要的一些织物,常见的是毛衣、要求保暖性好的袜子、仿毛型针织衣和其他家庭装饰织物。多为腈纶制成。锦纶、涤纶也可加工为膨松变形纱。

三、绒线

绒线又称毛线,是以动物纤维或化学纤维为原料,经纺纱和染整加工而成。纺制绒线用的动物纤维有绵羊毛、山羊毛、马海毛、兔毛、驼毛等,纺制绒线用的化学纤维主要是腈纶、黏胶纤维,还有少量使用涤纶和锦纶等。

市场上绒线种类有很多,按原料可分为纯毛绒线、毛混纺绒线和纯化纤绒线;按绒线的粗细可分为手工粗绒线、手工细绒线、针织绒线及棒针线;按外观形态可分为常规绒线和花式绒线,花式绒线有闪光绒线,夹花绒线、珍珠绒线、链条绒线、彩虹绒线、珠圈绒线、结子绒线、毛虫绒线及波形绒线等。

纯毛线手感柔软,富有弹性,不易起皱变形,保暖性强,适于秋、冬季服装穿用。全毛粗绒线轻软、丰厚而且保暖性强,适用于男女成年人的上衣、背心和裤装等。纯毛细绒线柔软,光泽、色彩鲜艳,但保暖性和耐磨性较差,适用于妇女、儿童春秋服装和帽子、围巾等。针织绒线有纯毛的,也有纯化纤或混纺的,是很细的毛线,多用作机器编织。纯毛针织绒线为绒线中的精品,适于成年男女春秋季穿着。腈纶针织绒线色泽鲜艳,价格便宜,且穿洗方便,适用于妇女、儿童的各种服饰用品。

混纺毛线主要有毛黏混纺和毛腈混纺两种。毛腈混纺毛线在手感、弹性和保暖性及外观等方面都接近全毛毛线,而且强力高、重量轻、耐穿易洗,较全毛毛线耐虫蛀,特别适合于青壮年和外衣用线。毛黏混纺毛线强力和耐磨性较好,手感较柔软且光泽好,但弹性较差,重量也较全毛毛线重。

第三节　纱线对面料外观和性能的影响

纱线作为构成服装面料的中间环节,在很大程度上影响着面料的外观、质感和性能,它是除纤维材料性质、织物组织和后整理加工等外,与面料的结构和外观特征密切相关重要因素。

一、纱线对面料外观的影响

1. 长丝和短纤纱　长丝织物表面光滑明亮、细薄均匀、透明匀净,有良好的均匀度。短纤纱表面有毛羽,面料具有良好的蓬松度、覆盖性和柔软度,手感温暖,光泽柔和。

2. 纱线的细度　纱线较细,可织制细腻、轻薄、紧密、光滑的面料,手感柔和,舒适,适用于内衣、夏装、童装及高档衬衫、套装、西装等;若纱线较粗,面料的纹理较粗犷、质感厚重、丰满,保暖性和覆盖性比较好,更适用于秋冬外衣。纱线细度的均匀性也会影响面料外观。若粗细不匀性较大,会使面料表面不平整,厚薄不均,光滑度不佳。

3. 纱线捻度　长丝纱不加捻时的光泽最亮,短纤纱在加捻时,因光线从各根纤维面上反射,纱的表面显得较暗淡。纱线捻度小织物蓬松柔软,但面料表面易起毛、起球。当捻度较大时,纱线会发生捻缩作用,强捻的短纤纱和长丝纱织物表面都会呈现不规则的皱效应。

不同的面料对纱线的捻度要求不同。起绒面料,纱线捻度要小,便于起绒。滑爽感强的织物则捻度要大,且利用强捻度可获得皱效应。化纤仿毛面料采用低捻度纱线可增强毛型感,仿丝绸产品用无捻度长丝使绸面光亮平滑。

4. 纱线捻向　纱线捻向对织物外观影响显著。在斜纹织物中,经纱在织物表面裸露较多。在这种情况下,当经纱的捻向与斜纹斜向相交时,纹路清晰,经纱的捻向与斜纹斜向相一致时面料表面光泽较好。在平纹织物中,当经纬纱捻向不同配置时,织物表面反光一致,光泽较好,当经纬纱捻向相同配置时,织物表面光泽柔和。在织物中采用S捻向、Z捻向纱线间隔排列时,织物表面将产生隐条效应或隐格效应。

二、纱线对面料舒适性的影响

1. 纱线对面料保暖性的影响　纱线的结构决定了纤维之间能够容纳静止空气的多少,从而影响到面料的保暖性。一般来说,结构蓬松的纱线能够容纳的静止空气较多,面料的保暖性就较好。

2. 纱线对面料吸湿性的影响　短纤维纱线织物吸湿性最好,光滑长丝吸湿性最差,而且有接触冷感。

3. 纱线对面料手感的影响　捻度大的纱线所织的面料,手感硬挺爽快,造型时悬垂感好,线条流畅。低捻度纱线的面料柔软蓬松。

三、纱线对面料耐用性的影响

1. 纱线种类对面料耐用性的影响　纱线的拉伸强度、弹性和耐磨性能等直接影响面料强度。用强度大的纱线织制的织物,其强度相应也大。通常长丝的强力和耐磨性优于短纤维纱线。简单纱线比复杂纱线的强度大。膨体纱的拉伸断裂强度较小。

2. 纱线捻度对织物耐用性的影响　无捻或弱捻长丝结构不够紧密,所织的织物比短纤纱织物、强捻纱织物容易勾丝和起球。短纤纱的捻度太低,纱很容易松解,捻度过大时,又因内应力增加而使纱的强力减弱。花式纱线由于表面的毛圈等特殊结构使织物比普通短纤纱织物强度低,更容易起毛起球和勾丝。捻度大的纱线织的面料弹性和弹性恢复性较低捻面料好,而且有一定的抗皱性不易变形。

☞ 思考题

1. 试述纱线的种类及形成方法。

2. 试述纱线细度的表示方法。

3. 纱线的技术指标有哪些? 对服用纺织品的影响如何?

第四章　服用纺织品的织物结构

服用纺织品的性能、质地、外观和加工性能在很大程度上受到织物结构的影响,织物的结构特征包括织物的结构类型、织物中纱线的种类和细度、织物中纱线或纤维排列的方式及紧密程度、织物的组织及织物的厚度等。

第一节　服用纺织品的分类与形成方法

一、服用纺织品的分类

服用纺织品种类繁多,一般根据织物的原料、风格、织造加工方法以及后整理方法进行分类。

(一)根据纱线原料分

织物按照构成织物的原料可以分为以下几类:

1. 纯纺织物　纯纺织物是指纱线由单一原料纯纺纱线织成的织物。如纯棉织物、纯毛织物、真丝织物、纯麻织物、纯化纤织物等。对于非织造布而言,采用单一纤维为原料加工而成。

2. 混纺织物　混纺织物是指由两种或两种以上不同种类的纤维混纺的纱线织成的织物。如涤棉混纺织物、毛腈混纺织物、毛涤黏混纺织物等。对于非织造布而言,采用多种纤维混纺加工而成。

3. 交织物　交织物是指经纱和纬纱分别采用不同的纤维纺成纱线相互交织而成的机织物。如棉经毛纬交织的精纺花呢,麻棉交织面料等。对于针织物而言,指两种或两种以上不同原料的纱线合并或间隔针织成的织物。如涤纶低弹丝与高弹丝交织的针织物。

（二）根据织造加工方法分

1. 机织物 机织物由经纱、纬纱按照一定的交织规律在织机上加工而成的织物。机织物可以简称为织物。机织物应用最为广泛,产品可经染整加工成为漂白布、染色布、印花布;用有色纱织造而成色织布;也可采用各种特殊整理而使织物具有各种特殊外观风格及特殊功能。

2. 针织物 针织物由纱线单根成圈或多根平行纱成圈相互串套,在针织机上加工而成的织物。常见的针织物有纬编针织物和经编针织物。按照加工方法分为针织坯布和针织成型产品两类。针织坯布主要用来加工内衣、外衣、运动衫等;针织成型产品有袜类、手套、羊毛衫等。

3. 非织造布 非织造布又称无纺布,是由定向或随机排列的纤维层经过摩擦、抱合、黏合等加工方法构成的片状物、纤网或絮垫。如服装黏合衬、保暖絮片、人造毛皮、地毯、篷盖布、土工布、包装材料等。

4. 编结织物 编结织物由两组或两组以上纱线相互交编而成,或者以一根或多根纱线串套、扭编、打结而成的织物。

5. 复合织物 复合织物由机织物、针织物、编结物、非织造布或膜材料中的一种或多种经过复合形成的多层织物。

（三）根据织物风格分

服用纺织面料的风格,有棉型感、毛型感、丝型感、麻型感等。

1. 棉型织物 机织物中平纹类,包括白坯布、漂白、染色、印花、色织平布,府绸,细纺,麻纱,烂花平布,防羽绒布等;斜纹类,包括斜纹布、卡其、华达呢、哔叽、牛仔布等;缎纹类,包括直贡缎、横贡缎、羽纱等;色织类,包括线呢、条格布、牛仔布、牛津布等;绉类,包括泡泡纱、绉纱、树皮绉织物、轧纹布等;绒类织物,包括普通绒布、平绒、灯芯绒等。针织物中如内衣、婴儿服、夏季丝光棉外衣等。

2. 毛型织物 毛型织物包括精纺（梳）毛织物、粗纺（梳）毛织物等。精纺毛织物是采用精梳毛纱织制而成,面料具有"弹、挺、丰、爽、匀"的风格特征。如华达呢、哔叽、啥味呢、凡立丁、派力司、女衣呢、花呢、贡呢等;粗纺毛织物是以粗梳毛纱织制而成的织物。粗纺毛织物表面风格多样,有纹面织物、呢面织物、绒面织物和松结构织物。如麦尔登、大衣呢、制服呢、法兰绒、粗花呢等。羊毛针织服装是针织服装中的重要部分,如精纺羊毛衫、羊绒衫等。

3. 丝型织物 丝织物指用蚕丝、人造丝、合纤丝等原料织成的各种织物。机织物根据丝织物品种可分为绫、罗、绸、缎、绉、纱、锦、绨、葛、呢、绒、绢、纺、绡 14 大类。针织物如高档内衣、外衣等。

4. 麻型织物 麻型织物包括纯纺、混纺和仿麻风格的织物。如纯苎麻布、手工夏布、涤麻混纺织物、毛麻混纺织物等。

5. 新型化纤织物 合成纤维织物的风格应向天然纤维织物风格靠拢。包括化纤仿毛织物、仿真丝织物、仿麻型织物、桃皮绒织物、人造麂皮、人造毛皮等。利用各种新型纤维可以设计各种功能织物,如抗静电织物、阻燃织物、保健织物、抗菌织物、弹力织物等。

6. 交叉风格织物 国际市场上已经形成了普遍性的概念,流行性的产品其外观、手感、风格具有明显的交叉,例如棉型产品的原有的风格特征被淡化,而织物具有毛型产品的风格。

(四)根据印染加工方法分

1. 本色织物 本色织物又称作白坯织物。凡由本色纱线织成、未经漂染、印花的织物统称为本色织物(或白坯织物)。它包括本色棉布,棉型化纤混纺、纯纺、交织布及中长白坯织物等。主要品种有平布、府绸、斜纹布、华达呢、哔叽、卡其、贡缎、麻纱、绒布坯 9 大类。本色织物经漂白得到漂白织物,再经染色或印花得到染色织物或印花织物。

2. 色织物 色织物是由色纱通过不同的组织结构织制而成的织物。棉型织物主要品种有线呢类、色织绒布、色织直贡、条格布、被单布、色织府绸与细纺、色织泡泡纱、色织中长花呢、劳动布等。

(五)根据后整理方法分

经过特殊后整理可赋予面料各种外观效果和服用舒适性。主要包括:

1. 起绒织物 织物经后整理在表面形成绒毛效果。棉型织物,如绒布类织物、静电植绒织物;化纤织物,如仿麂皮绒、桃皮绒织物;粗纺毛织物如拷花大衣呢、顺毛大衣呢等。

2. 涂层织物 通过涂层整理,使织物获得抗皱、防水、防污等功能,同时具有新颖的外观效果,如金属质感、纸质感、油蜡感、珠光感、防皮革、皱纹感等。

3. 新型印花织物 包括转移印花、涂料印花、喷墨印花织物等。

4. 各种功能性整理织物 功能性整理可以通过浸轧某种整理助剂并采用适当的汽蒸或焙烘工艺使整理剂固着在纤维表面,使面料具有永久性的功能。如保健功能整理、易护理功能整理、舒适功能整理、卫生功能整理、防护功能整理等。

二、织物的形成方法

(一)机织物的形成方法

机织物的形成方法包括从原料选择、纺纱、织造、染整到成品织物一系列过程。

1. 原料选择 纺织原料是构成纱线的基础。能用于生产纺织产品的原料种类繁多,按来源主要分为天然纤维和化学纤维。天然纤维,如棉、羊毛、蚕丝及亚麻、苎麻被广泛用于纺织面料的设计生产中。许多其他动物纤维,如山羊绒、兔毛、牦牛绒、骆驼毛、马海毛等也被用于纺织面料的设计开发,而化学纤维如黏胶纤维、涤纶、腈纶、锦纶等也被广泛应用。在选择原料时应根据不同的织物风格、用途以及对织物的具体要求选择相应的原料。

2. 纺纱 纺纱加工是要根据所设计的纱线的线密度、捻度及捻向,通过合理的加工方法、加工设备将纺织纤维加工成为所需要的纱线。纺纱加工根据所使用的纤维原料不同可以分为棉纺系统和毛纺系统两大类,棉纺系统又分为精梳和普梳两种纺纱工艺,毛纺系统又分为精梳、粗梳两种纺纱工艺。

3. 织造 在织机上,经纱和纬纱以一定的规律交织而形成了机织物。织造过程分为准备工序与织造工序。准备工序主要包括经纱准备,即整经(→浆纱)→穿经;纬纱准备,即卷纬(有梭织造)。织造工序是形成织物的主要加工工序,不同的产品需要不同的织造设备及不同的工艺参数。如按照织物组织的复杂程度,简单组织织物可以使用踏盘织机,小提花织物需要使用多臂织机,纹织物需要使用大提花织机。织机的织造过程包括五大运动,即开口、引纬、打纬、送经和卷曲。机织物形成原理图见图4-1所示。在织造时,经纱从织轴上由送经机构送出,绕过织机后梁、穿过经纱断头自停装置的停经片,按照一定的规律逐根穿入综框的综丝眼中,再穿过钢筘的筘齿。综框由开口机构控制,按照织物组织的要求,把经纱分成上下两层形成梭口;纬纱由引纬机构引入梭口,由钢筘将纬纱推向织口,进行打纬;经纬纱在织口处交织形成织物。形成的织物经胸梁,受卷取辊的牵引而引离织口,最后卷绕到卷布辊上。

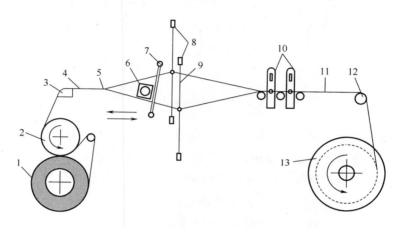

图4-1　机织物形成原理图

1—卷布辊　2—卷取辊　3—胸梁　4—织物　5—织口　6—引纬器(梭子)
7—钢筘　8—综框　9—综丝　10—停经片　11—经纱　12—后梁　13—织轴

4. 染整　根据织物种类不同,织物的后处理方法也不同。对于棉织物一般要经退浆、漂练、丝光、印染等整理,还可以根据织物要求进行特殊整理,如烂花整理、涂层整理、树脂整理及一些特殊效果整理等。对于毛织物一般要经过烧毛、洗呢、煮呢、缩呢、染色、拉幅烘干、起毛、剪毛、刷毛、蒸呢、电压等工序。

(二)针织物的形成方法

针织物按照生产方法分为纬编针织物和经编针织物。纬编针织物是将纱线由纬向喂入针织机的工作针上,使每根纱线顺序地弯曲形成线圈,并相互串套形成的针织物;经编针织物是采用一组或几组平行排列的经纱沿着纵向在经编机上同时进行成圈而形成平幅形的针织物。

1. 纬编针织物的形成方法　纬编针织机包括针织圆机、针织横机。纬编针织物的形成大部分利用舌针进行编织。在一个成圈系统中,由一根或几根纱线沿着纬向喂入各枚织针上,顺序弯曲成圈并相互串套。针钩握住纱线弯曲成圈,针舌绕针舌梢回转开闭针口,针踵使织针在针床的针槽内往复运动。其成圈过程分成退圈、垫纱、闭口、套圈、弯纱、脱圈、成圈、牵拉八个阶段。舌针的成圈过程见图4-2所示。

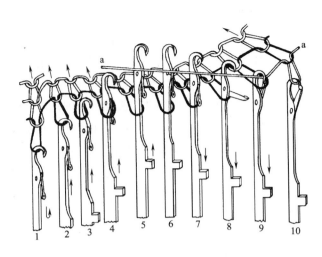

图 4-2　舌针的成圈过程

（1）退圈。织针从低位置上升至最高点,旧线圈从针钩内移至针杆上完成退圈。

（2）垫纱。织针下降并与导纱器相对运动,将从导纱器引出的新纱线垫入针钩下。

（3）闭口。随着织针的下降,针舌在旧线圈的作用下向上翻转关闭针口,将旧线圈和即将形成的新线圈分隔开,为新线圈穿过旧线圈作准备。

（4）套圈。织针继续下降,旧线圈沿针舌向上移动套在针舌外侧。

（5）弯纱。织针下降使针钩接触新纱线,并逐渐弯纱,直至线圈最终形成。

（6）脱圈。织针继续下降使旧线圈从针头上脱下,套到正在进行弯纱的新线圈上。

（7）成圈。织针下降到最低位置,并形成一定大小的新线圈。

（8）牵拉。借助牵拉力把脱下的旧线圈和形成的新线圈拉向舌针背后,脱离编织区,防止舌针再次上升时旧线圈套回到针头上。经过上述过程完成了编结法成圈。

2. 经编针织物的形成方法　经编针织物是在经编机上,由一组或几组平行排列的纱线沿经向喂入一排织针,同时弯曲成圈并相互串套。平行排列的经纱由经轴引出,穿过各导纱针,一排导纱针组成一把导纱梳栉,梳栉带动导纱针在织针间前后摆动与横移,将纱线分别垫绕到织针上,成圈形成线圈横列。当某针上线圈形成后,梳栉带着纱线按照一定顺序移到其他针上继续垫纱成圈,将线圈纵行之间进行连接。

针织经编机经编生产的一般工艺流程为:整经→编织→染整→成品制作。整经工序是将若干个纱筒上的纱线平行卷绕在经轴上,为上机编织做准备。编织工序是在经编机上,将经轴上的纱线编织成经编织物。染整和成品制作工序都与最终产品有关。

（三）非织造布的形成方法

非织造布的形成方法不同于机织物和针织物。非织造布是由纤维网形成的布状材料,纤维在纤维网中的形态不同,有的基本平行,有的呈二维杂乱无章排列,有的呈三维杂乱排列。纤维之间的联结可以以机械外力的形式相互缠结,可以通过黏合剂黏合,也可以利用热黏合的方式黏合在一起。非织造布按形成方法分类见表 4-1。

表 4 – 1　非织造布形成方法

成网方式		加固方法	
干法成网	机械成网 气流成网	机械黏合法	针刺法
			水刺法
			缝编法
			毡缩法
		化学黏合法	浸渍法
			饱和浸渍法
			泡沫浸渍法
			喷洒法
			印花法
		热黏合法	热轧黏合法
			热风黏合法
湿法成网	斜网成网		
	圆网成网	化学黏合法、热黏合法	
聚合物直接成网法	纺丝成网	化学黏合法、热黏合法、针刺法	
	熔喷成网	自黏合法、热黏合法	
	膜裂成网	扎纹法、针裂法	

　　非织造布的制造工艺分为六个过程:纤维准备、成网、黏合、烘燥、后整理、卷装。

　　1. 纤维准备　包括开松、除杂、混合,这些工序对非织造布成网质量影响很大。

　　2. 成网　非织造布的成网方法分为三种:干法成网、湿法成网和聚合物直接成网法。干法成网主要包括机械成网和气流成网。机械成网是将梳理机输出的薄网铺成一定厚度的网纤,再进行加固。铺叠方法有平行式、交叉式、组合式、垂直式和杂乱式;气流成网是采用空气流输送纤维,形成三维杂乱排列的均匀网纤;湿法成网是采用改良的造纸技术,以水为介质,短纤维在水溶液中呈悬浮状,借助水流作用形成纤网。湿法成网的过程是纤维悬浮液在成形网面上脱水和沉积的过程。其均匀度优于干法成网;聚合物直接成网法是利用化学纤维成网原理,在聚合物纺丝过程中使纤维在移动的传送带上直接铺置成网,纤网经机械、化学或热黏合方法加固成非织造布,如纺粘法和熔喷法非织造布。

　　3. 黏合　对非织造布的强度、手感具有决定性的影响。主要包括机械黏合、化学黏合和热黏合。机械黏合法是利用机械力使纤维网进行缠结从而加固成布。主要有针刺法、水刺法、缝编法和毡缩法;化学黏合是利用化学黏合剂使纤维之间相互黏结,加固网纤。主要有浸渍法、饱和浸渍法、泡沫浸渍法、喷洒法和印花法;热黏合是利用高分子材料的热塑性,给聚合物纤维材料一定热量,使其部分软化熔融,再冷却后固化,纤维网即黏结在一起。主要有热轧黏合法和热风黏合法。

　　4. 烘燥　烘燥方法有三种:接触烘燥,采用烘筒进行;热风烘燥,采用喷风的形式进行;辐射烘燥,采用红外线加热的方法进行。

5. 后整理 包括:机械后整理,改善非织造布的手感、悬垂性及外观性能;化学后整理,例如染色、防水、阻燃、防静电等整理;高能后整理,采用热能、超声波能和放射波能进行,可对非织造布进行热缩、烧毛、热压花纹、热定形等。非织造布经过后整理具有特殊的性能和外观。

6. 卷装 非织造布进行卷装时要切边,卷装容量大。

三、织物的结构参数

(一)机织物的结构参数

机织物是由经纱、纬纱按照一定的交织规律形成的。织物的风格和性能与织物的结构参数密切相关。

1. 织物的密度 单位长度内的经纱或纬纱排列根数叫做机织物的经向或纬向密度,分别用 P_j、P_w 表示。它是构成织物结构的主要因素,公制密度是指 10cm 宽度内的经纱或纬纱根数,单位用根/10cm 表示。经纬向密度以经密×纬密表示。

2. 机织面料的量度 对于机织物来讲,纺织面料的量度包括长度、幅宽、厚度、单位面积质量等方面。

织物的匹长是根据织物的平方米克重、厚度、种类、用途、织机的卷装容量和印染后加工等因素而确定的卷(包)装长度,匹长以米(m)为单位。匹长有公称匹长和规定匹长之分。公称匹长即工厂设计的标准匹长;规定匹长即叠布后的成包匹长,规定匹长等于公称匹长加上加放布长。加放布长是为了保证棉布成包后不短于公称匹长长度,加放长度一般加在折幅和布端。织物厚则 30~40m/匹;织物薄则 50~60m/匹。传统产品中棉织物匹长一般在 27~40m 之间,并用联匹形式,一般厚织物采用 2~3 联匹,中等厚织物采用 3~4 联匹,薄织物采用 4~6 联匹。精纺毛织物匹长按订货要求来定。一般大匹为 60~70m,小匹为 30~40m。轻薄织物小匹为50~60m,大匹可达 90m。

织物的幅宽是指沿纬向的最大宽度,以厘米(cm)为单位,以 0.5cm 或整数为准。幅宽根据织物的用途、品种、生产设备和销售渠道等而定。幅宽有 80~120cm、127~168cm、180cm、200cm 等。例如,内外销幅宽要求不同,精纺毛织物内销幅宽常为 144cm,外销幅宽常为 150cm。有时外销产品幅宽单位用英寸。

厚度是指在一定压力作用下织物正反面垂直于布面方向的距离,以毫米(mm)为单位表示。厚度主要根据织物的用途和技术要求确定,与其服用性能关系很大,主要影响织物的坚牢度、保暖性、透气性、悬垂性、刚度等性能。

单位面积质量指每平方米无浆干燥质量,单位是克/平方米(g/m²)。纺织面料根据质量分为厚重型,如大衣呢;中厚型,如棉织物、精纺毛织物;轻薄型,如丝织物。织物的质量是对坯布进行经济核算的主要项目。公定回潮率下单位面积质量的计算公式为:

$$G_k = \frac{G_0 \times (1 + W_k)}{L \times B} \times 10^4 \qquad (4-1)$$

式中：G_k——公定回潮率下试样的单位面积质量，g/m²；

　　G_0——试样干重，g；

　　W_k——试样的公定回潮率，%；

　　L——试样长度，cm；

　　B——试样宽度，cm。

在遇到样品面积很小、用称量法不够准确时，可以根据机织物的经纬纱线密度、经纬纱密度、经纬纱缩率进行计算，其公式如下：

$$G = \frac{100}{100 + W_k}\left[\frac{P_j \times Tt_j}{(1 - a_j)} + \frac{P_w \times Tt_w}{(1 - a_w)}\right] \qquad (4-2)$$

式中：G——样品每平方米无浆干燥质量，g/m²；

　P_j、P_w——试样的经、纬纱密度，根/10cm；

　a_j、a_w——试样的经、纬纱缩率；

　　W_k——试样的公定回潮率；

Tt_j、Tt_w——试样的经、纬纱线密度，tex。

一般棉型织物的单位面积质量约为 70～250g/m²；精纺毛织物的单位面积质量为 130～350g/m²，其中花呢类产品在195g/m²以下的称为薄花呢，在 195～315g/m² 的称为中厚花呢，在315g/m²以上的称为厚花呢。

（二）针织物的结构参数

针织物的结构参数包括线圈长度、组织结构、密度和未充满系数、单位面积质量等。

1. 线圈　线圈是组成针织物的基本单元，线圈长度是一个线圈具有的纱线长度，以毫米（mm）为单位。线圈长度与针织物的密度有关，还对其脱散性、延伸性、弹性、耐磨性、强度和抗起毛起球性及勾丝性有很大影响。它由圈干（包括针编弧和圈柱）以及沉降弧（延展线）组成。针织物的组织结构是指线圈的结构与其组合方式。

2. 针织物的密度　表示纱线在一定细度时针织物的稀密程度。反映在规定长度或规定面积内的线圈数，用横向密度、纵向密度和面积密度表示。

横向密度 P_A 用 5cm 内线圈横列方向的线圈纵行数表示；纵向密度 P_B 用 5cm 内线圈纵行方向的线圈横列数表示。针织物的密度是考核针织物物理性能的重要指标，由于针织物易变形，在测量密度时应使变形充分回复，再进行测量。

针织物的面密度 P 是 25cm² 内的线圈个数，它等于横密与纵密的乘积。

线圈形状是指线圈的形状特征，线圈形状系数通常是指二维平面内针织物的横向密度与纵向密度的比值，故有时也将线圈形状系数称为密度对比系数 C。它表示线圈在稳定状态下，横向与纵向尺寸的关系，C 值越大，线圈越是瘦高，C 值越小，线圈越宽扁。

3. 针织物的紧密程度　针织物的紧密程度同时受到织物密度和纱线细度（线密度）的影响。为了反映在相同密度条件下纱线细度对针织物稀密的影响，可以使用针织物未充满系数和针织物紧密度系数两个指标。未充满系数 δ 是线圈长度 l 与纱线直径 d 的比值。公式为：

$$\delta = \frac{l}{d} \qquad (4-3)$$

当线圈长度一定时,纱线直径越大,未充满系数值越小,针织物越紧密。

另一种表示针织物紧密程度的参数是针织物紧密度系数,公式为:

$$k_{TF} = \frac{\sqrt{Tt}}{l} \qquad (4-4)$$

式中:k_{TF}——织物紧密度;

Tt——纱线线密度,tex;

l——线圈长度,mm。

在实际使用中,因为纱线的线密度较纱线直径更容易得到,所以织物紧密度系数使用起来比较方便。

4. 针织物的单位面积质量　针织光坯布或成品单位面积质量用每平方米干燥质量表示,单位是克/平方米(g/m^2)。它与织物的原料、组织结构、密度等有关。是织物的重要经济指标之一,也是进行工艺设计,如织物组织、原料粗细、机号的选用及染整工艺,特别是定形工艺确定的依据。当针织物的回潮率为 W 时,针织物单位面积质量 Q(g/m^2)的计算公式如下:

$$Q = \frac{0.0004lTtP_AP_B}{1+W} \qquad (4-5)$$

5. 匹长　针织物长度指匹长,以米(m)为单位。幅宽以厘米(cm)为单位,由织物的用途、品种、生产设备和销售渠道等而定。

6. 幅宽　幅宽与所使用针织圆机的筒径和平机(横机和经编机等)的工作宽度有关。

7. 厚度　厚度以 mm 为单位表示,它与使用的原料及织物结构密切相关,一般可用纱线直径的倍数表示。

(三)非织造布的结构参数

非织造布定量和厚度是最基本的特征指标。

定量是指非织造布的单位面积质量,单位为克/平方米(g/m^2)。非织造布的厚度、质量、性能和用途不同,定量要求也不同,轻的为 $2g/m^2$,重的达到 $1000g/m^2$。服装行业中衬布的定量一般在 $25 \sim 70g/m^2$。质量变异系数可以反映非织造布重量不匀的情况。非织造布产品的密度实质与定量相同。

试样的单位面积质量可用下式计算:

$$P_A = \frac{m \times 10^4}{A} \qquad (4-6)$$

式中:P_A——试样的单位面积质量,g/m^2;

m——试样质量,g;

A——试样面积,cm^2。

质量变异系数计算公式为:

$$CV = \frac{\sigma}{\overline{X}} \times 100\%$$ (4-7)

式中:CV——变异系数或离散系数;

　　　　σ——试样单位面积质量的均方差;

　　　　$\overline{X}$——试样单位面积质量的算术平均值。

$$\sigma = \sqrt{\frac{\sum\limits_{i=1}^{n}(X_i - X)^2}{n-1}}$$ (4-8)

厚度是指在承受规定压力下布两表面之间的距离,单位为 mm。它是决定压缩弹性、密度、用途及进一步加工的依据。非织造布按照厚度可分为薄型和厚型。特薄产品厚度可达 0.06mm,厚重产品厚度可达 10mm 至几十毫米。

均匀度是指非织造布各处薄厚均匀,定量稳定一致。可以通过质量变异系数或厚度变异系数来衡量。

第二节　机织物的基本组织和结构

一、机织物基本组织

(一)织物组织结构参数

在织物中经纱和纬纱相互交错或彼此沉浮的规律叫做织物组织。当经(纬)纱由浮到沉或由沉到浮,经纱和纬纱必定交错一次。

1.组织点　在经纬纱相交处,即为组织点(浮点);经纱浮于纬纱之上与纬纱交织的点,称为经组织点;纬纱浮于经纱之上与经纱交织的点,称为纬组织点。

2.组织循环　织物中经、纬组织点浮沉规律达到重复时,称为一个组织循环(或完全组织),用一个组织循环可以表示整个织物组织。构成一个组织循环所需要的经纱根数称为组织循环经纱数,用 R_j 表示;构成一个组织循环所需要的纬纱根数称为组织循环纬纱数,用 R_w 表示。

3.组织点飞数　组织点飞数是表示织物中相应组织点位置关系的一个参数。是指同一个系统中相邻两根纱线上相应经(纬)组织点的位置关系,即相应经(纬)组织点间相距的组织点数。飞数用 S 来表示,分为经向飞数 S_j 与纬向飞数 S_w。经向飞数指相邻两根经纱上沿经向相应组织点间隔的组织点数;纬向飞数指相邻两根纬纱上沿纬向相应组织点间隔的组织点数,如图 4-3 所示,该缎纹组织的经向飞数是 3,纬向飞数是 2。

图 4-3　飞数示意图

4.平均浮长 织物中一根纱线连续跨越另一系统纱线的根数称为纱线的浮长。可以用组织图中的组织点数表示浮长线的长度。用交错次数表示经纬纱交错情况。在一个组织循环中,表示某根经纱与纬纱的交错次数用 t_j;表示某根纬纱与经纱的交错次数用 t_w。平均浮长用组织循环内经(纬)纱数与纬(经)纱交错次数的比值表示。经纱的平均浮长为: $F_j = R_w/t_j$;纬纱的平均浮长为: $F_w = R_j/t_w$。

(二)三原组织

原组织织物又称基本组织织物,它是各种织物组织的基础。主要包括平纹、斜纹和缎纹。

1.平纹组织 是所有织物组织中最简单的一种。其组织规律是一上一下,两根交替成为一个完全组织,正反面无差异,属同面组织。

平纹组织交织最频繁,结构紧密,使织物挺括,质地坚牢,外观平整。平纹组织应用广泛,如各种布面平整的平布,质地细密的纺类,清晰菱形颗粒的府绸,起皱效应的泡泡纱和乔其纱以及隐格效应的凡立丁、派力司、薄花呢、法兰绒等。在实际使用中,根据不同的要求,采用各种方法,如经纬纱线粗细的不同、经纬纱密度的改变以及捻度、捻向和颜色等的不同搭配、配置等,可获得各种特殊的外观效应。

2.斜纹组织 从组织图上看,各纱线上单独的经(纬)组织点构成斜线,分成右斜纹(↗)和左斜纹(↖)。织物表面具有由经(纬)浮长线构成的斜向织纹。

组织参数为: $R_j = R_w \geqslant 3$, S_j、$S_w = \pm 1$。表示方法:一般采用分式表示法,即 $\dfrac{第一根经纱上经组织点数}{第一根经纱上纬组织点数}$ ↗(↖)。 $R_j = R_w =$ 分子 + 分母,当分子 > 分母时为经面斜纹;分子 < 分母时为纬面斜纹。如图4-4所示为几种斜纹组织的组织图。

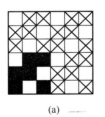 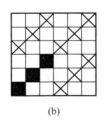

　　　　(a)　　　　　　　　(b)　　　　　　　　(c)

图4-4　斜纹组织

斜纹织物一般要求斜纹线纹路清晰,所以必须根据纱线的捻向合理地选择斜纹线的方向。只要使构成斜纹线的纱线中纤维的捻向与织物组织斜纹线方向相反,织物斜纹线就清晰。对于经面斜纹来说,当经纱为S捻时,织物应为右斜纹,反之为左斜纹;对于纬面斜纹来说,情况与经面斜纹相反,当纬纱为S捻时,织物应为左斜纹,反之为右斜纹。常见斜纹织物有纹路平坦的斜纹布、哔叽,贡子突出的卡其、华达呢等。

3.缎纹组织 缎纹组织是三原组织中最复杂的一种组织。组织参数为 $R_j = R_w \geqslant 5$(6除外); $1 < S < R-1$,并且在整个组织循环内保持不变(为常数); R 与 S 互为质数。正则缎纹用分式表示: $\dfrac{R}{S}$ 经(纬)面缎纹。例: $\dfrac{8}{3}$ 纬面缎纹, $S_w = 3$; $\dfrac{5}{2}$ 经面缎纹, $S_j = 2$。分别如图4-5(a)、

图4–5(b)所示。

缎纹组织常应用于棉、毛、丝织物设计中。棉织物中有横贡缎、缎条府绸、缎条手帕、缎条床单等。精纺毛织物中有直贡呢、横贡呢、驼丝锦、贡丝锦等。丝织物中有素缎、织锦缎等。

（三）变化组织

变化组织是在原组织的基础上，加以变化（如改变纱线的循环数、浮长、飞数、斜纹线方向等）而获得的各种组织。变化组织可分为三类：平纹变化组织（包括重平组织、方平组织等）、斜纹变化组织（包括加强斜纹、复合斜纹、角度斜纹、山形斜纹、菱形斜纹、芦席斜纹等）、缎纹变化组织（包括加强缎纹、变则缎纹等）。

1. 平纹变化组织 沿着织物经纱方向扩大组织循环（R_{w}），增加组织点构成经重平组织。$\frac{2}{2}$经重平及$\frac{1}{2}\frac{3}{1}$变化经重平如图4–6所示。

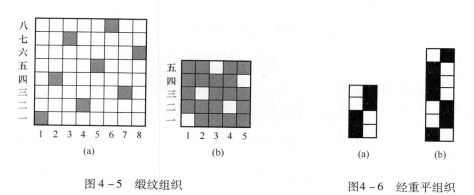

图4–5 缎纹组织

图4–6 经重平组织

沿着织物纬纱方向扩大组织循环（R_{j}），增加组织点构成纬重平组织。$\frac{2}{2}$纬重平及$\frac{3}{2}\frac{1}{3}\frac{2}{1}$变化纬重平如图4–7所示。

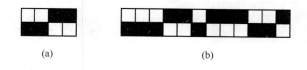

图4–7 纬重平组织

沿着织物经纬纱两个方向同时扩大组织循环，增加组织点构成方平组织，如图4–8所示。

2. 斜纹变化组织 斜纹变化组织是在原斜纹组织的基础上加以变化得到的。变化的方法有增加组织点法（延长组织点浮长）、改变组织点飞数的数值或方向（即改变斜纹线的方向）再或同时采用几种变化方法，可以得到各种各样的斜纹变化组织。

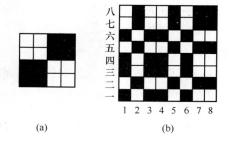

图4–8 方平组织

（1）加强斜纹和复合斜纹。在加强斜纹中 $R_j = R_w \geq 4$，$S = \pm 1$。没有单独的组织点存在，织物正反面斜纹线都明显。棉织物、毛织物中华达呢、哔叽、双面卡其采用 $\frac{2}{2}$ 斜纹组织。复合斜纹是在一个组织循环中有两条或两条以上由经（纬）组织点所构成的粗细不同的斜纹线。如 $\frac{1\ 2}{3\ 2}\nearrow$ 和 $\frac{3\ 1}{3\ 1}\nwarrow$，分别如图 4 – 9（a）、图 4 – 9（b）所示。

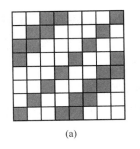 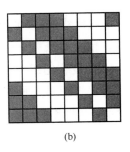

图 4 – 9　复合斜纹

（2）急斜纹和缓斜纹。利用改变经向飞数值的方法可以构成急斜纹组织、缓斜纹组织和曲线斜纹组织。急斜纹组织常采用复合斜纹作为基础组织，$S_j > 1$，$\theta > 45°$。图 4 – 10 为 $\frac{5\ 5}{2\ 1}\nearrow$ 基础组织；$S_j = 2$ 的急斜纹组织。急斜纹组织一般应用于棉织物中的冲服呢、克罗丁等，在精纺毛织物中应用较广泛，如礼服呢、马裤呢、巧克丁等。

缓斜纹组织 $S_w > 1$，构成斜纹线的倾斜角度 $\theta < 45°$。图 4 – 11 为基础组织为 $\frac{6\ 1}{3\ 3}\nearrow$，$S_w = 3$ 的缓斜纹组织。

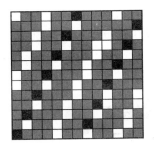 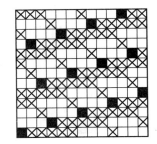

图 4 – 10　急斜纹组织　　　　　图 4 – 11　缓斜纹组织

（3）曲线斜纹。在角度斜纹中，如使经（纬）向飞数在一个循环中成为变数，则斜纹线由直线变为曲线。变化 S_j 的数值，构成经曲线斜纹；变化 S_w 的数值，构成纬曲线斜纹。在设计时应注意：

①使 $\sum S_j = 0$ 或为基础组织的组织循环纱线数的整数倍（当 $\sum S_j = 0$ 时，S_j 有正、负）。

②最大飞数值必须小于基础组织中最长的浮线长度（连续组织点数），以保证曲线连续。例以 $\frac{3\ 1}{3\ 1}\nearrow$ 为基础组织，$S_j = 1,1,1,0,1,1,0,1,0,1,0,0,1,0,1,0,1,1,0,1,1,1,1,1$ 的曲线斜纹，如图 4 – 12 所示。

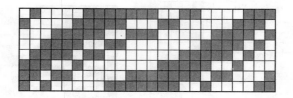

图 4 – 12　曲线斜纹

（4）山形斜纹和破斜纹。以原斜纹、加强斜纹、复合斜纹组织为基础，变化斜纹线的方向（S、S 的方向），使斜纹线一半向右斜，另一半向左斜织物表面呈现山形纹路，构成山形斜纹。图4 – 13 是以 $\frac{3}{2}\frac{1}{2}$ 斜纹为基础，$K_j = 8$ 的经山形斜纹。

破斜纹构成方法与山形斜纹类似，也是一部分斜纹线向右倾斜，另一部分斜纹线向左倾斜，但是在改变斜纹线方向处有一条断界。为了使断界明显，织物表面效果好，一般采用双面组织为基础。在断界处组织点呈底片翻转的关系。图 4 – 14 是以 $\frac{3}{3}\frac{1}{2}\frac{2}{1}$ 斜纹为基础，$K_j = 6$ 的破斜纹组织。

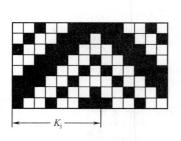

图 4 – 13　经山形斜纹

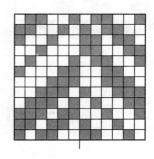

图 4 – 14　破斜纹组织

（5）菱形斜纹。由经山形与纬山形合并而成菱形斜纹组织，织物表面呈现菱形斜纹纹路。图 4 – 15 是以 $\frac{2}{2}$ 斜纹组织为基础的菱形斜纹组织。图 4 – 15（a）是以山形斜纹为基础作图得到；图 4 – 15（b）是以破斜纹为基础作图得到，交界处清晰。

（6）芦席斜纹。利用改变斜纹线方向使一部分斜纹线向右倾斜，另一部分斜纹线向左倾斜，外观呈芦席状，构成芦席斜纹。图 4 – 16 是以 $\frac{2}{2}$ 斜纹为基础，平行线条数为 4 的芦席斜纹。

3. 缎纹变化组织　以原缎纹组织为基础，在其单独的组织点旁增加组织点构成加强缎纹。图 4 – 17（a）为 $\frac{8}{5}$ 纬面加强缎纹；图 4 – 17（b）为 $\frac{11}{7}$ 纬面加强缎纹，又称缎背华达呢，此组织如果配以较大的经密，则织物表面呈现出 $\frac{2}{2}$ 华达呢的效应，而反面仍为缎纹，称为缎背华达呢。

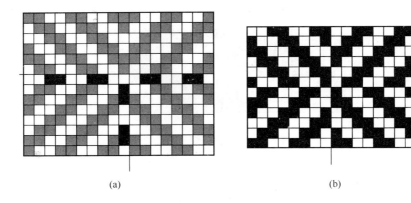

(a)   (b)

图 4 - 15 菱形斜纹组织

图 4 - 16 芦席斜纹组织

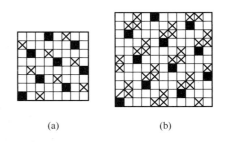

(a)   (b)

图 4 - 17 纬面加强缎纹组织

在缎纹组织中,如果一个组织循环中飞数是变数,称为变则缎纹,如图 4 - 18 所示。图 4 - 18(a)为 6 枚变则缎纹,$R = 6$,$S_w = 4,3,2,2,3,4$($\sum S_w = R$ 的整数倍);图 4 - 18(b)为 7 枚变则缎纹,$S_w = 4,5,4,2,4,5,4$。

(四)联合组织

联合组织是将两种或两种以上的组织(原组织、变化组织)按各种方法联合而成。构成方法有:两种组织简单合并在一起,两种组织的纱线交

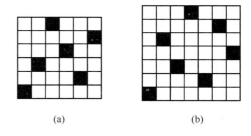

(a)   (b)

图 4 - 18 变则缎纹组织

互排列,在一种组织上按照另一种组织的规律增加或减少组织点,变换一种组织的纱线排列次序。

1. 条纹组织 织物表面具有清晰的条纹外观。两种或两种以上的组织简单的并列在一起构成。纵向并列构成纵条纹组织;横向并列构成横条纹组织。由于不同组织的交织规律不同,反光不同,在织物表面形成不同的外观效应。例如组织采用 $\frac{2}{2}$ 方平组织与 $\frac{2}{2}$ ↗ 联合,每条宽度 2cm,经密 $P_j = 260$ 根/10cm。因此,方平采用 13 个循环,经纱根数为 $4 \times 13 = 52$ 根;斜纹采用 12 个循环加 3 根纱线,经纱根数为 $4 \times 12 + 3 = 51$ 根。纵条纹组织图,如图 4 - 19 所示。

2. 方格组织　利用两种组织（经面组织和纬面组织）沿经纬向呈格型间跳配置。位于对角位置的两部分组织相同。织物表面呈现方格效应，由于组织的交织规律不同，织物外观也各异。设计要求条格清晰，界限分明。如图4-20所示。

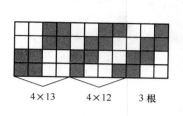

4×13　　4×12　　3根

图4-19　纵条纹组织

图4-20　方格组织

3. 绉组织　由于绉织物组织中不同长度的经、纬浮长线，在纵横方向错综排列，呈现凹凸不平，使织物表面形成分散且规律不明显的细小颗粒状外观效应。图4-21为几种绉组织的组织图。

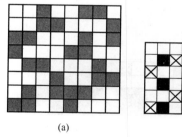

(a)

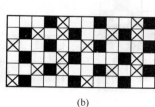

(b)

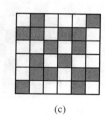

(c)

图4-21　绉组织

4. 透孔组织　织物表面具有均匀分布的明显的孔眼。服用面料的浮长线一般小于五个组织点。一般织物轻薄，适用于夏装，透气性好，凉爽易于散热。在织制透孔组织织物时，密度不宜太大，否则透孔效应不明显。透孔组织还可与其他组织联合形成条纹和花型，美观、凉爽不稀松。图4-22为几种透孔组织。

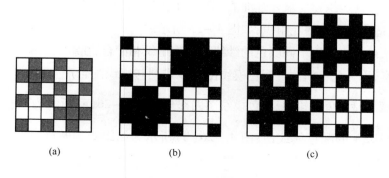

(a)　　　　　　　　(b)　　　　　　　　(c)

图4-22　透孔组织

5. 蜂巢组织　简单蜂巢组织织物的外观表面具有规则的边高中低的四方形凹凸花纹,状如蜂巢,故称为蜂巢组织。经为浮长线均由长到短逐渐过渡,织物一般较厚实、松软,吸湿性、保暖性好。如图 4-23 所示为蜂巢组织。

6. 凸条组织　在织物表面有纵向、横向或斜向突出的条纹,反面有成行排列的浮长线,织物显得较丰厚、柔软。基础组织常用$\frac{4}{4}$重平、$\frac{6}{6}$重平、$\frac{8}{8}$重平;固结组织常用平纹、三枚斜纹、四枚斜纹。图 4-24(a) 是 $\frac{6}{6}$ 纬重平和平纹联合成的纵凸条组织。图 4-24(b) 是以 $\frac{6}{6}$ 经重平为基础组织,平纹为固结组织的横凸条组织。

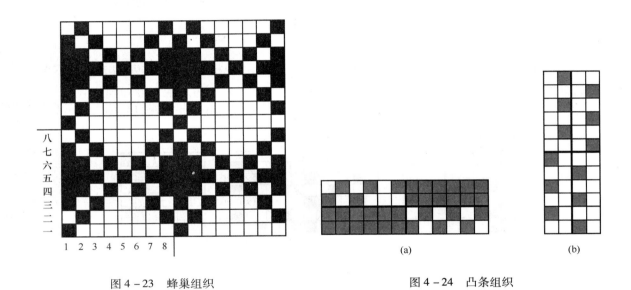

图 4-23　蜂巢组织　　　　　　　　　　　图 4-24　凸条组织

7. 平纹地小提花组织　在平纹地上配置各种小花纹,构成平纹地小提花组织,在多臂机上织造。小花纹可以由经浮长线、纬浮长线、经纬浮长线联合构成,也可由透孔、蜂巢等组织起花纹。花纹形状多种多样,可以是散点,也可以是各种几何图形,花型分布可以是条型、斜线、曲线、山型、菱形等。这类织物要求外观细洁、紧密、不粗糙,花纹不能太突出,从织物整体上看,应以平纹地为主,适当加入小提花组织,如图 4-25 所示。

8. 配色模纹组织　利用不同颜色的纱线与织物组织相配合,在织物表面呈现出由不同颜色构成的花纹图案,称为配色模纹。配色模纹由色纱排列与组织配合产生,一个完整的配色模纹包括组织图、色经排列、色纬排列、配色模纹图四部分。图 4-26(a) 所示为 $\frac{2}{2}\nearrow$ 组织,色经、色纬排列均为 2A4B2A 的配色模纹图;图 4-26(b) 所示为绉组织为基础,色经、色纬排列均为 4A4B 的配色模纹图。

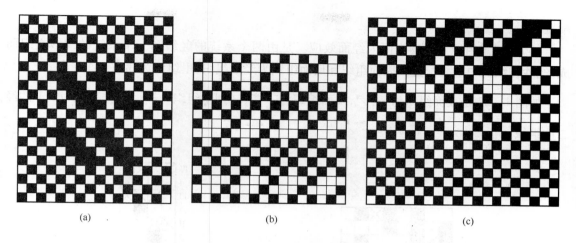

图4-25　平纹地小提花组织

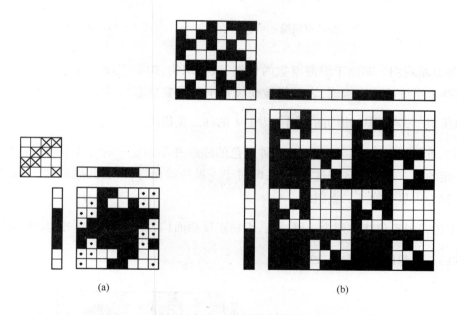

图4-26　配色模纹组织

（五）复杂组织

构成织物的经纱和纬纱，其中至少有一种由两个或两个以上系统的纱线组成，这种组织称作复杂组织。主要有重组织、双层或多层组织、经纬起毛组织、毛巾组织、纱罗组织等。复杂组织主要的用途有：采用重组织及双层组织可以使织物增厚、增重，增加保暖性，并仍能保持织物细致、松软，也可以使织物正反面显现不同的花纹，如童毯，双层大衣呢等；起毛织物使织物保暖性好，厚实，耐磨性好；毛巾组织织物柔软，吸水性好；纱罗组织使织物轻薄、透气、透孔、结构稳定；达到某种特殊要求，如工业用传送带、筛网、人造血管等。

1. 重组织　经（纬）纱系统的纱线在织物中呈重叠配置。分为二重组织、三重组织、多重组织等。二重组织是复杂组织中最简单的一种，经纬纱中只有一种是两个系统，在织物中呈重叠配置。

（1）经二重组织。织物表面为经面效应。是由两个系统的经纱和一个系统的纬纱交织而成，经纱在织物中重叠配置。表面组织和反面组织为经面组织，里组织为纬面组织。

如图4-27是表面组织为$\frac{3}{1}$↗，反面组织为$\frac{3}{1}$↖，（则里组织为$\frac{1}{3}$↗）排列比为1:1的经二重组织。

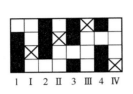

图4-27　经二重组织

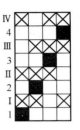

图4-28　纬二重组织

（2）纬二重组织。多用于织造厚重的毯类、绒类织物，织物表面呈纬面效应。由一个系统的经纱与两个系统的纬纱构成；表里纬纱在织物中呈重叠状态配置。图4-28所示为表组织$\frac{1}{3}$↗，里组织$\frac{3}{1}$↗，表里纬纱的排列比为1:1的纬二重组织。

对纬二重组织来说，如果用甲、乙两种颜色的纬纱并不固定一种专作表纬，一种专作里纬，而是按一定的要求在不同区域进行互换，即对于一种纬纱而言，一会儿做表纬，一会儿做里纬，这种组织称为表里交换纬二重组织。

例：甲色纬与乙色纬排列为一甲一乙，织物正反两面均为$\frac{1}{3}$破斜纹。且织物表面显纵向条形花纹的纬二重组织，如图4-29所示。

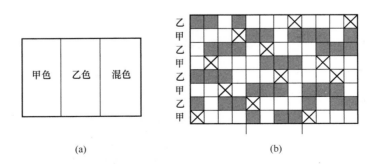

(a)　　　　　　　　　　　(b)

图4-29　表里交换纬二重组织

2. 双层组织　在织造时，有两个系统的经纬纱形成上下两层，表层经纱、纬纱称表经、表纬；里层经、纬纱为里经、里纬。用于服用织物的双层组织结构主要有表里换层组织和接结双层组织。

双层表里换层组织是利用不同颜色的经纬纱,沿着织物的花纹轮廓处交换表里两层的位置,使织物正反两面利用色纱交替织造,形成花型,并将两层连在一起。表里换层组织的设计要点为:先设计纹样图,用多臂机织造时,受综框页数的限制,花纹多为较简单的几何图案。图4-30所示为以平纹为基础组织,某表里换层组织的纹样图及组织图。

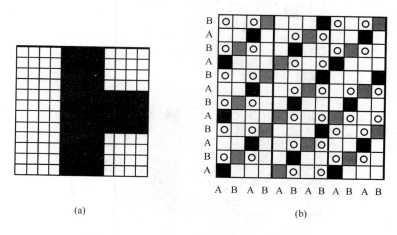

图4-30　表里换层组织的纹样图及组织图

接结双层组织是指用一定的联结方法上、下两层组织紧密地连接在一起。表层与里层的接结方法有:"下接上"接结法、"上接下"接结法、联合接结法、接结经接结法、接结纬接结法。

图4-31所示是表组织为$\frac{2}{2}$方平,里组织为$\frac{2}{2}$↖的"下接上"接结双层组织的组织图。

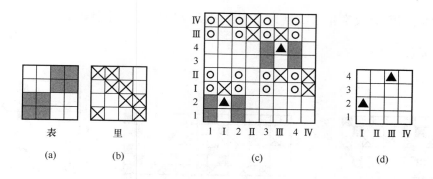

图4-31　"下接上"接结双层组织

图4-32所示是表组织为$\frac{2}{2}$↗,里组织为$\frac{2}{2}$↗的"上接下"接结双层组织的上机图。

3. 纬起毛组织　纬起毛组织是利用特殊的织物组织和整理加工,使部分纬纱被切断或拉断而在织物正面形成毛绒,这类织物由两个系统的纬纱和一个系统的经纱交织而成。织物耐磨、耐脏、手感柔软、光泽柔和、保暖性好、适用于服用和装饰用织物。

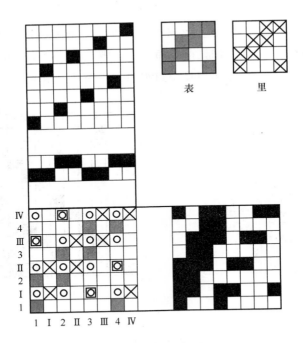

图 4 - 32 "上接下"接结双层组织

纬起毛组织的典型代表是灯芯绒组织。灯芯绒又称条绒,在织物表面有毛绒形成一定宽度的纵向绒条,外观绒条圆润似灯芯,织物手感柔软,纹路清晰,绒毛丰满,坚牢度好。

不同的地组织对于织物手感、纬密大小、毛绒固结程度及割绒工作都有影响。一般有平纹、$\frac{2}{1}$斜纹、$\frac{2}{2}$斜纹、平纹变化组织等作地组织。

平纹做地组织,平纹变化组织做地组织,$\frac{2}{2}$斜纹做地组织分别如图 4 - 33(a)、图 4 - 33(b)、图 4 - 33(c)所示。

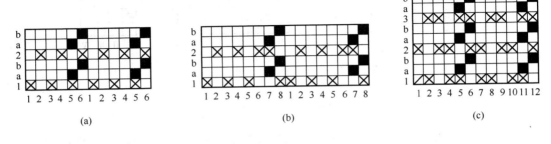

图 4 - 33 灯芯绒织物

4. 经起毛组织 经起毛组织是由两个系统经纱(地经与毛经)和一个系统的纬纱交织而成。纬纱与地经交织形成地组织,纬纱与毛经交织形成毛绒组织经后整理形成毛绒。按毛绒长短分为:经平绒、长毛绒、人造毛皮等。按照形成绒毛的方法分为单层起毛杆织造法、绒经浮长通割法、双层织造法。

经起毛组织的典型代表为经平绒。经起毛组织织物表面具有平齐耸立的绒毛,分布均匀,绒毛高度为 1～2mm,织物绒面丰满平整、柔软、有弹性。一般采用双层织造法中的单梭口织造法织造。

图 4-34 所示为某经平绒组织,表组织为平纹,里组织为平纹,表纬、里纬排列比为 1 表: 2 里: 1 表,绒经: 表经: 里经 =1: 1: 1。a、b 为绒经;1、2 为上层经纬纱;Ⅰ、Ⅱ 为下层经纬纱。

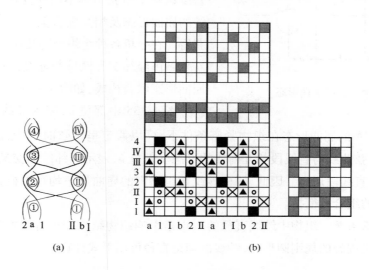

图 4-34　经平绒组织

二、机织物的几何结构

传统的机织物是由经纬纱按照一定规律交织而成,为二维织物,受力时呈各向异性,经纬向具有较大的强力,耐用性较强;而斜向强力较弱,耐用性较差。机织物结构较针织物稳定,织物一般比较紧密、硬挺,具有较大的强力、耐磨,外观保形性好,抗皱性好,悬垂性低于针织物,不易起拱变形,制成的服装保形性好。

在机织物中,经纱与纬纱交织处会产生屈曲,而且只在垂直于织物平面的方向内弯曲。由于采用的原料、纱线结构、织物密度、上机工艺以及织物组织不同,使得经纬纱的配合关系和屈曲状态也不同。机织物中经、纬纱的空间关系称为织物的几何结构。

(一)机织物内纱线的几何形态

1. 织物内纱线的截面形态　为了研究织物的几何结构,织物内经、纬纱被假设为可以弯曲,但不伸长与压缩的圆柱体,即截面为圆形,这种研究方法虽然与织物中经、纬纱的实际情况差异较大,但其几何结构与模型对于分析织物结构与性能有很大帮助,也可以作为织物设计中计算织物密度、经纬纱线密度和经纬纱缩率的依据。

在采用圆形截面作为各项概算的依据时,应充分考虑纱线在织物中的压扁情况,η 为压扁系数,与组织、密度、原料、成纱结构、织造参数等有关。一般取 0.8 左右。压扁系数的计算公式为：

$$\eta = \frac{\text{纱线在织物切面图上垂直于布面方向的直径}}{\text{利用公式计算的纱线直径}} \qquad (4-9)$$

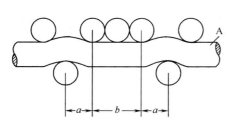

图 4-35　纱线屈曲形态

2. 织物内纱线的屈曲形态　织物内纱线的屈曲形态会随纤维原料、纱线结构、织物组织、经纬纱密度以及上机张力等不同而变化。织物中，经、纬纱的屈曲形态及相互配合关系可以通过织物切片获得。在分析各种组织织物几何结构时，可以近似看作是由经纬交叉区域与非交叉区域两个部位的屈曲形态联合构成，如图 4-35 所示。

图 4-35 中部位 a，表示经纬纱交叉区域，在这个区域内，纱线 A 的屈曲形态在织物紧密条件下，可以假定呈正弦曲线状态；当织物较疏松时，可以假定呈正弦曲线与直线段相互衔接的形态。部位 b，表示经纬纱非交叉区域，在这个区域内，可以假定呈直线段形态。因此，每根纱线在织物内的屈曲形态均可以概括为正弦曲线形态与直线段形态的组合或衔接。

3. 纱线的直径系数　织物中纱线直径的大小是影响织物结构和进行织物设计的依据。当纱线截面被认为是理想的规则圆形时，纱线的理论直径可用下式计算：

$$d = K_d \sqrt{\text{Tt}} \qquad (4-10)$$

式中：d——织物内纱线的计算直径，mm；

　　　K_d——采用特克斯制时织物内纱线的直径系数；

　　　Tt——纱线的线密度，tex。

直径系数 K_d 的大小，受纺纱方法、纤维品种、纤维表面形态等因素的影响。一般取棉型织物为 0.037，精纺毛织物为 0.0401，粗纺毛织物为 0.0430。

（二）机织物的几何结构相

1. 织物的厚度与屈曲波高　织物的厚度是指织物正、反表面之间垂直于布面方向的距离，用 τ（mm）表示。由经纬纱交织形成织物时，经纬纱在织物中呈屈曲状态，经纬纱的屈曲程度可由经纬纱的屈曲波高来表示。织物内经（纬）纱屈曲的波峰和波谷之间垂直于布面方向的距离称作经（纬）纱的屈曲波高，用 h_j（h_w）表示，单位为 mm，如图 4-36 所示。图中分别表示了平纹织物的经向和纬向切面图。

（1）经支持面平纹织物。如果构成织物的正反面均为经纱，即该织物的支持表面完全由经纱构成，称为经支持面平纹织物。如图 4-36（a）所示。由厚度定义得：$\tau = \tau_j = h_j + d_j$。

假设纬纱没有屈曲，经纬纱的直径相等。则：$\tau = \tau_j = 2d_j + d_j = 3d$

根据屈曲波高的定义得：$h_j = d_j + d_w$，$h_w = 0$

（2）纬支持面平纹织物。当构成织物的正反面均为纬纱，即该织物的支持表面完全由纬纱构成,称为纬支持面平纹织物。如图 4 – 36(b)所示。由厚度定义得:$\tau = \tau_w = h_w + d_w$

　　假设经纱没有屈曲,经纬纱的直径相等。则:$\tau = \tau_w = 2d_w + d_j = 3d$

　　根据屈曲波高的定义得:$h_w = d_j + d_w, h_j = 0$

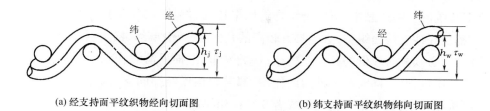

(a)经支持面平纹织物经向切面图　　　　　　(b)纬支持面平纹织物纬向切面图

图 4 – 36　平纹织物的切面图

　　(3)经纬同支持面平纹织物。如果由经纬纱共同构成织物的支持表面,称为经纬同支持面平纹织物,如图 4 – 37 所示,则 $\tau_j = \tau_w = d_j + d_w, d_j + h_j = d_w + h_w$。

　　由此可知,当 $d_j = d_w$ 时,如图 4 – 37(a)所示,$h_j = h_w = d_j = d_w$;

　　当 $d_j \neq d_w$ 时,如 4 – 37(b)所示,则 $h_j = d_w, h_w = d_j, \tau = d_j + d_w$。

　　根据以上的计算结果,可以得知:经纬纱线密度相同的各种织物,织物的厚度范围总是在 $2d \sim 3d$ 之间,等支持面织物厚度最小,为经纬纱直径之和。

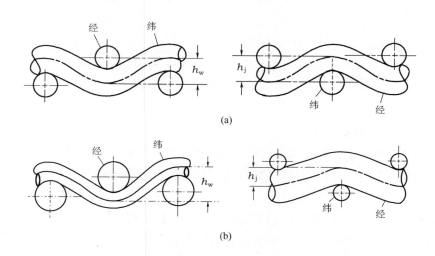

(a)

(b)

图 4 – 37　经纬同支持面平纹织物切面图

　　2. 织物的几何结构相　经纬纱在织物中交织时的结构状态叫做织物的结构相。随着原料、纱线结构、织物组织、织物密度以及上机张力等条件的不同,织物的几何结构状态可以在有限范围内进行无限变化。由图 4 – 36(b)可知:在织物内,仅纬纱有屈曲,而经纱是完全伸直的。按照屈曲波高的定义,$h_w = d_j + d_w, h_j = 0$。在此基础上,对纬向施以一定张力或减少织造时的经纱张力,使纬纱屈曲波高 h_w 减少值,则经纱的屈曲波高必然会增加。由此可得到织物的经纬纱屈曲波高与经纬纱直径之间的关系式为:$h_j + h_w = d_j + d_w$,即织物的经纬纱屈曲波高之和等于经纬纱的直径之和。

为了便于研究问题,规定经纬纱屈曲波高每变动 $\frac{1}{8}(d_j + d_w)$ 的几何结构状态,称为变动一个结构相。经纬纱屈曲波高的比值与几何结构相之间的关系见表4－2所示。

在许多传统的织物产品中,对应于织物的风格特征,都具有相应的几何结构相。府绸或卡其等织物,都是经纱支持面织物,必须具有较高的几何结构相;麻纱、横贡缎和拉绒坯布,都是纬纱支持面织物,必须具有较低的几何结构相;各类平布、涤棉混纺织物和胶管帆布类织物,经纬纱在织物的使用过程中,同时承受外力的作用,都需要构成经纬同支持面的结构,因此,这些织物的几何结构相,一般处于第5结构相或者0结构相附近。

表4－2　经纬纱屈曲波高的比值与几何结构相之间的关系

几何 结构相	1	2	3	4	5	6	7	8	9	0
h_j	0	$\frac{1}{4}d$	$\frac{1}{2}d$	$\frac{3}{4}d$	d	$1\frac{1}{4}d$	$1\frac{1}{2}d$	$1\frac{3}{4}d$	$2d$	d_w
h_w	$2d$	$1\frac{3}{4}d$	$1\frac{1}{2}d$	$1\frac{1}{4}d$	d	$\frac{3}{4}d$	$\frac{1}{2}d$	$\frac{1}{4}d$	0	d_j
h_j/h_w	0	$\frac{1}{7}$	$\frac{1}{3}$	$\frac{3}{5}$	1	$\frac{5}{3}$	3	7	∞	$\frac{d_w}{d_j}$
τ	$3d$	$2\frac{3}{4}d$	$2\frac{1}{2}d$	$2\frac{1}{4}d$	$2d$	$2\frac{1}{4}d$	$2\frac{1}{2}d$	$2\frac{3}{4}d$	$3d$	d_j+d_w

注　0结构相为直径不等的经纬纱构成同支持面的织物几何结构。

三、机织物紧度的概念

织物的经、纬密度是指10cm长度内的纱线根数,又称为绝对密度或工艺密度。当比较两种组织相同,而所用经纱线密度不同织物的紧密程度时,应采用织物的相对密度的指标即织物的紧度来评定。

紧度,又称覆盖率或相对密度,是指织物中纱线的投影面积与织物全部面积的比值,用百分数表示。比值大说明织物紧密;反之,织物疏松。经向紧度表示为 E_j 、纬向紧度表示为 E_w 、总紧度表示为 E_z 。以平纹组织为例说明紧度的意义。

设:E_j 为织物经向紧度(%);E_w 为织物纬向紧度(%);E_z 为织物总紧度(%);d_j 为经纱直径,mm;d_w 纬纱直径,mm;Tt_j 为经纱线密度,tex;Tt_w 为纬纱线密度,tex;P_j 为织物的经向密度,根/10cm;P_w 为织物的纬向密度,根/10cm;K_d 为纱线的直径系数。

图4－38为平纹织物中经纬纱交织情况的示意图,取图4－38(a)中的一个小单元 ABCD 予以放大,得到图4－38(b)。其中 ABEG 表示一根经纱,AHID 表示一根纬纱,AHFG 表示经纱和纬纱相交重叠的部分,EFCI 为织物的空隙部分。

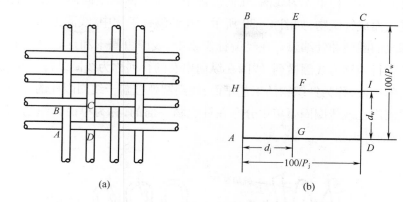

图 4 - 38　平纹织物经纬纱交织示意图

$$织物的经向紧度\ E_j = \frac{面积\ ABEG}{面积\ ABCD} \times 100\% = P_j d_j = K_d \cdot P_j \sqrt{Tt_j} \qquad (4-11)$$

$$织物的纬向紧度\ E_w = P_w d_w = K_d \cdot P_w \sqrt{Tt_w} \qquad (4-12)$$

$$织物的总紧度\ E_z = \frac{面积\ ABEFID}{面积\ ABCD} \times 100\% = E_j + E_w - 0.01 E_j E_w \qquad (4-13)$$

织物的经纬向紧度理论最大值为 100%，有时由于纱线在织物中发生挤压变形和重叠，紧度值可能超过 100%。

例：一款全毛精纺花呢织物，规格为 17.2tex×2/17.2tex×2　288 根/10cm×255 根/10cm，求经纬向紧度。

解：精纺毛织物纱线的直径系数为 0.0401，

根据紧度计算公式：

$$E_j = P_j d_j = K_d \cdot P_j \sqrt{Tt_j} = 0.0401 \times 288 \sqrt{17.2 \times 2} = 67.7\%$$

$$E_w = P_w d_w = K_d \cdot P_w \sqrt{Tt_w} = 0.0401 \times 288 \sqrt{17.2 \times 2} = 59.9\%$$

则织物经纬向紧度分别为 67.7%，59.9%。

第三节　针织物的基本组织结构

用于服装的针织面料多为纬编针织物。纬编针织物组织分为基本组织、变化组织和花色组织。针织内衣常用基本组织织物，针织外衣常用花色组织和变化组织织物。

一、针织物的基本结构

针织是利用织针和其他机件把纱线弯曲成线圈，并将线圈相互串套形成织物的一种纺织加工技术。根据工艺特点的不同，针织生产可分纬编和经编两大类。

　　组成针织物的基本结构单元为线圈,几何形态呈三维弯曲的空间曲线,线圈在纵向相互串套和横向相互连接而成针织物,如图4-39所示。在纬编针织物中,线圈由圈干和沉降弧组成,圈干包括直线部段的圈柱和针编弧。在经编针织物中,线圈由圈干和延展线组成。针织物中,线圈在横向连接的行列称为线圈横列,线圈在纵向串套的行列称为线圈纵行。凡线圈圈柱覆盖于线圈圈弧之上的一面,称为针织物的工艺正面;线圈圈弧覆盖于线圈圈柱的一面,称为针织物的工艺反面。线圈圈柱或线圈圈弧集中分布在针织物一面的,称为单面针织物;而分布在针织物两面的,称为双面针织物。

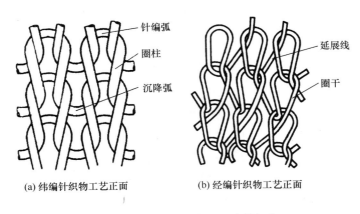

(a) 纬编针织物工艺正面　　　　　(b) 经编针织物工艺正面

图4-39　纬编针织物和经编针织物

　　线圈在针织物中的相互配置和形态取决于针织物的组织和结构,并决定针织物的外观和性能。纬编针织物是将纱线由纬向喂入针织机的工作针上,使纱线顺序地弯曲成圈并相互串套而形成,见本章第一节图4-2;而经编针织物是采用一组或几组平行排列的纱线由经向同时喂入平行排列的工作织针上,并同时进行成圈形成,如图4-40所示。一般说来,纬编针织物的延伸性和弹性较好,多数用作服用面料,还可直接加工成半成形和全成形的服用与产业用产品;而经编针织物的性能介于纬编针织物与机织物之间,尺寸稳定性相对较好,较为挺括,脱散性小,不易卷边,横向延伸性、弹性和柔软性不如纬编针织物,除了制作服用面料外,还在装饰和产业用布领域有着广泛的应用。

　　针织面料的参数主要有线圈长度、密度、未充满系数、单位面积干燥重量和厚度,这些参数及其相互之间的关系主要由线圈形态、纱线线密度所决定,直接影响针织面料的力学性能和服用性能。

二、针织物组织结构的表示方法

　　1. 线圈结构图　线圈结构图(或线圈图)指用图形表示线圈在针织物内的形态分布,如图4-41所示。可根据需要表示织物的工艺正面或反面。从线圈图中,可清晰地看出针织物结构单元在织物内的连接与分布,有利于研究针织物的性质和编织方法。但用这种方法绘制大型花纹比较困难,仅适用于较为简单的织物组织。

2. 意匠图　意匠图是把织物内线圈组合的规律用规定的符号表示在小方格纸上的一种图形。方格纸上的每一方格代表一个线圈,横向的方格行和纵向的方格列分别代表织物的线圈横列和线圈纵行,自下而上编织。这适用于较大的或复杂的花纹,尤其是提花组织。

针织物的三种基本结构单元:线圈,集圈,浮线(即不编织),可以用规定的符号在小方格纸上表示。一般用符号"×"、"○"表示线圈,"·"表示集圈悬弧,"−"、"□"表示浮线(不编

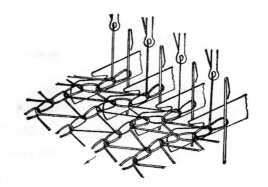

图 4 – 40　经编针织物的形成过程

织),不过需要给予说明。如图 4 – 41(a)表示某一单面织物的线圈图,图 4 – 41(b)表示与线圈图相对应的意匠图。花色织物,如提花织物正面(提花这一面)的花型与图案可以用图 4 – 41(c)表示,方格内符号的不同仅表示不同颜色的线圈。花色组织的意匠图至少要表示出一个花纹的最小循环单元(即完全组织)。

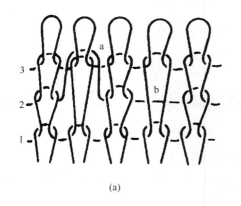

(a)　　　　　　　　　　(b)　　　　　　　　　　(c)

图 4 – 41　线圈图和意匠图

3. 编织图　编织图是将针织物组织的横断面形态,按编织的顺序和织针的工作情况用图形表示的一种方法。这种方法不仅表示了每一枚针所编织的结构单元,而且还显示了织针的配置与排列,适用于大多数纬编针织物,尤其是表示双面纬编针织物。

图 4 – 42 为双罗纹组织的编织图。在编织图中,用符号"│"表示织针,"⊤"表示该织针把纱线编织成线圈,可用长短竖线段分别表示高低踵织针;织针勾住喂入的纱线,但不编织成圈,纱线在织物内呈悬弧状,如图 4 – 41(a)中的 a 所示,称之为集圈,用符号"丫"表示;织针不参加编织,喂入的纱线呈浮线,从线圈圈柱的背后通过,如图 4 – 41(a)中的 b 所示,称为浮线,用符号"⌐│"表示。

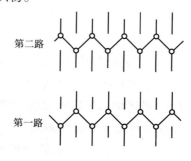

第二路

第一路

图 4 – 42　双罗纹组织编织图

在某些织物中,根据织物组织结构,把织针从针筒或针盘上取出,取出的织针用符号"○"表示,称为抽针,如织针排列为Ⅰ Ⅰ ○ Ⅰ Ⅰ ○,表示插两针,抽一针。

三、常见针织物组织结构

针织物是由织物的基本单元线圈构成的,针织物的组织就是指线圈的排列、组合与联结的方式,它决定着针织物的外观和性能。针织物组织一般可分为基本组织、变化组织、花色组织三大类。根据生产方式不同,又可分为纬编和经编两种形式。

1. 基本组织 基本组织是由线圈以最简单的方式组合而成。

(1)纬编针织物基本组织。纬平针组织、罗纹组织和双反面组织等。

(2)经编针织物基本组织。经编针织物中的经平组织、经缎组织和编链组织等。

2. 变化组织 是在一个基本组织的相邻线圈纵行间配置另一个或另几个基本组织的线圈纵行而成。

(1)纬编针织物变化组织基本组织。双罗纹组织等。

(2)经编针织物变化组织基本组织。经绒组织和经斜组织等。

3. 花色组织 是以基本组织或变化组织为基础,利用线圈结构的改变或编入一些辅助纱线或其他纺织原料而成。如添纱、集圈、衬垫、毛圈、提花、波纹、衬经组织及由上述组织组合的复合组织。

第四节　非织造布的结构特点

非织造布的结构与机织物、针织物不同,为"纤网型"结构。为了使非织造布结构稳定,纤维网必须通过施加压力或施加黏合剂等多种方法进行固定。因此,大多数非织造布的基本结构包括纤维网和加固系统,原料和加工方式决定了非织造布的结构方式。

一、纤维网的典型结构

纤维网的结构决定于成网的方式。一般分为有序排列和无序排列。有序排列包括纤维横向排列的纤维网,纵向(平行)排列的纤维网和交叉排列的纤维网。无序排列是纤维杂乱排列的纤维网。

二、纤维网的加固方式结构

按照纤网的加固方式分有以下几种结构。

(一)纤网中部分纤维加固的结构

1. 依靠纤维缠结进行加固 纤维缠结是以纤维束的形态进行加固,又称为"纤维交织"。采用针刺法或水刺法完成,即利用带钩的刺针或高压水流垂直上下穿刺纤维网,使纤维网内的纤维产生水平、垂直方向的位移,即依靠自身的相互纠缠进行加固。针刺法用于加工高密度和较厚产品,主要用于毛毯、过滤材料等。水刺法制得的产品具有较高的强力,手感柔软,透通性好,主要用于服装衬里、垫肩、涂层织物的基布和卫生用品。

2. 由纤维形成线圈结构进行加固 采用缝编法完成。利用针槽在缝编过程中从纤网中抽取部分纤维束,用它编结成线圈状的几何结构,使纤网中未参加编结的部分纤维被线圈结构固定,从而进行加固。这种加固方法形成的非织造布外观类似于针织物。

(二)纤网由外加纱线进行加固的结构

利用缝编机将纤维网用另外喂入的纱线(或长丝)形成经编线圈固结起来,使纤维网保持稳定。被每个线圈所包络的纤维根数越多,线圈对纤网的紧压力越大,单位面积线圈个数越多,非织造布结构越稳定。此外,还可以在纤维网中引入纱线沿经纬向交叉铺放,再通过黏合剂黏合使结构稳定。常用于装饰用布。

(三)纤网由黏合作用进行加固的结构

1. 由黏合剂进行加固 这是非织造布的一种典型结构。以浸渍、喷洒、涂层等方式将黏合剂引入纤维网进行加固。根据黏合剂类型不同,施加方法不同,黏合形式不同,又分为点黏合结构,片膜状黏合结构,团块状黏合结构和局部黏合结构。

点黏合结构使用的黏合剂最少,纤维黏合效果和非织造布的机械性能较好。如果在纤维间加入一些螺旋形卷曲纤维可以增加非织造布的弹性。结构图如图 4 – 43 所示。

片膜状黏合结构在非织造布中最为常见,采用浸渍黏合和喷洒黏合法的非织造布大多为此种结构。由于黏合剂的流动性,在纤维的相交处或相邻处形成片膜结构。结构图如图 4 – 44 所示。

图 4 – 43　点黏合结构

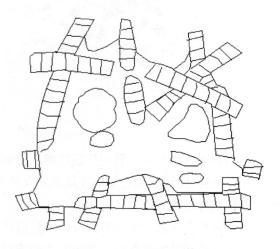

图 4 – 44　片膜状黏合结构

在团块状黏合结构中,黏合剂不均匀的以团块状分布在纤维网中。有的部位不能充分发挥黏合剂的作用。结构图如图 4 – 45 所示。

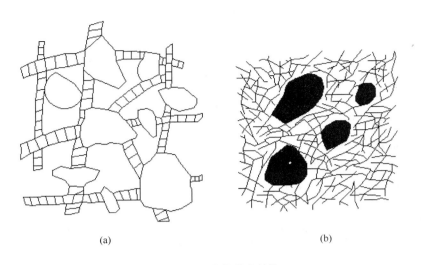

(a)

(b)

图 4-45　团块状黏合结构

　　局部黏合结构是可以控制的规则形区域黏合。一般采用印花方式将黏合剂有规律地印在纤维网上。效果比一般的片膜状黏合结构和团块状黏合结构好。结构图如图 4-46 所示。

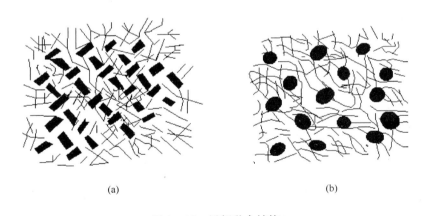

(a)

(b)

图 4-46　局部黏合结构

　　2. 热黏合作用加固　利用热熔纤维或粉末受热熔融而黏结纤维,使纤维网加固成型。也分为点黏合结构,团块状黏合结构和局部黏合结构。由于热熔纤维熔融时没有流动性,所以不存在片膜状黏合结构。

　　在热熔黏合工艺中采用双组分纤维易得到点黏合结构,黏合作用只发生在纤维交叉处,非织造布的弹性和蓬松度较好。采用普通纤维与热熔纤维混合成网经过热黏合得到团块状黏合结构。热轧局部黏合工艺用于加工含有热塑性纤维的纤维网,只作用于纤网受到热与压力作用的局部区域,热熔纤维熔融时被压成扁平状,形成局部黏合固结纤维网。局部黏合区域可以呈点、线或几何图案形状,热轧温度、纤维网厚度及热轧点的大小、形状、密度不同,使得非织造布结构发生变化,产品性能也不同。

　　非织造布的结构特点决定了它具有独特的性能,如孔径小,孔隙率大,对角拉伸抗变形能力强,伸长率高,覆盖性和屏蔽性好,结构蓬松,手感柔软,弹性好。这些特点使其具有独特的应用领域。

☞ **思考题**

1. 机织物的常用组织有哪些? 外观效应如何?
2. 试述机织物的厚度、密度、紧度和几何结构相的含义。
3. 简述非织造布的种类及结构特点。

第五章　常见服用纺织品特征及服用性能

1.常见服用纺织品的名称、主要用途。

2.常见服用纺织品服用性能。

3.典型服用纺织品的形成方法和特点。

为了更好地体现服装设计的思想和效果,在服装产品开发和设计前,先要确定所用材料的类别和性能。服装材料包括构成服装外观主体的面料、实现特定功能的辅料(如保暖功能的填充材料)、生产加工过程所用的材料(如缝合线)、装饰性材料(如花边)、标志性材料(如商标)。习惯上将服装材料分为服装面料和辅料两大类,包括织物、皮革、裘皮等,但大多为织物,下面按照原料分别介绍常用棉、毛、丝、麻和化学纤维5大类织物。

第一节　棉型织物及其特性

棉织物是以棉纤维作为原料的机织物的统称,俗称棉布。棉织物手感较柔软,光泽一般,质感自然质朴。有些粗梳产品略显粗糙,不够柔软。棉织物是穿着舒适、经济耐穿的大众化服装面料,适用面广,是较好的内衣、婴儿装及夏季服装面料,也是常用的春秋外衣面料和休闲装面料。随着棉纺织、印染加工的发展,棉织物品种日益丰富,外观、质感更加多样,性能及档次也不断提高,也可以作为高级时装、高级成衣与礼服的面料。

一、棉织物的服用性能特点

(1)具有良好的吸湿性和透气性,体感柔和,无刺激,不闷热,穿着舒适。

(2)保温性较好,有温暖感,冬季贴身舒适。

(3)棉纤维断裂强度低于麻,高于羊毛,故一般棉织物强度较好,且湿润后强度增加。

(4)弹性恢复性较差,容易产生折皱,且折痕不易恢复,服装的保形能力不佳,没有自然免烫性。经树脂整理后抗皱性有所改善。

(5)耐热性良好,一般织物在100℃沸水中不受影响,熨烫温度比较高。

(6)耐日光性和耐气候性较好,在阳光和大气中氧化缓慢,但长时间暴晒会引起褪色和强力下降。

（7）染色性好，直接染料、硫化染料、还原染料、不溶性偶氮染料等均易上染，色谱齐全，色彩较鲜明、艳丽，但色牢度不够好。

（8）缩水率较大，一般在 5% ~8% 左右，个别品种还要高些。需预缩或进行防缩整理。

（9）盐酸、硫酸等无机酸对棉织物有水解作用。一般条件下棉织物耐碱性较好。若在一定张力作用下，用20%氢氧化钠溶液处理，断裂强度和耐磨性明显提高，布面光泽增强，手感更细软，弹性和尺寸稳定性得到改善，这就是常说的"丝光"处理。

（10）微生物、霉菌易使棉织物发霉、变质。

二、棉织物的常见品种及应用

棉织物按织物组织划分，可分为平纹布、斜纹布、缎纹布和其他组织棉。按照印染整理加工分类，又可分为本色棉布、漂白棉布、染色棉布、印花棉布和色织布。根据纺纱加工分为：精梳棉布和普梳棉布。根据纱线细度分为：高特纱（低支纱）棉布，采用细度等于或大于32tex（18 英支以下）的棉纱线；中特纱（中支纱）棉布，采用细度在 21 ~31tex（28 ~19 英支）的棉纱线；低特纱（中高支纱）棉布，采用细度在 11 ~20tex（53 ~29 英支）的棉纱线；特低特纱（高支纱）棉布，采用细度等于或小于10tex（58 英支以上）的棉纱线。根据特殊功能或特殊后整理分为：普通棉布和特殊功能棉布、特殊后整理棉布（如阻燃棉布、防缩棉布、免烫棉布等）。

棉织物通常按照它们的外观风格，划分为平纹、斜纹、缎纹、色织、起绒、起绉、仿麻、花色八类产品。

1.平纹类 采用平纹组织，纱线在织物中交织点较多，结构稳定，从而使织物坚实牢固，比相同规格采用其他组织的织物耐磨性好，强度高，布面匀整，正反面相同。平纹类常见的品种如下：

（1）平布。平布是棉织物的主要品种，其本色棉布分为细平布、中平布（市布）、粗平布三大类，主要是纱线细度与织物密度不同。

平布的规格不同，其风格特征也各有所长：细平布布身轻薄、平滑细洁、手感柔韧、布面杂质少且富于棉纤维的天然光泽。粗平布外观、质地比较粗糙，但布身厚实、坚牢耐用。中平布居于两者之间，布身平整、坚实，布面杂质较少。

三类平布均可作为印染加工的坯布，加工后的花色品种以及服装适用性更为广泛。例如，经扎染、蜡染后的棉布典雅大方、富有民族传统风格，适宜作为四季服装面料，见图5-1，图5-2所示。本白细平布、中平布可作内衣及婴幼儿服装面料。漂白的粗平布适宜做夹克衫、裤等服装。

（2）细纺布。细纺的品种较多，但一般指线密度较小或经烧毛整理的细薄棉平布及具有麻风格的细平布。

细纺布面平整细腻，质地轻薄、手感柔软滑爽，经丝光处理后，色泽莹润、光滑似绸，其耐洗涤性和耐磨性能都优于丝绸织物。细纺布有漂白、什色、印花等品种，最适用于制作高档衬衫、绣花衣裙、睡衣等服装。

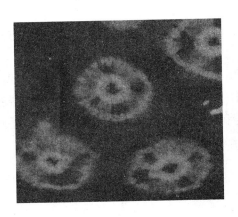

图5-1　手工扎染细平布

图5-2　手工蜡染细平布

（3）巴里纱。以中、低特棉纱织成的轻薄织物，但也有以丝、人造丝、合纤长丝、毛、麻为原料的巴里纱。巴里纱有股线巴里纱、单纱巴里纱、半线巴里纱三种，均以平纹组织织成。

巴里纱织物风格特征的共同点是：身骨挺括、触感爽快、稀薄透明并在折叠时能充分显示出光的干涉条纹效果。巴里纱的用途广泛，一般用于夏季女衬衫、连衣裙、套裙、男用礼服衬衫、面纱、手帕及童装衣料。

（4）蝉翼纱。采用埃及棉、海岛棉系的高级棉为原料。纬向密度与蝉翼纱的档次有关，高档产品纬密比经密低1/10，低档产品的纬密比经密低1/6左右。蝉翼纱一般经过轧光、光洁特殊整理或丝光加工、起绉整理等以形成仿麻风格，薄如蝉翼、透明、挺爽。有漂白、乳白、印花三个品种，以漂白、乳白居多。适用于制作夏季高级女装，也可作为头巾。

（5）府绸。府绸属于一种低特、高密的平纹织物，因具有一定的丝绸感被称为府绸。府绸的经密比纬密大很多，由于经纱的突出使布面呈现出明显均匀的菱形颗粒，形成府绸独特的外观效应。

府绸品种较多，根据所用纱线不同，分为纱府绸、半线府绸、全线精梳府绸。精梳府绸为高档产品，其特点是质地细密轻薄，颗粒丰满清晰，布面光洁匀整，手感柔滑挺爽，光泽明亮并富有丝绸感，适用于高级男装礼服衬衫、女衬衫裙。根据染整工艺不同可以分为漂白、什色、印花府绸。府绸的缺点是由于经纱强力比纬纱大得多，在服用过程中，纬向首先出现破损现象。

（6）牛津布。牛津布属于特色棉织物。采用平纹变化组织，用色纱和漂白纱做经纬纱，经密大于纬密，一般经纬纱可用2~3根并列以织出独特的风格。如经纱用色纱，纬纱用漂白纱的钱姆布雷牛津布、小提花牛津纺等。其风格特征是手感柔软，光泽自然、布面气孔多、穿着舒适、平挺保形性好。适用于男礼服衬衫、两用衫、女套裙及童装等。

（7）纱布。纱布是一种稀薄棉平布。精练、漂白后不上浆。具有手感柔软、色白洁净、质地稀疏轻薄、透气等特点。适于制作夏季内衣、婴儿衬衣裤、褓褓用布等。

2. 斜纹类　斜纹织物，见图5-3，是采用各种斜纹组织，使织物表面呈现由经或纬浮长线顺序排列而构成的斜向纹路。斜纹布经纬纱的密度一般大于平纹布，交织点较平纹少，手感较平纹柔软厚实,因品种不同而风格各异。

(1)斜纹布。斜纹布属中厚型斜纹组织,有粗斜纹布和细斜纹布两种。

斜纹布质地比平布稍厚实且柔软,正面纹路清晰。有本色、漂白、染色及印花各品种。适宜作为男女便装、制服、工作服、学生装、童装等。宽幅的斜纹布经过印花加工后可作为床单。无色或什色细斜纹经电光或轧光整理后,布面光亮,可作为服装夹里及雨伞材料。

图 5-3 斜纹织物

(2)卡其。卡其为斜纹组织棉织物,最初用一种名叫"卡其"的矿物染料染成泥土的保护色,常作为军用,后来就因此染料得名。卡其经密比纬密大一倍。按纱线结构分为纱卡其、半线卡其、全线精梳卡其。

纱卡其以单纱作为经纬纱,斜纹纹路一般是左斜,其经纱的浮纱比斜纹布长,密度比斜纹布大,布身紧密厚实,强力大,但耐磨性不如斜纹布。

线卡其以股线作为经纬纱,纹路清晰,一般斜向是右斜。线卡其布面紧密、纹路明显、布身厚实、不易起毛。由于经纬纱紧密,手感比较挺硬,不够柔软。穿着时,衣服的折边容易磨损。另外,染色时,颜色不易吃透,经穿着、洗涤后会出现磨白、泛白现象。

双纹卡其采用变化组织中的急斜纹织物,表面有两条较细且并列的斜纹组成织纹,故称为双纹卡其。其表面平整光洁、光泽好、纹路明显,布身厚实,属中厚型织物,多为中浅色,适宜作为男女青年外衣面料。

缎纹卡其又名克罗丁。其斜纹倾斜角度比卡其大,纹路粗壮明显,布身厚实,富有弹性,手感柔软,染色牢度好,色谱齐全。此外,缎纹卡其由于经纱浮点较长,耐磨性较差,易起毛,是中厚型外衣材料。

(3)华达呢。华达呢名称来自组织结构特点相似的同名毛织物,也称轧别丁。棉华达呢是利用棉纤维原料效仿毛华达呢风格织造的一种大路斜纹织物,常见品种有纱华达呢、半线华达呢两种。其坯布需经丝光、染色等工序整理加工。

华达呢的特点是经纬密度差异较大,经向强度较高,经向密度是纬向的 2 倍。布面纹路倾斜角度为60°左右,一般斜向是右斜。纹路间距适中,斜纹比较细致且突起。手感较卡其松软,软硬适中,曲折处磨损折裂现象没有卡其严重。

华达呢可染成各种颜色,适宜作为各种男女外衣及裤料。

(4)哔叽。哔叽名称同样来自一种特征相似的毛织物,是一种素色斜纹组织织物。哔叽是双面斜纹组织织物中结构较松软的一种,经纬密度小,表面纹路比同类的卡其、华达呢宽阔。哔叽分为纱哔叽、半线哔叽和全线哔叽。纱哔叽较多,为大宗品种,线哔叽则较少。纱哔叽一般正面纹路是左上斜,线哔叽一般正面纹路是右上斜,其纹路倾斜角度均为45°。

哔叽质地较松弛,平挺度不及华达呢,耐穿性较卡其、华达呢差。但因其手感柔软,穿着较为舒适,也较受欢迎。哔叽可染成各种什色用来制作男女服装,纱哔叽经印花加工后,主要作为妇女、儿童服装,也可作为被面、窗帘等。

3.缎纹类 缎纹布的基本特征是采用各种缎纹组织,其经纱或纬纱具有较长的浮线覆盖于织物表面,沿浮线方向光滑而富有光泽,质地柔软细腻。有经面缎纹和纬面缎纹之分,根据组织点的飞数也有五枚缎纹与八枚缎纹之分。常见品种有棉缎、贡缎、吐鲁番棉布、羽绸等。

(1)棉缎。棉缎是缎纹棉布的典型产品,一般为五枚或八枚缎纹。为增加织物表面光泽,多进行丝光整理和染色,印花后进行电光整理。棉缎具有蚕丝般的光泽和缎的风格,手感绵软、质地厚实、有弹性、穿着舒适,外观色泽、花纹图案均比棉斜纹织物富有立体感。价格比真丝缎便宜,是棉织物中经济、美观、大方的女外衣、便服套装、衣裙、衬衫等服装的理想面料。

(2)贡缎。贡缎是一种缎纹组织织物。其特点是布面精致、平整光滑、纹路清晰、质地紧密匀整、富有光泽。比较厚实的贡缎织物具有毛织物的外观效果;而较轻薄的贡缎织物,则具有绸缎织物的风格,属于棉织物中的高档品种。

贡缎分为直贡缎与横贡缎两种。织物表面由经纱构成支撑面的称为直贡缎;织物表面由纬纱构成支撑面的称为横贡缎。

直贡缎有纱直贡、半线直贡以及什色、印花直贡等品种。直贡缎的经密均大于纬密,质地紧密厚实,具有丝光,手感光滑柔软,织物表面呈现右斜角度较大的斜纹线。适于作为春秋冬季服装面料。

横贡缎以印花品种为主,色彩艳丽,花型图案新颖。横贡缎所用的纱线密度较小,多采用精梳纱。布面的光洁度和色泽较直贡缎优异,更具有丝绸感。

贡缎的布面浮线较长,因而不耐摩擦,在穿着过程中布面往往会擦伤起毛,影响外观。可采用耐久性电光整理来降低横贡缎起毛。

(3)羽绸。羽绸是一种细薄的缎纹织物,一般有什色和印花等品种。羽绸富有光泽,布面平滑挺括,可以与丝绸中的羽纱绸媲美。

(4)吐鲁番棉布。采用中国新疆吐鲁番特长绒棉为原料,纺成纱线织成平纹、斜纹及缎纹棉织物。特长、特细的原料使布面具有自然、柔和、明亮的光泽,富有丝绸的绵软感,染色后色彩鲜艳。适用于男女衬衫、裤料、衣裙、时装等。

4.色织类 色织布是用色纱线(含漂白纱线),通过颜色搭配和组织结构的变化而织造的各种织物。色织布的主要品种如下:

(1)线呢。线呢是采用染色纱线或花式纱线为经、纬纱,运用平纹、斜纹或其他变化组织模仿精梳毛呢类织物风格的机织物。在外观上线呢有毛织物的风格,故称为线呢。

线呢分为男线呢和女线呢。男线呢的主要品种有:中联呢、绢纹呢、芝麻呢、人字呢、大卫呢等。男线呢花纹清静文雅、色调朴实大方,以明条和隐条居多。

女线呢主要有:国光绉、春光绉、雪花呢、元宵呢、肤雪呢、孔雀锦、培兰呢等。

女线呢的色泽和花型较男线呢更为复杂多变,有条、格、点等花色,配色鲜艳大方,适宜用于衬衫、外衣、短大衣等四季服装。

（2）色织府绸。色织府绸是在平纹地组织上增加缎纹或提花组织,使织物的色彩及花纹呈现更佳的效果,如提条、提格、隐条、隐格等品种,见图5－4。如果采用不同色泽的经纬纱交织,还会使布面呈现闪光效果,成为闪光府绸。

图5－4 色织条府绸

图5－5 劳动(牛仔)布

色织府绸具有光泽明亮、质地坚牢、紧密光滑、立体感强等风格特点,手感柔软如绸,适宜作为春秋季衬衫、睡衣及罩衫等服装面料。一般由于色织府绸经密大于纬密,在穿着过程中会出现纬向先磨损的现象。

（3）劳动布。图5－5所示为劳动布,属线呢类斜纹织物。劳动布的经纱一般染成蓝色(现已发展成各种颜色),纬纱一般多采用白色或灰色。由于经纬纱颜色不同,其正面经纱浮点多,颜色深;反面纬纱浮点多,颜色浅,因此形成颜色不同的正反面。劳动布布身厚实坚牢,耐磨耐穿,布质硬挺不贴身,适合作为工装或防护用布。现在,劳动布被广泛用于牛仔服装面料。

劳动布的缩水率较大,约为8%～10%,在裁剪前应预先缩水。劳动布的色牢度比较差,洗涤时不宜用过热的水,否则会使深色的经纱变浅,浅色的纬纱变深,丧失原有风格。经树脂整理的劳动布,缩水率可降至3%左右。

（4）条格布。条格布经纬纱一般都用单纱,以平纹、斜纹组织为主,利用色纱织出条或格的花纹等,如图5－6、图5－7所示。常见品种有蚂蚁布、自由布、柳条布等,其中高档的浅色条格布外观类似府绸,深色的外观类似线呢,条格布是色织布中的大众化品种,花型变化较多,价格较便宜,主要用于制作男女内衣、衬裤及里料及床单等。

5. 起绉类 起绉类棉布是利用特殊的纺织染整工艺,使织物表面呈现出不同形态的绉纹效应。主要产品如下:

（1）绉纹布。绉纹布是一种薄型平纹棉织物,其表面有纵向均匀的绉纹,又称绉纱。其经纱是普通棉纱,而纬纱则采用定形后的强捻纱。经热水或热碱液处理后,纬纱收缩约30%,使织物呈现出绉缩的效应;也可以使织物先经过轧纹起绉处理,然后再进行加工,使布面绉纹更加细致均匀而有规律。常见品种有漂白、什色和印花绉纹布。

图5-6 棉条布

图5-7 棉格布

绉纹布绉纹细致饱满,光泽柔和,外观素雅大方,手感挺爽、柔软,纬向具有较好的弹性,适宜作为衬衫、裙子、睡衣裤以及装饰材料。

(2)泡泡纱。泡泡纱是采用平纹组织的轻薄细布,经过双轴织造或采用收缩率不同的纱线相间排列或用化学处理方法得到的凸起凹下相间排列成泡泡状的织物,故名泡泡纱。有漂白、素色、印花及色织等品种,这种织物布面轻盈薄爽,透气舒适,洗后无须熨烫。布面有凹凸泡泡形花纹,富有立体感,是夏季理想的衣着面料。

为了保持泡泡的持久性,在洗涤时不宜用过热的水,也不要用力揉搓或拧绞,更不要熨烫。

(3)棉绉纱布。棉绉纱布具有不规则的条状绉纹,呈绉纹纸状,是轻薄型棉织物。绉纱质地细密,轻薄松软,手感滑爽。常见品种有漂白,什色、印花等。

印花绉纱有白底雪青夹花、黑白夹花,花型酷似水墨画,适合中青年妇女制作宽松式套裙或各式连衣裙。

绉纱的主要服用特点是透气性能好、易洗涤、免烫性好、尺寸稳定,夏令穿着凉爽,适合制作童装及男女夏令服装衣料,也可作为服装花边等镶嵌材料。

(4)轧纹布。将已染色或印花的织物,经轧花机凹凸花纹滚筒通过压力在织物表面轧出凹凸绉纹,再经树脂整理,使绉纹定形持久。轧纹布可作为夏令衬衫、衣裙等面料,如图5-8所示。

6. 起绒类 起绒类是采用经起毛或纬起毛组织以及经过起绒处理的各种棉布的总称。起绒类产品质地厚实、饱满,手感柔软,保暖性好,有平绒、灯芯绒、绒布等品种。

(1)平绒。平绒是指用经纱或纬纱在织物表面形成紧密绒毛的棉织物,属双层组织。平绒按加工方法分有割纬平绒和割经平绒两种。传统方法以割纬平绒为主,割纬平绒以一组经纱和两组纬纱交织而成,其中一组纬纱(地纬)与经纱交织形成织物的地组织,另一组纬纱(绒纬)与经纱交

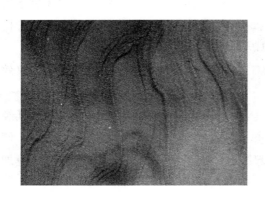

图5-8 轧纹布

织形成织物的绒组织,再经割绒、退浆、烧毛、反复刷毛、煮练、染色或印花,最后拉幅、上光而成。割经平绒由两组经纱和一组纬纱交织而成。若起绒经纱用丝光棉,则成品为丝光绒。丝光绒绒毛光亮耀眼,华丽平坦,外观效果极佳,较平绒有更强的装饰性。

平绒布布身厚实,绒毛柔软,绒毛短而稠密,不易倒伏,光泽柔和,抗皱性能良好,保暖性好,经染色或印花后,外观华丽。平绒属棉织物中的高档面料,常用于春秋或冬季女装面料,还可作为鞋帽、包袋的面料以及沙发套、窗帘等装饰面料。

(2)灯芯绒。灯芯绒是由地组织和绒组织两部分组成的织物。绒组织呈条状浮在地组织上,经割绒机上的刀片把浮在地组织上的纬浮线割断,再经刷毛整理而成,见图5-9、图5-10所示。

图5-9　细条灯芯绒　　　　　　　　图5-10　粗条花式灯芯绒

灯芯绒按绒条的宽窄粗细可分为宽条、粗条、细条、间隔条、特细条、特宽条等品种;按染整加工分染色、印花、提花等品种。灯芯绒品种较多,花色丰富,有风格细腻犹如平绒效果的细条,有豪放粗犷的粗条,有柔嫩的浅色、浪漫风格的印花,还有层次丰富的色织灯芯绒等。因此,适宜制作的服装范围很广。从休闲的夹克到精工细作的西装;从风格粗犷的猎装到细腻的婴儿、儿童服装等。灯芯绒是一种男女老幼,四季皆宜的理想服装面料。

(3)绒布。绒布通常是棉型坯布经拉绒工艺使布面形成紧密细软毛绒的织物,绒布一般用较细的经纱和较粗的纬纱织成,纬纱捻度较松,纬密大于经密,经拉毛起绒处理,使纬纱纤维尾端拉出,在织物表面形成蓬松的绒毛,即成绒布。

绒布按起绒面分为单面绒布和双面绒布;按坯布组织结构分为平纹绒布、斜纹绒布、哔叽绒布、提花绒布和凹凸绒布;按织物厚度分为厚绒(纬纱为58tex以上,宜作冬季衬衣和装饰用)和薄绒(纬纱为58tex以下,宜作睡衣、内衣等);按色彩形成方法分为漂白、什色、印花及色织绒布等。

绒布绒毛蓬松而平整,绒毛空气量增加,保暖性较强,富有弹性,穿着柔软舒适,特别适合作为冬季的睡衣衫裤面料。色织绒布是朴素自然风格的衬衣、外套的理想面料。印有动物、花卉、童话形象图案的绒布,又称"蓓蓓绒",是制作童装的理想面料。

起绒织物在洗涤时应注意,不宜强搓硬刷以防绒毛脱落。熨烫时,应垫水布或在反面熨烫,熨烫后用毛刷将绒毛刷顺。

7. 花色类　花色类产品泛指提花织物或经过特别处理的棉织物品种,多呈现独特的外观风格。

(1)提花布。提花布是由组织形成织纹图案的棉织物,有白织和色织之分。提花布按图案大小分为大提花和小提花两种,如图 5-11、图 5-12 所示。大提花织物用提花机织造,花型大,图案有花卉、龙凤、动物、山水、人物等。在织物的全幅中有独花、双花、四花或更多的相同花纹。经纱循环数从几百根到几千根以上。小提花图案多为点子花或小型几何图案。用多臂机织造时,由于受机械的限制,织成的花纹较为简单。

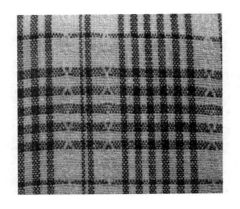

图 5-11　纯棉小提花织物

图 5-12　纯棉大提花织物

提花布根据不同的品种特征可提供不同的用途。一般大提花布用于装饰材料的较多。提花府绸、提花麻纱、提花线呢则多用于服装。

(2)毛蓝布。毛蓝布是我国的传统织物,在国际上享有较高的声誉。毛蓝布一般用 20 英支左右的纱织造而成,不经烧毛,用靛蓝染料染色,色泽大方,色牢度好。成品幅宽为 40～91cm,其中幅宽 40cm 的采用手工织造的坯布,是国际市场上的畅销品种。

毛蓝布的布面较粗糙,有部分杂质,初次洗涤时有少量掉色,但越洗色彩越艳丽,并保持色彩均匀不花。毛蓝布耐磨经穿,配以适当的服装款式,可以给人以古朴、典雅之感。

(3)网眼布。网眼布是有网眼形小孔的棉织物,有白织和色织,有多臂织也有大提花织,织物图案繁简不同。网眼布一般采用较细的纱,也有用纱和线交织的,可使布面花型更加突出,增强外观效应。

网眼布有纱罗组织和透孔组织两种。用绞经法织制的织物,布面网眼清晰,结构稳定,称为纱罗。透孔组织是利用重平组织和平纹组织联合而形成的,织出布面有小孔的织物,生产比较简单,但网眼结构不稳定,容易移动,故称假纱罗。

网眼布透气性好,经漂染加工后,布身挺爽,特别适宜于夏季服装。网眼布除全棉面料以外,也有棉混纺和纯化纤原料的织物。

（4）烂花布。烂花布是表面具有半透明花型图案的轻薄棉混纺织物。烂花布通常用涤纶长丝为芯线，外包棉纤维包芯纱，织成织物后用酸剂制糊印花，经烘干、蒸化，使印着部分的棉纤维水解烂去，再经水洗呈现出只有涤纶的半透明花型。在加工过程中还可以结合印花工艺，生产出多种风格和花型层次的烂花布。

烂花布的坯布除了涤/棉之外，还有涤/黏、涤/醋酯、涤/麻等包芯纱的织物。

烂花布具有良好的透气性，尺寸稳定，挺括坚牢，快干免烫，有较强的装饰性，常作为装饰面料，也作为衬衣、裙装等装饰性较强的女装面料。还可经刺绣、抽纱等加工工艺，使产品更显高贵、美观。

第二节　毛型织物及其特性

毛织物是以天然动物毛为原料纺织而成的织物，毛织物也称呢绒面料，一般指羊毛产品。此外，还有以羊绒、兔毛、驼绒等为原料制成的织物，或羊毛与其他动物毛以及化纤混纺或交织的织物。

纯毛织物光泽自然柔和，手感柔软、滑糯而有弹性，品质较好者表面具有天然兽皮的膘光感，且具有挺括、抗皱、保暖性好、高雅舒适、色泽纯正、耐磨经穿、滑爽细腻（精纺）或丰满厚实（粗纺）等优点。毛织物是适用于四季服装的高档服装面料。山羊绒质地轻盈又十分保暖，手感比羊毛织物更柔软滑糯，富有弹性。兔毛织物轻柔、顺滑、松软、保暖，但易落毛。马海毛织物光泽好，强度和耐磨性都很好，不易缩绒。

一、毛织物的服用性能特点

（1）动物毛纤维导热性小，天然卷曲，蓬松，保暖性很好。

（2）吸湿性很强，且无潮湿感，穿着舒适。一般棉织物吸湿量达自重的10%时，即有潮湿感，而毛织物吸湿量达自重的20%～30%时，潮湿感尚不明显，因此不感觉阴冷，适合湿冷环境穿着，干爽温暖。

（3）染色性优良，色谱齐全，色彩柔和，且色牢度好，不易褪色，能长期保持色泽纯新。

（4）羊毛纤维强度较低，但由于断裂伸长率高，属低强高伸型，所以羊毛织物耐用性好于棉、麻织物。

（5）弹性恢复率高，抗皱能力好，手感柔和、挺括而有弹性。

（6）较大的伸长率和较高的弹性恢复率，使得羊毛织物耐磨性较好。若洗涤、保管得当，则久穿如新。

（7）耐热性一般，中温熨烫，最好铺垫湿布。

（8）耐日光性较好，但不宜暴晒，因阳光中紫外线对毛纤维不利。

（9）可塑性好，易于成型。经湿热定形后，保形性很好。

（10）不具备自然免烫性，洗后需熨烫整理才能恢复平整。一般纯羊毛织物缩水率为3.5%

~4%。

（11）毛织物独具缩绒性。在水、力以及热的作用下,毛纤维具有相互纠缠而发生毡缩的特性。有效的缩绒整理,可使毛织物丰满致密,提高保暖性。但毛织物服装洗涤时应防止缩绒,因为缩绒导致尺寸缩小,厚度增加,弹性降低,手感僵硬,表面原有的纹路模糊不清,严重时使服装无法穿着。缩绒是动物毛纤维特有的性能,因此毛织物服装最好干洗或轻揉手洗。经过防缩绒整理后,毛织物不缩绒或缩绒性减小。

（12）耐碱性不好,经常使用碱性洗涤剂会影响毛织物的品质和手感,因此最好使用中性洗涤剂。

（13）易虫蛀,收放时需防蛀。

二、毛织物的常见品种及应用

毛织物按生产工艺及商业习惯分精纺毛织物、粗纺毛织物、长毛绒、驼绒四大类;按染色情况分为条染毛织物(纺纱前毛条染色)、线染毛织物(织造前纱线染色)、匹染毛织物(织造后呢坯染色);按色彩搭配不同分为素色呢绒、混色呢绒、花色呢绒和印花呢绒等。

常见毛织物按精纺、粗纺、长毛绒和驼绒四大类介绍如下:

1. 精纺呢绒　精纺呢绒是由精梳毛纱织造而成,所以又称精梳呢绒。所用原料品质高,纤维长度一般在60mm以上,经精梳后进一步去除了短纤维和杂质,因而纤维较长而细,整齐度好,成纱细度为10~34tex(100~30公支),甚至更细。经纬纱以股线为主,平方米克量约为100~380g/m²,质地紧密,呢面平整光洁,织纹清晰,色泽纯正柔和,手感丰满滑糯、挺括而富有弹性,耐磨耐用,适宜制作春、秋、冬以及夏季服装。其发展趋向是不断开发更加轻薄凉爽的夏季衣料和柔软细腻的内衣羊毛织物。精纺呢绒常见品种如下:

（1）华达呢。华达呢如图5-13所示,是精纺呢绒的主要产品,用细羊毛精梳加工成双股线织造的斜纹织物。其特点为:呢面光洁平整,有清晰的右斜纹路,倾斜角为60°。呢身厚实紧密,手感滑润,富有弹性,具有柔和的光泽。华达呢可用于制作制服、军服、中山服、西服套装等。华达呢在穿着过程中,肘、膝、臀等经常摩擦的部位易起光,影响服装外观。

（2）哔叽。哔叽如图5-14所示,为斜纹组织,正面有右向斜纹,倾斜角为50°左右。哔叽用的毛纱较细,经纬密度接近,纹路不够明显,纹路间距较华达呢宽,织面上可看到纬线,而华达呢的纬线因经密大多隐藏在经线下面。布面光泽柔和,手感润滑,有弹性,纱支条干均匀,美观大方,身骨比华达呢松糯,纹路不够清晰。哔叽适合作为男女西装、套装、裙子等春、秋服装的面料。

（3）哈味呢。哈味呢如图5-15所示,又称春秋呢,是用混色毛条纺成的纱线(称条染混色纱)为原料织成的斜纹组织,属于色织产品。因其纱线是用品质较高的细羊毛所纺,故呢面平整,光泽自然,柔软富有弹性,手感温暖,外观有均匀的夹花风格。哈味呢与哔叽类似,只是在色泽及呢面上有区别:哈味呢为混色,哔叽为单色;哈味呢为毛面,哔叽为光面。哈味呢适合作为男女西装、套装、裙料,是春、秋季服装的高档面料。

图 5 – 13 纯毛华达呢

图 5 – 14 纯毛哔叽

（4）凡立丁。凡立丁如图 5 – 16 所示，凡立丁是一种高档轻且薄的精梳平纹毛织物。经、纬密度较稀，是精纺呢绒中密度最小的一种，组织结构较疏松，一般为素色，也有少数花式品种，如条子、格子、隐条、隐格、纱罗、印花凡立丁等。特点：呢面光洁平整，织纹清晰，光泽自然，手感柔和并富有弹性。适合制作夏季男女套装、裙装等。

图 5 – 15 纯毛啥味呢

图 5 – 16 凡立丁

（5）派力司。派力司属色织平纹组织，也是精纺呢绒中最轻薄的品种。采用品质较好的羊毛作为原料，也是一种条染混色纱产品。特点：质地轻而薄，身骨柔软有弹性，手感滑爽，外观具独特的风格，呢面有以纵向为主相互交错的细密混色条纹，称为雨丝条。适合制作夏季男女西装、套装、中山装、裤装等。

派力司与凡立丁外观的主要区别：凡立丁大多为素色，呢面色泽匀净，光泽度好，结构较稀疏；派力司多为混色，呢面有纵向分布、隐约可见的混色条纹，结构较紧密。派力司牢度不如凡立丁。

（6）贡呢。贡呢又称礼服呢，如图 5 – 17 所示，是精纺呢绒中较高档的面料，采用高级细羊毛为原料。贡呢有直贡呢和横贡呢之分。

　　贡呢是精纺呢绒中密度较大的品种,属变化斜纹组织。其特点是:表面光滑,光泽明亮,手感柔软,富有弹性。直贡呢与横贡呢的主要区别是斜纹的角度不同:直贡呢斜纹角度约75°,横贡呢斜纹角度约15°。贡呢的配色多为黑色、青灰、深咖啡、深米色,常用于大衣、礼服等。

图 5 - 17　纯毛直贡呢

图 5 - 18　纯毛马裤呢

　　(7)马裤呢。马裤呢如图 5 - 18 所示常用来制作骑马狩猎时穿的裤子,故称马裤呢。采用急斜纹组织。呢面具有突出斜纹,纹路粗壮,纹路间距大,倾斜角大,约为75°,质地厚实,富有弹性。适宜制作军服、大衣、裤料及猎装等。

　　(8)巧克丁。巧克丁采用较好、较细的羊毛作为原料,表面也为急斜纹组织,斜纹多为双条或三条并列。斜条之间有凹下去的条纹,但凹下的深度不等,呢面光滑平挺,反面平坦无纹路,手感滑润有弹性。色泽以藏青、军绿色为多。适合制作男女外衣、大衣、裤料等。

　　(9)女衣呢。经、纬采用精梳双股纱或经双股、纬单纱的精纺呢绒品种,如图 5 - 19 所示。多用平纹组织及斜纹组织,组织变化较复杂,织成各种细致的图案与花纹,颜色多种多样。有呢坯匹染和毛纱染色两大类。特点:花纹清晰,色泽艳丽,配合和谐,手感柔软而富有弹性,纱线条干均匀,织疵少,美观大方。适宜制作女式流行服装及夏季裙料。

　　(10)麦司林。精纺呢绒中一种独特的品种。经、纬纱均采用单纱,大多为平纹,也有少数为斜纹组织,织物密度小。特点:质地轻薄疏松,手感柔糯而富有弹性,不易折皱,表面有一层细短绒毛,不易沾污。适宜制作妇女衬衫、裙料。

　　(11)花呢。精纺呢绒中变化最大、花色品种最多的一类。可按组织结构、染色方式、面料的厚薄、织造工艺、所用原料、外观形态等分类。花呢织物,如图 5 - 20 所示呢面细洁、平整,光滑、挺括,手感丰润而弹性好,花纹清晰,色泽鲜艳。适合制作男女西装、套装或其他服装。

　　薄花呢是花呢中的轻薄制品,色泽以浅色为主。纱线线密度较低,捻度较大。采用合股毛线作经、纬,以平纹组织居多。特点:呢面细洁,花纹清晰,光泽自然,色彩文雅。手感滑糯且弹性好,适宜制作男女西装、套装、裙料。成衣穿着舒适爽挺,透气性好。

图 5 – 19　纯毛女衣呢

图 5 – 20　纯毛花呢

中厚花呢比薄花呢厚重,纱线线密度较高,一股为斜纹或斜纹变化组织。特点:色泽鲜艳、呢面光洁滑润,富有弹性。适宜制作男女春秋季服装、西装、裙子等。

厚花呢一般以优质羊毛作为原料,大多属斜纹变化组织,纱线线密度较高。特点:呢身厚实、挺括,富有弹性。手感丰润,呢面光泽柔和,适宜制作春、秋季西装及外套。

(12)海力蒙。海力蒙属于花呢的一个品种,采用双股线作为经、纬纱,以人字破斜纹组织织造。呢面斜纹呈山形、人字形花纹,花纹宽度为 0.5～2cm。正、反面花纹相同,以呢面光洁度区分正、反面。面料厚实紧密,光泽柔和,花型典雅大方。适宜制作女上装、西裤等。

(13)板司呢。板司呢是花呢的代表产品,以双股线作经、纬纱,平纹组织织造。呢面具独特花型风格,呈细格花纹或阶梯形花纹。有经、纬同色或异色,对比色间隔排列。毛纱较粗,身骨较厚,手感较粗糙。织品以毛染混色品种较多。适宜中青年春秋季西装、裤子等。

(14)牙签呢。牙签呢属条染精梳织物。采用斜纹变化组织、双层组织。呢面呈凹凸的条形,正、反面花纹不同。经浮点较多,浮线较长。织物花色稳重,色泽自然、柔和、协调,手感丰满、细腻美观,富有弹性,是花呢中具有特色的高档品种。适合制作男女西装。

(15)凉爽呢。花呢中轻薄型产品,又称毛的确良,以毛纤维 45% 、涤纶 55% 或各 50% 的混纺比例织成。织物手感刚中带柔、挺括、抗皱性好,防缩,散热快,吸湿性好,穿着凉爽舒适,属适宜夏季穿着的薄型织物。

2. 粗纺呢绒　粗纺呢绒是用粗纺毛纱织造,又称粗梳呢绒。所用纱线密度高,原料品级范围广,粗细长短差异大,从高贵的山羊绒、马海毛、驼绒到精梳落毛和最低廉的再生毛。所用纤维长度较短,一般在 20～60mm 之间,纺纱工艺流程短,毛纤维经粗梳、分条后就可纺成毛纱,所以成纱细度一般为 63～167tex(16～6 公支),厚重者可达 500tex(2 公支),高档轻薄者则只有 50tex(20 公支),经纬以单纱为主。毛纱内部纤维排列不够整齐,条干均匀度差。通常,经过缩绒和起毛工艺使呢面覆盖一层致密或丰满的绒毛,绒面和呢面织物不露纹底,结构紧密,这样增强呢绒外观的美感和织物的厚度及坚牢度。也有未经缩绒的纹面织物,突出织纹和配色,结构大多较疏松。粗纺毛织物质地厚实,手感丰满,身骨挺实,保暖性好。粗纺呢绒较厚实,平方米

克重约为 $180 \sim 840 \mathrm{g/m^2}$,适用于制作春秋冬季外衣,特别是冬季大衣、外套。随着冬季面料向轻而暖趋势的发展,粗纺毛织物中有不少厚重型品种已渐渐退出时装舞台。

粗纺呢绒种类较多,以素色为主。按照织物表面特点的不同,分为呢面、绒面和纹面三类。呢面产品手感丰满,质地紧密厚实;绒面产品有毛绒覆盖,织纹不外露,保暖性强;纹面产品多采用色织,风格粗犷,花色丰富。粗纺呢绒的主要品种如下:

(1)麦尔登。采用较细的羊毛为原料,用斜纹或平纹组织织造。经缩绒整理,呢面呈现出细密平整的绒毛。特点:呢面丰满,细洁平整,不露底,色光鲜艳,有膘光;身骨紧密而挺实,有弹性,表面不起球。色泽以藏青、元色、咖啡色为主。适宜制作中山装、冬季大衣等。

(2)海军呢。外观与麦尔登相似,质量仅次于麦尔登。原料以一、二级毛为主,混有部分精梳短毛。特点:质地紧密,呢面丰满平整,手感挺实,有弹性;色光鲜艳,小露底,耐磨性好,基本不起球,大多染成军绿色或深灰色。多用于制作海军服、职业服等。

(3)制服呢。采用较低档的三、四级毛并混用部分短毛或再生毛,经、纬纱用单纱。特点:呢面粗糙,色光较差。质地比麦尔登呢、海军呢松软,表面略有露纹,隐约可见底纹。夹有少量染色性较差的粗腔毛。但织物厚实,保暖性好,以藏青、灰色为主。缺点:经摩擦会出现落毛、露底现象。一般适宜制作上装。

(4)拷花大衣呢。以优质羊毛为原料,采用变化斜纹的纬二重组织织成。以纬纱起绒,利用织纹和整理工艺制成人字形或波浪形凹凸花纹。特点:立体感强,绒毛柔顺,能够显露织物组织,质地厚实,保暖性强。

拷花大衣呢分为立绒拷花大衣呢和顺毛拷花大衣呢两种。立绒拷花大衣呢纹路清晰而均匀,有立体感,手感丰满厚实,富有弹性。顺毛拷花大衣呢绒毛略长,排列整齐而紧密,纹路不明显但不模糊。有立体感,手感丰满厚实,富有弹性。拷花大衣呢是制作高档大衣的理想面料。

(5)银枪大衣呢。银枪大衣呢是混纺呢绒中较高档的品种。特点:外观乌黑丰满,在乌黑的绒面上显现均匀光亮的银白色枪毛(银白色枪毛是在黑色毛条中掺入的马海毛),呢面手感滑润,质地厚实,弹性好,保暖性强。适宜制作高档大衣。由于马海毛价格高,产量少,目前已用涤纶、锦纶或腈纶的异形丝作为枪毛。

(6)法兰绒。法兰绒为粗纺呢绒中条染混色的缩绒品种,是将一部分羊毛染色后掺入另一部分原色羊毛,均匀混合,再纺成混色毛纱后织成的织品。特点:呢面绒毛丰满细洁,混色均匀,不起球,手感柔软,弹性较好,保暖性好。适合制作春秋季各式服装。

法兰绒有全毛织物和混纺织物。混纺织物中二级毛和精梳短毛占65%,化学纤维占35%。为了提高织物耐磨性,有时也混入少部分锦纶。如掺入的短细毛数量较多时,呢面易起球。

(7)粗花呢。粗花呢是粗纺呢绒中花色规格较多的一类。常用两种或两种以上的色纱合股。采用平纹、斜纹或各种变化组织而织成的各类产品。大多以 $1 \sim 3$ 级羊毛或混入化学纤维混纺而织成。特点:粗花呢有混色、夹花、显点等丰富花纹,质地粗厚,结实耐用,保暖性好。适宜制作男女春秋冬季服装。

(8)海力斯。原为产于英国海力斯岛的一种手工纺制的产品,织纹粗犷,结构较疏松。属于粗花呢中的大众化品种,花型有人字和格子等。织物经缩绒起毛,两面有绒,密度较稀,织物底纹外露,绒毛较长而稀疏,手感较挺实粗糙。适宜制作春秋季的两用衫、童装、夹大衣等。

（9）女式呢。粗纺呢绒中的高级织物,专门用于女装,品种较多。按原料分为全毛和混纺两种;按呢面外观特征分为:平素女式呢、立绒女式呢、顺毛女式呢、松结构女式呢等。特点:呢身较厚,色泽鲜艳,手感柔软,保暖性好,外观风格多样。适宜制作妇女秋冬服装。

（10）钢花呢。钢花呢又称霍姆斯本,是粗花呢中的一个代表品种。呢面上散布鲜艳彩点,好像炼钢炉中喷射出来的钢花一样,故称钢花呢。其底纹一般为清晰的人字形花纹,呢面上散布着长短不一的粗节或大小不同的彩点,再用金银丝线镶嵌,更衬托出呢面上五彩缤纷的星星点点。用彩色纱交织,更增加面料的色彩。织物素雅悦目,素净大方。适宜制作春秋季大衣,两用衫等。

（11）大众呢。利用精梳下脚短毛或再生毛、化学纤维混纺而成,是价廉物美、经济实惠的大众化品种。特点:呢面外观平整细洁,绒毛均匀丰满,基本不起球,半露底纹,手感紧密。但呢面外观与所选用的原料有密切关系,如选用短毛量过多,则穿用后易起球、落毛、露底。大众呢适合制作男女上装、学生装等。

3. 长毛绒　长毛绒也称"海虎绒"或"海勃龙",是一种经纱起毛的长立绒织物。先染纱后织造,采用两组经纱与一组纬纱织造而成。一组经纱是精梳毛纱或羊毛与人造毛混纺纱作绒经,构成织品的绒毛。另一组经纱是用棉纱作地经,与棉纬纱交织成织品的底背。采用双层组织织成坯后,经割绒成为两幅单层绒坯,再经梳理（刷毛）、剪毛、蒸刷等整理工艺,使绒毛柔软、挺立、平齐,即成长毛绒。特点:绒面平整,具较长丰满挺立的绒毛,手感丰厚柔软、蓬松、富有弹性,质地厚实,色泽鲜艳,保暖性好,外观风格独特。品种有素色、夹花、印花、提花等。颜色以咖啡、驼色居多。适宜制作冬季女装、童装、衣里、衣领、帽子等。此外,还有沙发、玩具及工业用长毛绒。有素色、夹色、印花和花式绒等品种。

长毛绒按用途来分,有衣面绒和衣里绒两种。衣面绒主要用于服装面料。它要求毛丛高（一般为9mm）,绒毛平整挺立,毛丛稠密坚挺,手感柔软,光泽好,保暖性强。衣面绒的花色品种较多,有素色长毛绒（如咖啡、上青、元、浅灰、米黄等）,有混色毛纱织成的夹花长毛绒,有色纱排列织成的条子长毛绒,有在绒面上印成各种兽皮花纹的仿兽皮长毛绒（如仿虎皮、仿豹皮、仿狐皮等）,还有在素色绒面上剪出高低花纹的拷花长毛绒等。这种绒料适宜做女式大衣、帽子、手套、童装等。

衣里绒是做大衣里料用的。原料要求较低,与衣面绒比较,毛丛密度稀,绒面平整度稍差,毛丛高度约9～13mm,保暖性能较好。使用的原料除棉毛交织外,也有以化纤为原料的衣里绒。

4. 驼绒　驼绒并非用骆驼绒织成,而是因最早织物大多染成驼色而得名。驼绒是针织拉绒产品,用棉纱采用纬编或经编编织成地布,以粗纺毛纱、毛黏混纺纱或腈纶纱织成绒面,经拉毛起绒等加工工序而制成丰满的毛绒。特点:驼绒质地柔软,手感厚实,绒面丰满,色泽鲜艳,保暖轻便,富有弹性,穿着舒适。主要用于冬装、童装的面料和衣服衬里。但经、纬向受力后易变形,经向延伸可达30%～40%,纬向延伸可达60%～85%。在裁剪时要注意不可强拉硬绷,在裁床上要随势平推进行量裁。裁剪时还应注意绒毛倒顺,以免影响成衣美观。驼绒有美素驼绒、花素驼绒、条子驼绒等。

　　美素驼绒选用的原料为三、四级羊毛,绒面是羊毛,由一根毛纱与四根棉纱交织(俗称四抱一)。驼绒坯布呈圆筒形状,经剖割成平幅绒坯后,再经染色、拉毛、整理等工序加工制成。织物含羊毛50%左右。主要用于棉衣夹里、童装、鞋帽、手套里等。

　　花素驼绒是混纺织物,它的织法与美素驼绒相同。原料为四级毛和再生毛,并加入20%~30%黏胶纱。在纺纱前,先将部分羊毛染色,然后与原色黏纤混合纺纱,作为起毛纱,织成的绒坯经割毛、拉毛整理后,绒面散布着均匀的白色黏胶纤维,犹如雪花,呈现出夹花的风格。织品羊毛含量在50%以下,质量略低于美素驼绒。

　　条子驼绒由经编针织机织成,绒坯呈平幅状。它采用三、四级毛纺成毛纱,再染成各种鲜艳的颜色(如与黏纤混纺,就称为毛/黏条子驼绒)。编织时,经纱用彩色毛纱按一定距离间隔排列,织成五彩缤纷的条子驼绒坯,再经拉毛起绒整理而成为色彩鲜艳的彩色条子驼绒。由于是经编产品,绒坯呈平幅状,幅边整齐光洁,品质较好。为了扩大条子驼绒的花色品种,可采用不同毛纱织成各种纵向间隔的条形花纹,如水浪形、菱形、格形等各种花纹。

第三节　丝型织物及其特性

　　丝织物又称丝绸,是以真丝(天然蚕丝)为原料织造的织物,故其薄如纱,华如锦。其产品手感柔软、滑爽、轻薄、悬垂、飘逸,外观华美,吸湿良好,色泽鲜明、自然、柔美,以极高的艺术性和良好的服用性能而著称。丝绸是中国古代文明的象征,在殷代甲骨文中,已有桑、蚕、丝、帛的字样,周代已有反映桑蚕丝绸生产的诗歌。据《诗经》、《礼仪》等古籍记载,商国时代已有罗、绫、纨、纱、绉、绮、锦等丝织物,纹样不仅有传统的菱形、杯形几何纹,还有动物图案。隋唐时代,丝绸发展达到极盛,其种类繁多、组织花纹复杂,图案纹样丰富,织造技术精良,染料与印染技术也大有进步。

　　丝织物高贵华丽,品种极其丰富。有的薄如蝉翼,有的丰润柔滑,也有的肌理似浮雕、似流托、似云雾,工艺复杂精湛。丝织物除以蚕丝织造外,可与其他长丝或短纤维纱交织,还可使用化纤长丝织制。因此,从广义而言,凡是以天然或化学长丝为原料的织物均称为丝型织物。

一、丝织物的服用性能特点

(一)桑蚕丝织物(真丝织物)

(1)染色性能好,色彩鲜艳纯正,色谱齐全。

(2)吸湿性好,穿着透气、舒适,是高档的内衣和夏装面料。

(3)有良好的弹性,低于羊毛织物,高于棉、麻织物,抗皱性较好。

(4)不具备自然免烫性,洗后需熨烫整理以恢复平整。

(5)缩水率较大,在5%~12%左右,有的品种会更高,需预缩或进行防缩整理。

（6）桑蚕丝纤维强度较好，高于羊毛纤维。桑蚕丝绸大多较稀薄，对强度有影响。

（7）耐日光性不佳，阳光中的紫外线对蚕丝有较强的破坏性，使其脆化。因此，暴晒会使蚕丝织物强力和弹性下降，深色者褪色，浅色者泛黄。

（8）耐热性较好，但温度过高会发生变色、炭化。

（9）耐碱性很差，遇碱质地和光泽变差，应使用中性的丝毛洗涤剂。

（10）会发生虫蛀，收放时需防蛀。

（二）柞蚕丝织物

（1）吸湿性和透气性好，穿着舒适。

（2）强度高，仅低于麻纤维，且湿水后强度增大。

（3）弹性、抗皱性一般，不如桑蚕丝绸，无自然免烫性。

（4）耐日光性较差，晒后织物发脆、发涩，故不宜暴晒。

（5）湿润后发涩、变硬。

（6）溅上水滴（清洁无色）干燥后会出现水渍，全部浸入水中，晾干后可消失，因此不可喷水熨烫。

二、丝织物的常见品种及应用

（一）按原料分类

1. 桑蚕丝绸 以100%桑蚕丝为原料的丝织物，也称真丝绸，如真丝双绉、真丝软缎、真丝杭罗等。

2. 柞丝绸 以100%柞蚕丝为原料的丝织物，如柞丝电力纺、疙瘩绸、鸭江绸等。

3. 绢丝绸 以绢纺丝为原料的丝织物，如绢丝纺、桑绢纺、柞绢纺等。

4. 人造丝绸 以黏胶人造丝为原料的丝织物，如美丽绸、古香缎、新华葛等。

5. 桑丝交织丝绸 分别以蚕丝与其他长丝或短纤维纱做经纬，或蚕丝与其他长丝在经向或纬向交替织入的丝织物。如织锦缎、交织软缎是真丝与人造丝的交织品。

6. 交织丝绸 以不同种类的长丝做经纬，或分别以长丝和短纤维纱做经纬织成的丝织物。如线绨、文尚葛是人造丝与棉纱的交织品。

（二）按外观花色分类

1. 素色丝绸 经染色加工而成的单一颜色的丝绸。

2. 印花丝绸 经印花加工得到的丝绸，表面印有花纹图案。

3. 织花丝绸 经、纬丝经练、染后采用提花组织织出花型图案的丝织物，有单色也有多色。

4. 织花加印花丝绸 先采用提花组织织出花型图案，再进行印花加工得到的丝绸，表面花纹图案精致而有层次。

（三）按染整加工分类

1. 生织丝绸 先织制后练、染的丝织物。生织绸坯需经练漂、印染、整理方为丝绸成品。

2. 熟织丝绸 经、纬丝经练漂、染色后再进行织造的丝织物。熟织产品可直接或经一定整理作为成品丝绸使用。

（四）按综合分类

按照丝织物的组织结构、生产工艺及外观特征可综合分为十四大类：纺、绫、缎、绉、绡、绢、绒、绸、纱、罗、锦、绨、葛、呢，每一大类中有许多具体品种。

1. 绸类　绸类织物是一种采用基本组织或变化组织，质地紧密，表面平整光洁的丝织物，其中平纹占多数。绸可分为生（白）织和熟（色）织，又可分为不提花的素绸和提花的花绸。

绸类产品按照所用原料，除了采用桑蚕长丝、柞蚕丝外，还有用绢纺纱织的绵绸，以及用涤纶长丝的涤丝绸等。常见品种有塔夫绸、双宫绸、绵绸、美丽绸等。

（1）塔夫绸。塔夫绸多数以生丝为原料，采用平纹组织织成，是丝织物中高档品种。有素塔夫绸、格塔夫绸、花塔夫绸等多种。素塔夫绸是桑蚕丝复捻熟经与单捻熟纬织造的熟丝产品。闪光塔夫绸经纬丝色泽不同，一般采用深色经，以浅色或白色纬为多。格塔夫绸是经纬都配用深浅两色或以色丝、白丝配合的产品。花塔夫绸是在平纹地上提出缎纹经花。

塔夫绸结构紧密，绸面光滑，平挺美观，光泽好，但折叠或重压时易起折痕且痕迹不易烫平。因此，成匹塔夫绸为了保持平整，都采用卷筒式包装。塔夫绸可用作春夏季服装及羽绒被套。

（2）花线春。花线春俗称大绸，是平纹组织的纯桑蚕丝织物。织物表面提小花，经纬均为蚕丝，或丝经与绢纬交织。目前以绢纬花线春为多。花线春的外观特点是平纹满地小提花，绸面呈现规则的点状图案，花纹朴实，质地厚实坚韧，正面起亮花，反面花色稍暗。花线春可用于春秋服装。

（3）绵绸。绵绸是用缫丝和丝织过程中所产生的屑丝、废丝等为原料，经加工后纺成的绢纱织造的产品。绸面杂质较多，条干粗细不匀，以平纹组织为主。绵绸的特点是质地厚实坚牢，富有弹性，但绸面不平整，天然光泽差，手感粗糙。绵绸有本白、素色和印花等不同品种。绵绸服装经多次洗涤后，屑点自然渐渐脱落，较原来光洁。绵绸可用作上衣、裙子等服装面料。

（4）双宫绸。双宫绸是纬丝采用双宫丝的品种，均为平纹组织，又分为生织和熟织两种。生织双宫绸，经向用桑蚕生丝，纬向用两根桑蚕双宫丝织造。熟织双宫绸，经向用熟丝作色经，纬向用2根或3根双宫丝进行色织。熟织双宫绸有条子、格子、素色等品种。其外观特点是：经细纬粗，纬向呈现雪花状疙瘩外观，绸面不平整，手感比较粗糙。由于经纬粗细差异较大，容易造成"披丝"，使用时必须加以注意。双宫绸适用于春夏服装。

2. 纺类　纺是质地轻薄，布面细洁的平纹丝织物，因与绸近似故又称纺绸。一般为生织后再经煮练、漂白、染色或印花的素、花织物，以素色为主，条、格产品较少。

纺类常见品种有电力纺、杭纺、绢丝纺、富春纺、麦浪纺和华春纺等。

（1）电力纺。电力纺俗称纺绸，因最早用手织机织造，后改用电力织机织造，故称电力纺。电力纺是桑蚕丝平经平纬的生丝素织产品，织后再经练染整理，在组织结构上无正反面区别，有原白、漂白、什色等品种。电力纺由于原料采用高档生丝，所以绸身不仅轻薄柔软，而且光滑平整、绸身紧密、平挺爽滑，较一般绸类飘逸，绸面比纱类细密，光泽洁白柔和，富有桑蚕丝织物的独有特点。电力纺除可作服装面料，还可作服装里料等。

（2）杭纺。以浙江杭州为主要产地，此外，还有绍纺（绍兴产）、湖纺（湖州产）等品种。杭纺以3股桑蚕生丝为原料，采用平纹组织。杭纺绸面光洁平整，质地坚牢耐用，有漂白和染色两种，是大众品种之一，适于制作夏季男女衬衣和裤料。

（3）绢纱纺。一般以双股绢纱作为原料,采用平纹组织织成。它的外观平挺,绸身垂重,质地坚韧牢固。但因用短丝纺制,绸面可见细微毛羽。绢纱纺本色淡黄,可染色和印花。另有色织的彩条、彩格产品。绢纱纺适于制作夏装。

（4）尼丝纺。经纬纱采用尼龙以平纹组织织造。有增白、染色、印花、涂层等几种产品,经热处理后质地平挺、光滑、坚牢耐磨、不缩水、易洗涤。产品除可以做服装材料外,还可以做提包、被面、绣花枕套、台布、晴雨伞等。

3. 锦类　锦类丝织物是我国传统的彩色（三色以上）提花丝织物,历史悠久,花色繁多,绚丽悦目,具有很强的艺术性和民族特色。代表品种有云锦、宋锦、蜀锦、壮锦等。除了我国传统的四大名锦之外,研制于 1922 年的都锦生织锦,以其富丽华贵、色彩斑斓、鲜明的民族特色,成为近代织锦产品的代表。因此,我国织锦也有五大名锦之说。

（1）云锦。始于南北朝,盛于明清的云锦,是南京地区的著名织物。因锦纹瑰丽如彩云,故而得名。相传云锦已有 600 多年历史,云锦的传统品种有库缎、库锦和妆花三大类。

库缎是缎地上起本色花（单色）的丝织物。花纹分暗花和亮花两种,亮花纹明亮发光,暗花纹则平淡无光。

库锦是一种在缎地上以金线或银线织出各式花纹的丝织品,又称"织金"。由于库锦由金银丝线织成,故绸面金光闪烁,如再织进部分彩色线,金、银两色更是相互辉映,彩色线也被衬托得更加美丽。由于化学纤维工业的发展,今天的云锦也采用真丝、人造丝及金属线织造。

妆花又叫妆花缎,即在缎地（或罗地）上以各色彩绒织出花纹,并用片金绞织于花纹边缘,是云锦中最华丽的织品。经纬丝原料除采用桑蚕丝和金银线之外,也采用人造丝等化纤材料。

如图 5-21 所示,云锦是富有艺术性的装饰品,也是少数民族的服装和服饰用料。云锦在国际市场上享有很高的声誉。

（2）蜀锦。蜀锦如图 5-22 所示,兴起于汉代,因产于四川成都而得名。蜀锦在四大名锦中历史最为悠久。蜀锦是用熟丝织成的锦缎,经纬组织紧密,质地结实,纹样清晰,色彩绚丽悦目。早在西汉时期,蜀锦品种花色就很丰富,产量很大,行销全国。唐代蜀锦业更加兴旺,通过丝绸之路远销西方各国,并流传到日本,被日本称为"蜀江锦"。

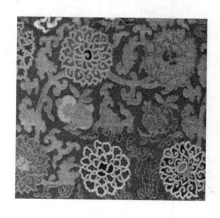

图 5-21　云锦

图 5-22　蜀锦

蜀锦(包括经锦和纬锦)常以经向彩条为基础,以彩条起彩、彩条添花为特色,织造时有独特的整经工艺。早期以多重经丝起花(经锦)为主,唐代以后品种日趋丰富,图案大多是团花、龟甲、格子、莲花、对禽、对兽、翔凤等。清代以后,蜀锦受江南织锦影响,又产生了月华锦、雨丝锦、方方锦、浣花锦等品种,尤以色晕彩条的雨丝、月华最具特色。归结来说蜀锦传统图案的构图大体可分为8类:流霞锦(月华三门锦)、雨丝锦、方方锦、条花锦、铺地锦、散花锦、浣花锦、民族锦等。其质地坚韧,色泽鲜艳。

(3)宋锦。中国传统的丝制工艺品之一。宋锦如图5-23所示,是在唐代织锦的基础上发展起来的,因宋代最为繁盛而得名(约公元11世纪),至今已有近千年的历史。产于苏州,故又称"苏州宋锦",主要是宋高宗南渡以后,为了满足当时宫廷服饰和书画装帧的需要,得到了极大的发展,并形成了独特的风格。主要品种分大锦、小锦、彩带等。具体有龟背纹、绣球纹、剑环纹、古钱纹、席地纹等,多以四方、朱雀、百吉为图案。宋锦配色淳朴,图案精致,纹样繁杂,富有浓郁的民族风格,被赋予中国"锦绣之冠",适用于装帧书画、碑帖等。

(4)壮锦。壮锦如图5-24所示,与云锦、蜀锦、宋锦并称中国四大名锦,据传起源于宋代,是广西民族的文化瑰宝。主要产地分布于广西靖西、忻城、宾阳等县,忻城县是广西壮锦的起源地之一,忻城壮锦曾经是广西壮锦中的精品,作为贡品晋献皇宫。壮锦以棉、麻线作地经、地纬平纹交织,用粗而无捻的真丝作彩纬织入起花,在织物正反面形成对称花纹,并将地组织完全覆盖,增加织物厚度。其色彩对比强烈,纹样多为菱形几何图案,结构严谨而富于变化,图案生动,色彩斑斓,具有浓艳、粗犷的艺术风格,体现了壮族人民对美好生活的追求与向往。用于制作衣裙、巾被、背包、围裙、台布等。传统沿用的纹样主要有二龙戏珠、回纹、水纹、云纹、花卉、动物等二十多种,近年来又出现了"桂林山水"、"民族大团结"等八十多种新图案,富有民族风格。

图5-23 宋锦

图5-24 壮锦

(5)都锦生织锦。产于浙江杭州,都锦生最初是人名,进而又为厂名,随后又特指一种丝绸工艺品。20世纪20年代初,浙江人都锦生在织锦工艺方面,从设计到织造均有创新。他根据风景特点,改用新的设计方法,采用三十多种画法,终于将风景的层次、远近、阴阳面都生动地表现出来,早在1926年的美国费城世界博览会上,就获得过金奖。他还继承了中国织锦的传统,把西湖风景和各地风光织造在丝织品上,形成自己的特色。都锦产品有丝织工艺品和绸缎两大类,花色品种达一千余种,如彩色锦绣"大富贵"等,销西方各国,并流传到日本,被日本称为"蜀江锦"。

4. 绉类 外观呈现各种不同绉纹的丝织物统称绉类。我国真丝绉的历史非常久远。绉类织物可分为薄、中、厚三种类型,其中最薄的品种,状似透明的蝉翼,被视为奇观。丝织物的起绉方法很多,如用捻向不同的强捻丝线在织物中交替排列经收缩起绉,或采用绉组织使织物具有绉纹外观;另外,也可采用两种收缩率不同的原料交替排列,交织后经整理成绉。绉多采用平纹组织,采用斜纹、缎纹组织的分别称为纹绉、缎背绉。目前,除了采用桑蚕丝为原料外,也采用柞蚕丝、涤纶丝、人造丝等不同原料。合成纤维的丝绉织物一般通过轧纹处理或利用原料的不同收缩性进行处理而形成绉纹效果。双绉、碧绉、乔其绉是绉类的代表品种。

绉类产品表面多有细密绉纹,因此光泽柔和,质地细腻,具有柔美风格,历来深受女性的喜爱。

(1)双绉。双绉系平纹组织织物,经丝采用无捻单丝或弱捻丝。纬丝用强捻丝,织造时2Z2S捻丝交替织入,故织物表面精练后起隐约的细致绉纹。质地轻柔、坚韧、富有弹性,穿着舒适、凉爽,透气性好,绸身比乔其纱重。缩水率较大,在10%左右。有素色和印花两种,素色无正反面的区别。主要用于夏装面料。

(2)碧绉。碧绉是平纹组织织物,有素织、织条、织格数种,以条碧绉、格碧绉为主。碧绉也是平经绉纬织物,碧绉和双绉的不同点是纬线的捻法不同。双绉是采用2Z2S捻向,碧绉则用单向强捻,故也称单绉。碧绉的特点是绸面起隐约细致的皱纹,质地柔软清爽,光泽和顺,坚韧耐穿。适用于夏装面料。

5. 缎类 缎是一种采用缎纹组织或以缎纹组织为地的丝织物。由于只有经纱或纬纱中一种呈现于织物表面,所以分别称为经面缎和纬面缎。缎织物外观平整光亮,质地细密而厚实。目前,缎类花色品种丰富,有素缎、花缎之分。此外,还有纬多重花缎,这种花缎色彩艳丽,纹样复杂,可称为锦,如织锦缎等。缎类织物的原料多采用桑蚕丝、人造丝以及化学纤维长丝等。

缎类产品以缎面外观为基本特色,可细分为素面缎织物和缎面提花两类。

(1)金玉缎。金玉缎是用桑蚕丝和人造丝交织的产品。织品成品有素色和双色两种。织物外观与织锦缎大体相似,不同的地方是织锦缎是彩色的(三色以上),而金玉缎大部分是纯色,最多也不超过两种颜色。

其特点是:绸面整洁,起光亮的缎纹花朵,色彩鲜艳,华丽大方,质地坚牢。宜制作秋、冬两季妇女、儿童服装。

(2)软缎。一般可分为素软缎、花软缎和人造丝软缎三种。

素软缎采用八枚经面缎纹组织织成。特点是:质地柔软,缎面平洁,背面呈细斜纹状,精练后可染色和印花,色彩鲜艳,瑰丽夺目。宜制作妇女服装、高级衣里、被面、戏剧服装、童帽等。缺点是缎面经丝浮出过长,容易起毛,不宜常洗,不能重压,以免形成折皱而影响外观。

花软缎是由真丝经与有光人造丝纬交织的提花缎织物。织后经练染,由于蚕丝与人造丝对染料的亲和力不同,花与地呈现两种不同的色彩。花软缎是以八枚经面缎纹为基础组织的一组经与二组纬交织的纬二重织物。特点是:色泽鲜艳,略有立体感,质地柔软,缎面光亮,美观大方,缎面上有大小不同的各类花型。多用来做妇女、儿童服装及民族服装。

人造丝软缎的经、纬丝全采用人造丝。特点是:绸身较重,质地厚实,缎面较素软缎更为平滑光亮。手感稍硬,织品分素织和花织两种。素织可供染色或印花之用,这种软缎主要用于戏装、锦旗、帷幕、儿童服装、服装衬里等。

(3)绉缎。经丝采用桑蚕丝不加捻,纬丝用桑蚕丝强捻,是经丝不起绉而纬丝起绉的缎类织物。特点是:缎面平整柔滑,质地坚韧紧密,有较好的弹性。沿纬向有隐约的波浪形细绉纹。反面是经面缎纹,外表看来,反面酷似正面。绉缎以素织为主,也有花织的花绉缎。此面料耐磨性差,缩水率约为5%左右,不宜多洗。特别是花织绉缎经多次洗涤揉搓后,绸面缎纹花易起毛,影响美观。适合制作秋冬季妇女棉衣、夹衣面料。

(4)九霞缎。九霞缎是指平经绉纬的纯桑蚕丝提花织物。其提花是在具有绉纹效应的纬面缎地上提织出不同花纹图案。因为地组织为绉型,光泽较暗淡,所以花纹就显得格外鲜艳明亮、光彩夺目,故称"九霞缎"。特点是:绸身柔软,质地坚韧,花纹及花形较大,并且鲜明。适宜制作妇女服装及戏剧服装。但不宜多洗,以免引起缎面起毛。

6. 绢类 绢是以平纹或重平组织为地组织的色织丝织物,大多以桑蚕丝或人造丝为原料,也有以桑蚕丝与人造丝或化纤长丝交织而成。其优点是质地细密轻薄,表面光洁润滑,色泽柔和。除用于服装材料及装饰材料外,还常作为书画、扇面、宫灯和绢花的材料(用生丝织制,不需精练)。其代表品种为天香绢。

天香绢用桑蚕丝和人造丝以平纹地组织经提花织成。经向用厂丝,两组纬丝采用不同颜色的有光人造丝,一组织地纹,另一组织花纹。品种有双色和三色两种。天香绢又称为双纬花绸。特点是:质地细密,厚薄适中。绸面平纹地上有闪光亮花,花形多为中小朵花,背面花纹无光。缺点是绸面花纹摩擦后易起毛,不宜常洗。适宜用于妇女、儿童服装。

7. 纱类 纱类织物是一种具有纱孔的花素组织织物,即每织一纬或同一梭口数根纬纱后,绞经相对地经就绞转一次,表面具有全部或局部透明小孔。其质地轻薄而透明,结构稳定,布面多有轻微的皱纹,适于夏季服装或刺绣、绘画及室内装饰品材料。主要品种有乔其纱、香云纱、东方纱等。纱类多为轻薄透明的产品,适于制作婚纱或夏装。

(1)东方纱。东方纱是斜纹变化组织,经向和纬向均采用两左两右不同捻向,坯布经练染后即为成品。特点是:绸面绉纹细洁,质地轻薄滑爽,富有弹性,强力好,绸面无正反面之分,宜做舞裙、戏装、头巾、窗帘等。缩水率较大,一般在12%左右。

(2)香云纱。香云纱又称莨纱绸,一种是用提花机织造的满地花纹产品,外观与芦山纱相似,称为香云纱。另一种是用普通织机织造的平纹素绸,称为拷绸。

莨纱绸和拷绸这两个品种都是采用桑蚕丝作经纬丝织造,再由广东特有的植物薯莨汁液对织物做染色处理,后经上胶晒制而成。因为它的晒制过程对环境、日照有很高的要求,每年只有五个月左右的时间可以制作,之后还需要存放6个月甚至几年以上才可能成为上品。其品质特点是:爽滑、透气、舒适、易散发水分,做成的衣服具有防雨、易洗、快干的优点,洗涤时不需用肥皂,只宜在水中摇晃浸洗,洗后不得手拧,应带水用衣架挂起晾干并抻直平整,干后也不能熨烫以免折裂。缺点是:绸面上的褐色拷胶不耐摩擦,一旦摩擦就会脱胶露底,影响美观。这种衣料的服装多以手工制作,适宜夏季和我国南部亚热带地区穿着。用传统方法经过浸晒生产的莨纱绸,有黑褐色和棕红色两种。目前已发展彩色和印花品种,使原来色泽比较单调的莨纱绸更加丰富多彩。除了采用桑蚕丝绸外,也可用人造丝织制成人造丝香云纱。

8. 绡类　绡是一种采用平纹或变化平纹组织的轻薄透明的丝织物。大多是以桑蚕丝、人造丝、合成纤维为原料而织制。品种比较多,有平素、条格、提花、烂花等。按其所采用的原料不同,又可分为真丝绡、人丝绡、合纤绡及交织绡。适宜用于连衣裙、晚礼服、头巾及婚纱等材料。绡类产品属于低密爽透类织物,适用于婚纱和夏装。

(1)真丝绡。真丝绡又称为平素绡,以平纹组织织造,再经树脂整理即为成品。特点是:质地细薄,光亮透明,手感稍硬。主要用于装饰品,如舞台布景、婚礼服兜纱、窗帘、灯罩等。

(2)尼龙绡。经向和纬向均采用 16.5～22dtex(15～20)旦单纤维尼龙丝,以平纹组织织成,有的织品中夹入金银丝,可以染成各种颜色。特点是:质地细薄,手感柔软,呈透明状,一般用于装饰,如妇女头巾、围巾、婚礼服兜纱等。

(3)花式绡。花式绡包括条花绡、新元绡、伊人绡、迎春绡等,这些产品的经向和纬向都采用人造丝织造,但组织规格和工艺处理不同。如条花绡是平纹组织,在缎条纹上起小花,再经过练染处理即为成品;伊人绡是提花织品,再以修整练染处理即为成品,主要是供少数民族制作服装和礼服用。

9. 罗类　我国早在4000多年前就有原始的罗织物,宋代罗类织物已十分盛行。罗类织物采用纱罗组织,织物上形成一系列纱孔,并由形成行列且间距不等的平行纱孔作为不同花素织品的区别。习惯上,把纱孔横向排列的花素织物称为"横罗",直向排列的称为"直罗"。这类织物多用于夏季服装、刺绣坯布或其他装饰用品。在罗织物中以杭罗为最为著名。

杭罗如图 5-25 所示,为浙江省杭州、绍兴等地的传统产品。它是采用桑蚕丝以平纹组织与纱罗组织联合织成。织造时,以平纹与纱罗相间,纱罗部分使绸面排列成有规律的横条或直条的罗纹孔。杭罗大都是横罗。市场上常见的有七丝罗、十三丝罗和十五丝罗。七丝罗为平织七纬后绞经一次,成品的罗纹条比较窄。十三丝罗为平织十三纬后绞经一次,其成品的罗纹条比七丝罗宽,其他罗纹依此类推。杭罗是生坯绸,应经练

图 5-25　杭罗

染,才为成品。主要色泽有漂白、浅灰、藏青等。特点是:绸面组织紧密结实,挺括滑爽,孔眼透气,手感柔软。做出的衣服穿着舒适,宜制作夏季男女衬衫、裤子。缩水率一般在 5% 左右。

10. 绫类　绫是我国的一种传统丝织物。绫的历史悠久,在宋代多利用绫做书画、经卷的装

裱材料。绫织物有素绫和花绫之分。素绫采用斜纹及变化斜纹组织;花绫是斜纹地组织上起斜纹花的单层暗花织物,其组织较为复杂。绫织物质地柔软、光滑轻盈,是装裱书画的理想材料,也常作为服装的面料或里料。绫类产品多为斜纹组织织物,一般质地紧密,光泽良好,是服装面料和里料常用的品种。

(1)棉纬绫。采用四枚斜纹组织。特点是:绸面起细斜纹,富有光泽,如纬向采用蜡纱或蜡线,则手感略硬,比较滑爽。一般正面斜纹有光泽,反面则平地无光,质地坚牢。色泽有藏青、灰色、元色、蓝色、玫红、酱色、咖啡等。主要用于男女服装的里料,缩水率在5%左右。

(2)美丽绸。美丽绸是服装里料常用的品种,故又称为里子绸。采用有光人造丝作经纬丝,以四枚斜纹组织织造,坯绸经煮练整理,可染元色、蓝色、灰色、咖啡等素色,也可印花。特点是:绸面起细斜纹有光泽,反面则稍暗,手感平滑。主要用于高档服装的衬里,印花产品可用于服装面料,缩水率在8%左右。

(3)采芝绫。采芝绫是人造丝和桑蚕丝交织的四枚斜纹组织的织品,经向采用厂丝和有光人造丝,纬向采用有光人造丝,厂丝比例很小,仅占7%。有的品种经向和纬向全部采用有光人造丝织造,称为人造丝采芝绫。

采芝绫的特点是:质地较厚,绸面起中小花朵成散花,坯绸可染成各种色泽。宜制作妇女服装、儿童斗篷等,不宜经常水洗。

11. 葛类　葛一般采用平纹、斜纹、经重平以及各种变化组织,织物经纱细而纬纱粗,经密大而纬密小,质地比较厚实,布面有明显横棱纹路。经丝多采用桑蚕丝或人造丝,纬丝多采用棉纱、人造丝及混纺纱,分为素葛和提花葛两大类。素葛表面不起花,提花葛是在横棱纹地组织上起经缎花,花型突出,别具风格。葛的用途很广泛,除了用于春秋服装或棉衣面料之外,还可以制作工艺产品。

葛类为质地较厚重的产品,手感硬挺爽滑,多为人造丝和棉纱交织而成。主要品种为朝阳葛。朝阳葛经向采用有光人造丝,纬向采用棉纱,以九枚急斜纹组织织造,俗称缎背毛葛。特点是:质地厚实坚牢,绸面起明显的横条罗纹,反面起光亮的缎纹,手感柔和滑爽,透气性好,但耐洗性较差,缩水率在10%左右。宜做男女棉衣,装饰布料等。

图 5 - 26　提花线绨

12. 绨类　绨是用有光黏胶长丝作经纱,棉纱、蜡线作纬纱织造而成的平纹或平纹提花丝织物。其质地比较粗厚,手感较硬,比其他丝织物结实耐磨,适宜作为秋冬季服装面料或被面。其中,以线绨最受消费者欢迎。

线绨又称毛葛,见图 5 - 26,是人造丝和棉蜡光纱的交织产品,经向用有光人造丝,纬向用蜡光纱,经向密度大,纬向密度小,一般经密大于纬密的一倍左右,采用平纹地提花组织织成。特点是:布身挺括滑爽,布面上显示出亮点小花图案,也有的产品显示出梅花、龙凤等大型花纹图案,坯布经煮练、整理后可染成各种色泽,以亮花为正面,质地厚实坚牢,耐洗。宜制作春、秋、冬三季男女服装,也可作为装饰用。缩水率在8%左右。

13. 呢类　呢类织物是采用基本组织或变化组织织成的质地粗犷、丰满的丝织物。织物所用经、纬丝比较粗,织造时使用绉组织,使织物表面呈现分布不均匀而稍有凹凸的外观效果。织物手感柔软厚实,富有弹性,但光泽不明显,具有柔和文雅的呢织物外观。广泛用作服装面料以及装饰物等。主要产品有大卫呢等。

大卫呢为采用斜纹变化组织织造的产品。经向用厂丝两根合并加捻,纬向用厂丝六根合并加捻,采用两左两右不同捻向排列。特点是:绸身组织紧密,手感厚实柔软,似有毛料感觉。绸面有暗花纹,质地光泽和顺,美观大方,结实耐穿。反面为绸背,故正面光泽柔和而反面光亮。可染成元色、藏青、咖啡、铁灰等。宜制作中老年服装及作为驼绒棉衣面料。绸面略有伸缩性,在裁剪前应在背面喷水。由于产品都是用酸性染料染色的,色牢度较差,不宜常洗。

14. 绒类　绒是用桑蚕丝或桑蚕丝与化学纤维长丝交织的起绒丝织物,统称为丝绒。织物表面有毛绒或绒圈,色泽鲜艳光亮,外观似天鹅绒毛,因而也称为天鹅绒。有单层和双层两种,一般采用经起毛组织。特点为织物表面有直立绒毛,光泽美观,手感饱满。品种较多,如金丝绒、乔其绒、立绒等。绒类织物为高档丝织物,适宜制作礼服、外套及室内装饰品。

(1)乔其绒。乔其绒是桑蚕丝与人造丝交织的起绒织品。绸坯两幅联合在一起,割开后成为两块绒毛织品,地经用两根厂丝,毛经用有光人造丝,纬丝采用两根厂丝强捻。织造时,地经和纬丝均采用两左两右相间织入,绒坯剖开后经精练染整而成。特点是:手感柔软,正面覆盖着浓密的绒毛,呈顺向倾斜,绒毛光彩炫耀,富丽华贵。品种有染色和印花两种。宜制作妇女礼服、旗袍、围巾、帷幕、窗帘、花边等,不宜水洗。

由于织造工艺的发展,经过特殊加工后,可制成拷花乔其绒、烂花乔其绒、金丝乔其绒等许多新品种,品质更为优良,用途与乔其绒相同。

(2)立绒。立绒是桑蚕丝与人造丝交织的双层经起毛产品。地经和纬线采用厂丝,毛经用有光人造丝。外观特征与乔其绒相似。不同的是:立绒的绒毛丛密,短而平整,直立不倒,无倒顺倾斜现象。特点是:质地坚韧,绒身柔软,绒毛紧密,光彩柔和。绒坯经过练整后,可染成各种颜色,适宜做妇女服装、节日礼服和装饰用料等。穿用时应避免水滴溅落;否则易起水渍,影响织品外观。同样不宜水洗,收藏时不能受压,以免绒毛倒伏。

(3)漳绒。因产于福建漳州,故名漳绒。漳绒是桑蚕丝与人造丝交织的平纹地、纯色、经向起毛的产品,一般为素漳绒。漳绒的外观与立绒相似,表面有浓密的绒毛,比立绒厚实,色泽淳厚光亮,尤其是黑色漳绒乌亮发光,有庄重富丽华贵之感。漳绒的色泽以原色、酱红、绿色、藏青等为主。宜制作妇女外套、旗袍、礼服、鞋帽料、帷幕及装饰用品。漳绒在穿用中不宜洗涤。收藏时不能受压,应该挂藏,以免毛绒倒伏。

第四节　麻型织物及其特性

麻织物是指用麻纤维纺织加工而成的织物,包括麻和化学纤维混纺或交织的织物。麻有亚麻、苎麻、黄麻、罗布麻、大麻等种类,其织物各有特点。在麻纤维中质地较柔软的是亚麻、苎麻和罗布麻织物,可用于服装材料。其产品以纯纺为主,也与涤纶、棉、毛混纺或交织,以改善服用性能。对黄麻、大麻等比较粗糙生硬的麻纤维的开发应用正在深入进行,已开始进入服装面料的行列。

麻纤维整齐度差,集束纤维多,因成纱条干均匀度较差,织物表面可见粗细不匀粗节和条纹,这种纱疵却构成了麻织物风格粗犷的独特外观。由于表面存在纤维绒毛端,所以接触皮肤有粗糙感、刺痒感。麻织物服用性能优良,质地优美,稍带光泽,手感滑爽、外观挺括,易洗耐磨。但弹性差,纤维较粗硬,使织物抗皱能力差。染色性能不如棉,产品多为漂白和浅色,不易褪色。

麻类产品风格含蓄,色彩一般比较淡雅,多用于制作夏装、职业装及外套,能恰当地表现现代人追求返璞归真、随意自然的时代审美观。

一、麻织物的服用性能特点

(1)麻纤维的强度超过棉、毛、丝,在天然纤维中居首位,韧性和刚性是天然纤维中最好的。坚牢度好,且湿态强度比干态强度高。苎麻织物强度最高,亚麻织物次之。

(2)吸湿性高于棉织物,且吸湿放湿速度快(吸汗排汗),易于散热导湿,无粘身感,夏季穿着,凉爽透湿,舒适感强。

(3)染色性能好,不易褪色。

(4)苎麻耐磨性不良,折缝处易磨损。

(5)耐热性好,可高温熨烫。

(6)耐日光性优良,是天然纤维中最好的,长时间日照,强度略有降低。

(7)抗霉菌性和防虫蛀能力较好,不易发霉、腐烂,还能够抑制细菌繁殖,有利皮肤健康。

(8)织物刚性较大,弹性差,极易折皱且折痕不易恢复。不具有自然免烫性,经树脂整理后抗皱性和尺寸稳定性有所改善。

(9)具有较好的耐碱性,丝光处理后光泽和强度更加提高,不耐热酸。

(10)具有良好的绝缘性,不易起静电。

(11)天然光感较好,强于棉织物,有丝状光泽。

二、麻织物的常见品种及应用

按原料麻织物可分为亚麻布、苎麻布、罗布麻布、麻棉交织布及混纺麻织物等。亚麻布、苎麻布、罗布麻布均为纯纺麻纱产品。麻棉交织织物是指以棉纱作经纱,麻纱作纬纱所织成的织物。混纺麻织物是指以麻纤维与其他纤维按一定比例混纺再织造成的织物,主要品种有麻棉、涤麻、毛麻以及三合一混纺织物。

1. 纯麻织物　纯麻织物风格独特,穿着舒适,但有柔软性差、容易起皱的缺点,所以不适合作为内衣及高档礼服面料。经柔软处理后的麻纤维,纺纱性能有很大提高,可织成轻薄型纯纺织物。

（1）夏布。中国传统纺织品之一,是土法手工生产的苎麻布。主要品种有本色夏布、漂白夏布、染色夏布及印花夏布。多产于江西、四川、湖南、广东、江苏等地。夏布因产地、原料品质和用途不同,成品质量有很大差别。优质夏布纱支细而均匀,布面平整光洁,富有弹性,质地坚牢,爽滑透凉,非常适于做夏装衣料,故而得名。经漂白后的夏布,布面色泽洁白光亮,布身挺括;如果是将麻纱进行漂白,再织造成夏布,称作本白夏布,布面色泽较暗淡。染色夏布一般采用土法染色,大都是较浅的青蓝色。印花夏布是采用土法手工印花的夏布,分为水印和土法拷花两种。一般以蓝白色为主,色泽不够鲜艳。花型保持着民族特色,有花朵、蝴蝶、瓜果的小碎花,线条比较粗犷。

（2）亚麻布。采用亚麻中特纱生产的织物。亚麻布导热性能好,透凉爽滑,平挺无皱缩,易洗涤。亚麻布分为本色亚麻布和漂白亚麻布两类。本色亚麻布经过酸洗后,手感较软,布面光洁平滑;经过漂白处理,则布面爽滑洁白。

（3）纯麻细纺。纯麻细纺包括苎麻细纺及亚麻漂白细布等品种,具有质地细密、轻薄、挺括、滑爽的风格特征。其中,低特稀薄织物更为柔软、凉爽,有较好的透气性能,穿着舒适。色泽以本白、漂白及各种浅色为主。各种纯麻细纺布适于作为夏季男女衬衫及高级男装礼服衬衫、抽纱、绣花女装衣裙以及头巾、手帕等服饰配件的用料,见图5-27。

2. 混纺麻织物　随着化纤工业的不断发展、纺织设备的不断更新及加工技术的不断成熟,出现了许多混纺产品,使麻织物的总体性能有了进一步提高。

（1）涤麻混纺织物。65%涤纶、35%亚麻的涤/麻细布、涤/麻凸条西服呢等产品,具有透气性能好、质地挺括、凉爽、易洗快干的特点。风格粗犷豪放,保形性及外观良好,适合作为夏季外衣及裙衣面料。常见的还有:涤纶50%、亚麻50%的亚麻混纺织物和涤纶65%、苎麻35%的苎麻混纺织物。

图5-27　纯麻细纺

（2）麻棉混纺织物。麻棉混纺细平布风格粗犷、质地平挺厚实。适于作为外衣面料。日本东洋纺生产的棉/苎麻及棉/亚麻布,含麻量一般为30%、40%、50%,具有干爽挺滑的风格特征,且较柔软细薄。适宜做春夏季衬衫面料。

（3）毛麻混纺织物。50%羊毛和50%苎麻的毛/麻人字呢产品,布面呈黑白相间的人字形花纹,手感滑爽,富有弹性,布身挺括。采用不同毛麻混纺比的毛麻花呢多为色织物,布面有凹凸明显的花纹、彩条、彩格、斜格、嵌线等,色彩明快、粗犷挺括、弹性优良,适宜用作女士套装、套裙面料。

（4）三合一混纺织物。一般有涤麻毛混纺、棉麻毛混纺、涤麻黏混纺等品种,较为常见的为涤麻毛混纺织物。采用涤纶、羊毛、苎麻等量混纺的涤麻毛薄花呢,外观风格分为棉型、毛型、麻型不同类型,兼有麻织物凉爽舒适、挺括粗犷、透气性好和毛织物弹性好、不起皱以及涤纶织物易洗涤、免整烫的优点。

3. 交织麻织物　交织产品是用纯麻纱与其他纱线进行交织,综合两种不同原料特点的产品类别。一般用麻纱作纬纱,其他纱线作经纱。

（1）棉麻交织物。多数是以棉纱与亚麻或苎麻纱交织而成的平布,采用中、高特纱线,以漂白产品为主。主要风格特征是质地细密、坚牢耐磨、布面洁净,手感比纯麻织物柔软。

（2）丝麻交织物。利用蚕丝与亚麻纱交织的经面缎纹织物称丝麻缎,织物手感爽滑,外观亮泽,风格独特;用人造丝与亚麻纱交织的平纹织物称丝麻绸,手感柔中有刚,外观细致,新颖别致。

第五节　化学纤维织物

化学纤维织物品种多样、性质各异、风格变化、功能全面、保养方便,现已成为当今服装面料中一个不可缺少的门类。

化学纤维织物按照原料类别,粗略分为人造纤维和合成纤维两大类。此外,根据织物风格特点和功能,又可分为仿天然产品和特种功能产品两个基本类型。

一、人造纤维织物

人造纤维织物包括醋酯纤维、富强纤维、铜氨纤维、Lyocell 纤维织物及大豆蛋白复合纤维、酪素复合纤维(在国内还未普及)。本节主要介绍几种常用的织物。

黏胶纤维织物是化纤织物中最早出现的产品。其成本低,服用舒适,用途广,也是人造纤维织物中的主要品种,有纯黏胶织物、黏胶与其他纤维混纺或交织的织物,可制作夏装、衬衫、外衣等,属大众化服装面料,也大量用于室内装饰。随着纺织染整技术的发展,黏胶纤维织物也在不断改善创新,特别是在原料的配比运用上,更加注重舒适度与造形、牢度的兼顾,并通过免烫后整理提高保形能力,克服致命弱点,从大众化面料拓展至高档成衣、时装面料。

人造纤维产品的特点是:手感柔软、滑爽,悬垂性好,轻薄舒适;布面平滑、细致,光泽鲜明、亮丽;吸湿优良,凉爽舒适;弹性差,易变形,缩水明显;染色容易,但色牢度差。

（一）黏胶纤维织物

1. 黏胶纤维织物的服用特性

（1）吸湿性强,优于棉织物,穿着舒适,特别适宜于夏季服装。

（2）染色性好,易于上色,色谱齐全,颜色鲜艳。

（3）染色牢度不良,经水洗、日晒、摩擦后易褪色。

（4）耐热性较好，但水洗温度不宜过高。

（5）强度低，耐用性不好，且织物湿态强度远远低于干态强度，只有干态时的 50% ～70%，因此水洗时不宜用力过大，以免破裂受损。

（6）耐磨性不好，摩擦易起毛、破损，特别是湿润后。

（7）弹性恢复能力差，容易折皱，且折痕不易恢复，服装的保形性和尺寸稳定性差，无自然免烫性。

（8）缩水率大，一般在 8% ～12%，且织物在水中变厚，手感发硬、发涩。

（9）耐酸碱性不如棉织物。

2.黏胶纤维织物的典型品种

（1）棉型黏胶纤维织物。以棉型黏胶短纤维，即黏胶人造棉纤维为原料纯纺或混纺织制的具有天然的棉绸布风格的织物。人造棉纤维长度为 33～38mm，细度为 0.132～0.165tex（1.2～1.5旦）。棉型黏胶织物光泽较纯棉织物稍好，柔软舒适，悬垂感强。

①人造棉布。人造棉布是以 100% 黏胶纤维织造而成的平纹组织织物，布身薄而柔软、纱线线密度低、密度小、透气性好、染色鲜艳，适宜做夏服或被面，价格低廉。其光泽感和悬垂感类似于丝绸，又叫绵绸，见图 5－28。布面洁净，光滑而柔软，密度中等，吸湿透气，但易折皱，不耐水洗，保形性差，缩水率在 10% 左右。品种有漂白、染色、印花、色织条格黏纤布及新型后整理的人造棉布等。人造棉布是较好的春秋衬衫面料，也可用于童装。

②人造棉色织布。以黏胶短纤维为原料，采用平纹、斜纹或变化组织色织而成的条子、格子、花纹织物。手感稍厚实，柔软滑顺，适于制作时装、套裙、外衣、童装等。

③黏/棉平布。以黏胶短纤维和棉纤维混纺织制的平纹布，手感柔软，质地细洁，具有棉织物和黏胶织物的优点，耐磨性、湿态强度比人造棉布好，吸湿性较强，最适宜做夏季衬衫、裙子等。黏/棉平布混纺比为黏胶纤维 63% 与棉纤维 37% 或黏胶纤维和棉纤维各 50%，也有棉纤维 75% 与黏胶纤维 25% 的棉/黏平布。

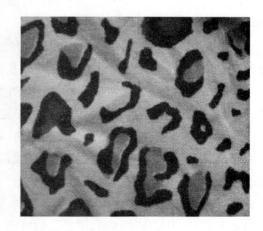

图 5－28　印花人造棉织物

除平布外还有黏胶与棉混纺的细布、纱卡其、华达呢等品种，与纯棉织品相似。

（2）毛型黏胶纤维织物。以毛型黏胶纤维，即黏胶人造毛纤维为原料纯纺或混纺织制的织物，外观类似羊毛织物。人造毛纤维长度为 76～120mm，细度为 0.33～0.55tex（3～5旦）。毛型黏胶织物吸湿性大，透气性好，不虫蛀，价格较低，但光泽不如羊毛织物好，比较暗淡。手感不及羊毛织物，弹性不好，易折皱，不耐磨，易起毛，缩水率为 5% ～10%。一般多用黏胶人造毛纤维与羊毛或合成纤维混纺，以改善服用性能。适宜制作春秋外衣、职业装、学生装等。

①黏胶人造毛与羊毛混纺织物。羊毛含量在 70% 以上的织品，手感、光泽、弹性与羊毛织

物近似。若羊毛含量在 30% 以下,织品光泽较呆板,弹性、抗皱性、丰满度稍差,缩水也较大。常见品种有羊毛、人造毛混纺的花呢、华达呢、哔叽、啥味呢及女衣呢等精纺产品。还有羊毛、人造毛混纺的大众呢、海军呢、麦尔登、法兰绒等粗纺产品。除原料不同外,产品的规格与纯毛品种相同。

②黏胶人造毛与合成纤维混纺织物。这类织品耐磨性及强度较纯黏胶人造毛织品要好,但摩擦后容易起毛、起球,水洗时仍有些发硬。主要品种有:黏/锦仿毛华达呢、黏/锦仿毛啥味呢、黏/锦仿毛花呢,黏胶比例在 60% ~ 75%;涤纶 55% ~ 75%、黏胶 25% ~ 45% 的涤/黏仿毛啥味呢;黏胶 50%、腈纶 30%、羊毛 20% 的黏/腈/毛花呢;黏胶 50%、锦纶 30%、腈纶 20% 的黏/锦/腈纯化纤薄花呢等。风格质感介于毛型与丝型之间,既有羊毛的外观,又有丝绸的垂感与滑爽。

(3)丝型黏胶纤维织物。用黏胶人造丝纯织或与短纤维纱交织而成,具有丝绸风格的织物。光泽明亮,色泽鲜艳,质地轻薄、光滑柔软、悬垂,不贴身。但由于黏胶丝湿强力低下,弹性较差,故人造丝绸湿强度低,弹性差,易起皱,穿着时衣服底边易变形。人造丝绸的缩水率较大,裁剪前应预缩。

①富春纺。富春纺是人造丝与人造棉交织品。富春纺采用平纹组织,它的经纬密度相差很大,经向密度几乎是纬向密度的两倍,这样使绸面主要显露经纱,纬纱在绸面显露很少,利于人造丝色光在绸面上的呈现。绸面光洁明亮,质地柔软,织纹清晰,手感挺括滑爽,色泽鲜艳,最适于制作夏季衬衫、连衣裙、套裙,也可制作窗帘、幕布、被面等。穿着时易皱折,缩水率为 8% 左右,湿态强力较低,洗涤时要注意轻搓。有漂白、素色和印花品种,是价格便宜且舒适感好的大众化丝绸。

②有光纺和无光纺。有光纺是 100% 有光黏胶长丝的生织纺类丝织物,平纹组织。绸面光泽较亮,手感平滑,织纹缜密。经染色或印花加工,常用于女式衬衫、裙料及里布。

无光纺是 100% 无光黏胶长丝的生织纺类丝织物,平纹组织。绸面光泽暗淡,手感柔软平滑,有素色和彩色条子、格子等品种,多用于夏装、童装及里布等。

③素软缎。100% 有光黏胶丝缎类织物,素色,以八枚经面缎纹或五枚经面缎纹织制。质地柔软丰厚,手感顺滑,悬垂性好,绸面光亮如镜,光泽有些刺眼。可制作礼服、旗袍、舞台服装和刺绣坯绸,也可用作里子绸。

④美丽绸。又称美丽绫、人造丝斜纹绸,属于纯黏胶丝绫类丝织物,三上一下右斜纹组织。表面平滑光亮,织纹细密清晰,手感挺括略硬,色彩鲜亮,反面色光稍暗。成品幅宽规格较多,缩水率为 8%,裁剪前需预缩。过去素色美丽绸多用于服装里料,由于偏厚重,服装不够轻便,现已很少用于轻薄型服装的里布,主要用于高档服装衬里。印花美丽绸可作服装面料。

⑤缎条青年纺。黏胶长丝与黏胶人造棉纱交织的纺类丝织物,平纹地上以五枚缎纹组织呈现竖条。地部绸面平整,缎条光泽明亮而突出,有红白条、蓝白条、绿白条等,均为白地彩条。由两组经纱与一组纬纱交织而成,地经用有光黏胶丝,缎条经纱用无光有色黏胶丝,纬纱为有光人造棉纱,缩水率为 8%。可制作男女衬衫及睡衣裤等。

(4)中长型黏胶纤维织物。用长度和细度均介于棉、毛之间的中长黏胶纤维为原料织制的织物。中长纤维长度为 51 ~ 76mm,细度为 0.22 ~ 0.33tex(2 ~ 3 旦)。一般用黏胶中长纤维与合成中长纤维混纺织制中长织物,这类织物在染整时采用仿松式加工,有类似毛织物的外观,但毛型感不如黏胶人造毛仿毛织物好。抗皱性较好,易洗、免烫,价格低廉,耐牢性较好,缩水率在2%～3%。主要品种有:涤/黏(65/35)中长平纹呢、中长花呢、中长板司呢、中长隐条呢、中长绉纹呢、中长法兰绒等。

(二)富强纤维织物

以富强纤维纯纺或混纺的平纹、斜纹织物,布面光洁,富于光泽,质地细密、轻薄,手感光滑柔软,吸湿透气性好。富强纤维织物的干态、湿态强度均比普通黏胶纤维织物高,耐水洗性和尺寸稳定性都优于普通黏胶纤维织物,缩水率较小,挺括抗皱性好,坚牢耐用,但染色鲜艳度稍差。主要品种有富纤市布、富纤细布、富纤府绸、富/棉细布、富/黏细布、富/棉府绸、富纤斜纹布或富纤华达呢等。这些织物适于做衬衫和夏装,穿着柔软、吸汗、舒适。

(三)醋酯纤维织物

醋酯纤维织物光泽优雅,外观酷似真丝绸,手感柔软平滑,质地较轻,但强度不太高。吸湿性比较好,虽不如黏胶纤维织物,但比合成纤维织物要好许多。耐热性和耐酸、碱性不如黏胶纤维织物。醋酯纤维织物悬垂顺滑,回弹性优于黏胶纤维织物,抗皱性较好。

醋酯长丝大量用于里子绸,吸汗透气,轻盈有形,穿着舒适。醋酯长丝多织制成针织面料,或与其他长丝交织成丝型织物。醋酯短纤维纯纺或与棉、毛、合成纤维混纺的面料有弹性,不起皱,易洗易干,穿着性能与质感都比较令人满意。

(四)铜氨纤维织物

铜氨纤维织物是由铜氨纤维织制而成的织物。铜氨纤维是一种再生纤维素纤维,它是将棉短绒等天然纤维素原料溶解在氢氧化铜或碱性铜盐的浓氨溶液内,配成纺丝液,在凝固浴中铜氨纤维素分子化学物分解再生出纤维素,生成的水合纤维素经后加工即得到铜氨纤维。铜氨纤维的截面呈圆形,无皮芯结构,纤维可承受高度拉伸,制得的单丝较细,所以面料手感柔软,光泽柔和,有真丝感。铜氨纤维的吸湿性与黏胶纤维接近,其公定回潮率为11%,在一般大气条件下回潮率可达到12%～13%,在相同的染色条件下,铜氨纤维的染色亲和力较黏胶纤维大,上色较深。铜氨纤维的干强与黏胶纤维接近,但湿强高于黏胶纤维,耐磨性也优于黏胶纤维。由于纤维细软,光泽适宜,常用作高档丝织或针织物。其服用性能较优良,吸湿性好,极具悬垂感,服用性能近似于丝绸。

二、合成纤维织物

(一)涤纶织物

涤纶的化学名为聚酯纤维。由于其原料易得,服用性能优良,适用面广,发展非常迅速,产量已居合成纤维首位。因此涤纶织物在化学纤维织物中占有很大的比重,也是常用的服装面料和装饰面料。随着高新纺织、染整技术的发展应用,涤纶织物已进入“仿真”和“天然化”的时代,质感越来越多样化、细微化,风格也越来越贴近天然化,服用舒适性不断改善提高。涤纶织物包括涤纶纯纺织物和涤纶混纺、交织织物。涤纶织物通过原料、组织和后整理等可具有棉型、麻型、丝型、毛型、皮革型及一些交叉型风格,外观、质感多样化,有些仿天然效果十分逼真,应用十分广泛。

1. 涤纶织物的服用特性

（1）强度高，且干态、湿态强度相同，耐冲击性好，一般的涤纶织物耐穿、耐用、耐洗。

（2）耐磨性好，仅次于锦纶织物而优于其他合成纤维的织物，且干、湿状态基本相同。

（3）耐日光性好，仅次于腈纶织物，优于其他合成纤维的织物。

（4）合成纤维织物中只有涤纶织物同时具有良好的耐热性和热稳定性，中温熨烫。

（5）吸湿导湿性差，一般的涤纶织物贴身穿着不够舒适，高温出汗时有闷热感。与天然纤维混纺或进行特殊后整理可得到改善。

（6）由于涤纶吸湿性差，其织物易带静电，易吸附灰尘而沾污，影响穿着与卫生性，可通过抗静电整理予以改善。

（7）弹性恢复能力强，不易折皱变形，褶裥持久，成衣挺括、悬垂，保形性好。

（8）在所有纺织纤维织物中自然免烫性最好，织物洗后不需熨烫或稍加熨烫即可保持平整，且易洗快干，几乎没有缩水。

（9）耐腐蚀性好，具有良好的化学稳定性，在低浓度酸碱中强度不受影响，不虫蛀，不发霉。

（10）染色困难，但织物色牢度好，洗晒不易褪色。

2. 典型品种

（1）涤纶棉型织物。采用棉型涤纶，一般与棉纤维、麻纤维或棉型黏胶纤维混纺，织制具有天然棉布风格的织物。如较为多见的涤/棉织物、涤/黏织物，布身细洁，手感柔和挺括，强力和耐磨性都较好，且缩水小，成衣尺寸稳定性优良，不易皱折，易洗快干，免烫。由于服用性能集棉布与涤纶织物的优点于一体，所以发展很快，品种较多。

①涤/棉细纺。组织结构与纯棉细纺基本相同，质地更细洁、光滑、挺括，用于衬衫和夏装。

②涤/棉府绸。组织结构与纯棉府绸基本相同，高密低特，粒纹饱满，平整挺括，手感比纯棉府绸滑爽，弹性、光泽也较纯棉类的好，有染色、色织条格和印花品种，是男士衬衫的主要面料。

③涤/棉麻纱。组织结构与纯棉麻纱基本相同，质感更加清爽、细薄、挺括，成衣后不易皱折，吸湿透气性也好，极适合做夏季套装、衬衫等。

④涤/棉卡其。简称涤卡，是用涤/棉纱或股线织制的卡其，组织结构和外观特点与棉卡其相同，但光泽度和滑爽感较纯棉卡其好，挺括、抗皱、耐磨、免烫，多用于休闲装、工装、风衣等外衣面料，经水洗、磨毛等整理后光泽、质感柔和而有变化。

⑤涤/棉烂花布。以涤纶长丝作纱芯，外层包覆棉纤维（或黏胶纤维）的涤/棉（涤/黏）包芯纱织制而成。利用酸可以炭化棉纤维，而涤纶耐酸性较好，在一定浓度范围内不受影响的特性，用酸溶解花型部分的棉纤维，露出涤纶长丝芯，呈现半透明状，经一系列整理就制成表面具有立体凹凸花纹、地薄花实、透明凉爽的烂花布，花与地的颜色可相同也可相异。手感挺括滑爽，抗皱免烫，可制作衬衫、礼服、时装、夏季衣裙等。

⑥涤/棉泡泡纱。多采用织造法形成布面凹凸起伏的条状泡泡。质地比纯棉类更为细薄滑爽，光泽较好，挺括耐牢，泡泡清晰而持久，色牢度也较纯棉泡泡纱要好，有素色、条格等品种，是不错的夏装面料。

此外,还有类似品种的涤/黏棉型织物。

(2)涤纶麻型织物。

①纯涤纶麻型织物。涤纶仿麻织物,如图 5-29所示,具有类似天然麻织物的质感,是流行不衰的时装面料。原料为涤纶异形丝、仿麻变形丝、涤/黏混纺强捻纱及花式纱线,采用变化组织或凸条组织产生粗细不匀的麻质感。

涤纶仿麻织物与纯麻织物相比强力高、弹性大、不起皱、不缩水、免烫,垂感好,表面光洁。虽手感爽快,但穿着的舒适性不及天然麻织物,吸湿与放湿性欠缺,有薄型、中型、厚型等品种。

②涤纶与麻混纺织物。涤/麻织物具有爽、挺、牢的特点,既有麻织物吸湿、散热、不粘身的优点,又有涤纶织物弹性好、挺括悬垂、抗皱折、免烫的优点,服用性能较好,穿着比较舒适。主要有以下几种:

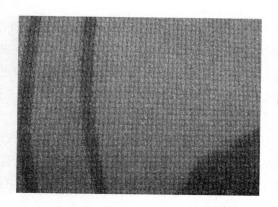

图5-29　涤纶仿麻印花织物

涤/麻平纹呢是70%涤纶与30%亚麻混纺,布面有粗节,风格粗犷,可作外衣面料。涤/麻纬长丝布是84%涤纶与16%苎麻混纺纱作经纱,涤纶长丝作纬纱,布面较光洁,有提花图案。这两种属厚型涤麻织物,用于外衣、休闲装。涤/麻派力司是65%涤纶与35%苎麻混纺、混色纱织制,具有毛、麻双重风格,雨丝清晰,挺括凉爽。涤/麻布是65%涤纶与35%苎麻或70%涤纶与30%苎麻混纺织制而成的平纹织物,有漂白、染色、印花、色织等品种。涤/麻布纱线较细,吸湿透气、易于散热。薄型涤麻织物是较好的夏季衣料。

(3)涤纶毛型织物。涤纶毛型织物既有毛型涤纶或涤纶长丝纯纺织物,也有涤纶短纤维与羊毛或其他化学纤维的混纺织物。织物挺括抗皱,坚牢耐磨,易洗快干,免烫性好,不缩不皱,且不虫蛀,价格适中,多数产品是大众化的春秋外衣面料,高档和新型功能产品的毛型感较强,手感丰满蓬松、弹性好,坚牢耐用,易洗快干,平整挺括,不易变形,不易起毛和起球,造型效果好,穿着也比较舒适,价格低于同类毛织物,用作中高档时装面料。

①纯涤纶毛型织物。涤纶变形丝毛型织物是以低弹涤纶变形长丝为原料织制的毛型织物。由于低弹涤纶变形丝具有弯曲起伏、高蓬松、低伸度、纤维卷曲的特点,其纱线柔软,手感丰满、光泽比较柔和,所织制的仿毛织物毛型感强,轻松、保暖、干爽、丰满,弹性和保形性良好,但易于勾丝和起毛、起球。根据纱线粗细与蓬松度的不同有精纺仿毛华达呢、花呢,粗纺仿毛大衣呢、粗厚花呢等,适宜制作春秋上衣、西裤等,适用面较宽。

a.涤纶网络丝毛型织物。采用涤纶网络丝为原料织制的精纺毛型织物,比涤纶低弹毛型织物有较好的抗起毛、起球性和抗勾丝性。织物滑而不糙,手感细腻、柔软、丰厚,光泽自然柔和,弹挺度和悬垂性很好,毛型感强,免烫易打理,无极光。如涤纶网络丝仿毛华达呢、哔叽、人字呢、凡立丁及各种花呢。普遍应用于男女西服、外套、长裤、裙子等面料。

b.涤纶加弹丝毛型织物。以涤纶长丝的加弹丝为原料织制的精纺毛型织物,手感光滑弹挺,不易折皱,坚牢度好,但光泽较亮,毛型感欠佳,且容易拉毛勾丝。由于价格低廉,曾是流行的仿毛织物。主要品种有涤弹华达呢、涤弹哔叽、涤弹克罗丁和涤弹花呢等,常制作春秋西裤、套装。

c. 涤纶短纤维精纺毛型织物。以涤纶短纤维为原料,采用精梳呢绒生产工艺织制的精纺毛型织物,组织结构和外观与纯毛织品相同。在强度、耐磨、抗皱、免烫、褶裥持久、不蛀不霉等方面超过纯毛织物。但光泽和手感还显生硬,缺乏自然感,不如纯毛织物柔和。主要品种有纯涤纶仿毛凡立丁、华达呢、哔叽、马裤呢、花呢等,制作西裤、外衣,该类面料经济实惠。

②涤纶混纺毛型织物。

a. 涤纶与羊毛混纺织物。以涤纶毛型短纤维与羊毛混纺而成的毛型织物,外观与羊毛织物接近。这类织物的组织结构与羊毛织品相同,性能兼有涤纶与羊毛的特点,具有光泽自然,手感柔和而弹挺、抗皱免烫、耐磨耐穿、缩水小、不虫蛀等特点,舒适性也较好,但涤纶含量较高者手感显得有些生硬。常用于套装、职业装、裤子等裙子等面料。55% 涤纶与 45% 羊毛混纺的涤/毛面料具有免烫性,60% 羊毛与 40% 涤纶混纺或 50% 羊毛与 50% 涤纶混纺的毛/涤面料则吸湿性较好,静电较小。主要品种有仿毛凡立丁、派力司、哔叽、啥味呢、华达呢、花呢等。

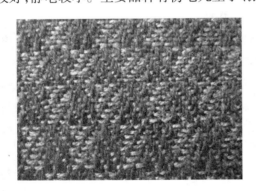

图 5-30 涤/黏仿毛花呢

b. 涤纶与其他化学纤维混纺织物。主要有涤/黏花呢、啥味呢;涤/腈花呢、派力司、隐条呢;涤/腈/黏、涤/毛/黏、涤/毛/腈、涤/腈/黏/锦 等"三合一"、"四合一"花呢。这类织物手感挺括、平整,抗皱免烫,坚牢度好,价格便宜,但易起静电,是大众化、低价位的外衣面料。采用新型合成纤维、经特殊功能后整理的毛型织物在服用性能和外观质感上都有进一步的改善,手感更加自然、风格更加贴近天然毛织物,是理想的套装、工装、商务休闲装面料。图 5-30 是涤/黏仿毛花呢。

(4)涤纶丝型织物。以涤纶长丝纯织或与其他长丝交织的仿丝绸织物。丝型涤纶织物光泽明亮,轻薄滑爽,悬垂飘逸,具有耐磨、抗皱、易洗快干、免烫的特点。但吸湿透气性和手感与天然丝绸还有差距,静电较大。

①纯涤纶丝绸。常见品种有涤丝绸、涤丝纺、涤纶缎、涤丝绉、涤纶乔其纱、涤丝绫、涤纶绡、涤纶纱、涤纶塔夫绸(绢)等。各类涤丝绸与相应种类的真丝绸组织结构和外观相似,手感偏硬,光泽欠柔和,抗皱性好,耐牢耐洗,不缩水。缺点是穿着有闷热感,静电大,遇火星易熔融。用于制作男女衬衫、时装、夏季套装、裙子等。

②涤纶交织丝绸。主要品种有涤纶丝与桑蚕丝交织的绉类;涤纶丝与绢丝交织的涤绢绸;涤纶丝与涤/棉纱交织的涤棉绸、涤纤绸、涤爽绸等;涤纶丝与涤/黏纱交织的华春纺、华格纺、华新纺;涤纶丝与锦纶丝交织的涤尼绸;涤纶、黏胶、绢丝三合一的涤欢绸。薄型可制作夏季衬衫、套裙,中厚型可制作春秋外衣。

③涤/棉纬长丝织物。经向用涤棉混纺纱,纬向用涤纶长丝,以平纹组织、小提花组织织制

而成。纬向长丝在布面的纬浮长线构成明亮突出的小花纹,与平纹地形成明暗对比,也可采用平纹绉地和经纬缎纹联合组织得到明暗条纹或网格。纬长丝织物光泽晶莹,轻薄滑爽,丝型感强,是较好的男式衬衫面料。

④涤纶仿真丝绸。涤纶仿真丝绸的原料从普通涤纶长丝到异形截面纤维、超细纤维、复合纤维及碱减量处理、异收缩混纤,再到改性纤维、差别化纤维,现已发展到超低特化、超异形化、多重混纤与复合、高层次功能加工等,生产工艺和后整理技术也不断更新,产品的花色、质感、性能、应用已有长足发展。新型仿真丝产品拥有天然丝绸的柔软感,质地更加细腻,具有真丝般的光泽与丝鸣,且染色性好于一般仿真丝绸。特别是吸湿性大为提高,使舒适感更接近天然丝绸。

(5)涤纶中长型织物。以中长型涤纶与其他中长化学纤维混纺后织制的织物,外观、质感介于棉型与毛型之间。有涤/黏或涤/腈中长平纹呢、啥味呢、派力司、华达呢、板司呢、绉纹呢、花呢、法兰绒、大衣呢等,具有类似毛织物的外观和手感,但又不是完全的毛型感,可制作春秋外衣。

(6)涤纶仿麂皮绒织物。仿麂皮绒织物过去采用天然棉基布上磨毛或棉制基布植绒剪毛,现在流行的低特或超低特涤纶及涤/棉复合超细纤维作基布,经起毛、磨毛、聚氨酯整理等获得的仿麂皮绒织物。这类仿麂皮绒织物既有酷似麂皮的外观,又有坚牢强度和丰润手感,成衣效果好,且穿着透气、柔软、悬垂,可洗免烫,不起球、不脱绒,可制作西装、夹克、休闲装以及礼服。仿麂皮绒织物分为非织造类、机织类和针织类。

(二)腈纶织物

腈纶化学名为聚丙烯腈纤维,它是合成纤维中较晚问世的一个品种,其纤维截面有近似圆形(湿法纺丝)和哑铃形(干法纺丝),干法纺丝的纤维截面呈轻微的纵条纹。腈纶以短纤维为主,少量为长丝。腈纶面料俗称人造毛织物,产品种类很多,有腈纶纯纺织物,也有腈纶混纺和交织织物。织物具有类似羊毛织物的柔软、蓬松手感且色泽鲜艳,耐光性属各种纤维织物之首。但其耐磨性却是各种合成纤维织物中最差的。腈纶织物吸湿性较差,容易沾污,穿着有闷气感,但其尺寸稳定性能较好。因此,腈纶织物适合做户外服装、儿童服装等。

1.腈纶织物的服用特性

(1)腈纶强度比锦纶和涤纶织物低,但高于羊毛织物,湿态强度下降很少。

(2)腈纶织物的导热系数小,保暖性优于羊毛织物,且质地轻盈,是较好的冬季防寒衣料。

(3)密度小,质地轻,比羊毛轻10%,比棉花轻20%,是轻暖型服装材料。

(4)耐晒性能优于其他纺织纤维织物。试验结果表明,腈纶织物长时间在露天暴晒,其强度损失很小,而其他织物在同样条件下暴晒则强度严重下降,有的甚至损失殆尽。因而适宜做户外运动服装及帐篷、车衣、炮衣等。

(5)腈纶吸湿性差,其吸湿性不如锦纶织物,较涤纶织物要好,炎热高温下穿着有闷热感。

(6)易起静电,有刺激感,易吸附灰尘。

(7)弹性恢复率和抗皱折性较好,但不及涤纶和锦纶。

(8)免烫性较好,易洗快干,几乎不缩水,但保形性不如涤纶织物。

(9)腈纶织物去除外力重压后,仍能恢复原蓬松、丰满状态。

（10）腈纶织物耐磨性是合成纤维中较差的一种，以其制作成衣的折裥处易磨损断裂且易起毛起球，影响外观。

（11）耐热性一般，易热收缩，中低温熨烫。

（12）化学稳定性较好，对低浓度酸、碱和氧化剂较稳定。不虫蛀、不发霉、不腐烂，易于保管。

（13）腈纶织物染色鲜艳，色泽明快醒目，质地轻盈丰满。

2. 典型品种　由于腈纶具有蓬松、保暖的特点，故腈纶织物以毛型风格居多，轻便保暖，易洗免烫，价格适中。

（1）腈纶纯纺织物。

①腈纶精纺花呢。以腈纶为原料织制的精纺花呢，组织规格与全毛花呢相仿，色彩较鲜明，弹性和抗折皱性较好，洗后免烫，但手感较全毛花呢呆板，耐磨性不佳，穿着中易起毛、起球。由于吸湿性差，易带静电，易沾污。腈纶花呢价格低廉，可用于制作各类便装、童装等。

②腈纶膨体大衣呢。用腈纶膨体纱织制的仿毛大衣呢，以平纹、斜纹色织套格和提花组织为主，后整理工艺较复杂。经反复拉绒并起绒、剪毛等，使织物表面有一层丰满整齐的绒毛，手感蓬松而温暖，质地丰厚而有弹性。花式线的运用更增添了织物的装饰效果，可制作女式秋冬大衣、外套等。

③腈纶膨体女式呢。以腈纶膨体纱为原料织制的仿毛女式呢。采用绉组织、变化组织，色泽鲜艳丰富，手感柔软蓬松，毛型感强，比较挺括，干爽，适宜制作春秋女式上衣、连衣裙、童装等。

④腈纶膨体粗花呢。用腈纶膨体纱织制的仿毛粗花呢，手感蓬松柔软，质地厚实丰满，保暖性和装饰性都较好，防蛀耐晒。一般膨体粗花呢以平纹、套格为主。花式膨体粗花呢以斜纹变化组织、提花组织为主。膨体粗花呢采用各种花式线以丰富表面肌理，如用结子线、波形线、毛绒纱、彩点线等，并以织物组织与色纱相搭配，织制各种条格花纹。腈纶膨体粗花呢花色多，价格适中，适合做外套、大衣、裙装、套装、童装等。

⑤腈纶棉型织物。以棉型腈纶纯纺成中特纱织制的织物，外观、手感与棉织物相似，一般采用平纹、斜纹简单组织。织物色泽鲜艳，松软温暖，弹性好，用于春秋外衣、校服等。

（2）腈纶混纺织物。

①腈纶与棉混纺织物。主要是50%腈纶与50%棉花混纺的棉/腈细布。布面细洁平整，挺括免烫，体感温和。

②腈纶与羊毛混纺织物。主要品种有哔叽、啥咪呢、凡立丁、花呢等，一般腈纶为50%～70%，羊毛为30%～50%。织物挺括抗皱，强度好，轻柔保暖，毛型感强，色泽新鲜明亮，较纯毛织品耐晒，适宜做春秋外衣、西装、职业装等。

③腈纶与涤纶混纺织物。采用50%腈纶中长纤维与50%涤纶中长纤维混纺织制的具有毛型感的织物。外观挺括，手感丰满，富有弹性，尺寸稳定性较好，抗皱免烫，不缩水。主要品种有涤/腈华达呢、平纹呢、隐条呢等，适合做男女外衣。

④腈纶与黏胶混纺织物。以50%腈纶与50%黏胶纤维混纺成的毛型织品，如腈/黏华达

呢、女衣呢、花呢等,色彩鲜艳,质地柔软,保暖性好,但耐磨性稍差,易起毛、起球,织物不够挺括,可做外衣、裤子。

⑤腈纶与棉混纺织物。50%腈纶与50%棉混纺,多采用平纹组织,表面平整细洁,挺括度与抗皱性较好,耐晒性好,穿着较舒适,用于春秋衬衫、薄外套、休闲装等。

(3)腈纶毛皮。以腈纶织制的人造毛皮,外观与天然毛皮相似。腈纶毛皮以棉纱作地,腈纶作绒毛,针织而成。质地柔软,轻便保暖,绒毛不蛀,但绒毛易打结,易沾污。多用于大衣、防寒服里胆,也可作大衣、童装、帽子等面料。

(三)锦纶织物

锦纶的化学名为聚酰胺纤维。锦纶是世界上最早问世的合成纤维品种,由于性能优良,原料资源丰富,一直是合成纤维中产量最高的品种。直到1970年以后,由于涤纶的迅速发展才退居第二位。锦纶采用熔融纺丝,有截面为圆形纵向光滑的纤维形态,也有截面为异形纤维纵向有轻微沟槽的纤维形态,异形截面形状由喷丝口形状决定。锦纶以长丝为主,少量的短纤维主要用于与棉、毛或其他纤维混纺。锦纶织物表面缺乏光泽,有蜡状感。质感较轻飘,不够悬垂,它的长丝适于制织轻薄的丝织物,特别是适于运动服、登山服等。

1. 锦纶织物的服用特性

(1)强度和耐磨性居天然纤维和普通化学纤维织物之首。锦纶与其他纤维混纺可提高织物的耐磨性和强度,湿态强度下降很少,具有很好的耐用性。

(2)吸湿性差,高温出汗时穿着有闷热感,虽与天然纤维织物差距较大,但在合成纤维织物中是较好的。

(3)染色性较好,色谱较全。

(4)密度小,织物轻盈,穿着轻便,适于织制轻薄织物。

(5)延伸性和弹性恢复能力好,锦纶织物能耐多次变形,耐疲劳性高,耐穿耐用。

(6)挺括感、保形性和抗皱性不如涤纶织物,重压或用力揉搓会出现轻微皱褶。

(7)免烫性不如涤纶织物,但好于天然纤维与人造纤维织物。易洗快干,缩水很小。

(8)耐热性不良,随着温度的升高,织物强度和延伸度下降,收缩率增大,故洗涤、熨烫时温度不宜过高。

(9)耐日光性差,暴晒会使织物强度大大降低,易破损且颜色泛黄。

(10)静电大,易吸附灰尘而沾污。

(11)织物摩擦易起毛、起球,影响外观。

(12)耐腐蚀性较好,不发霉,不腐烂,不虫蛀,耐碱而不耐酸。

2. 典型品种　锦纶织物多以长丝织制,短纤维与羊毛或其他纤维混纺。

(1)锦纶丝型织物。包括纯锦纶长丝织物和锦纶长丝与其他化纤长丝的交织物。

①锦纶塔夫绸。锦纶长丝织制的高密度平纹织物。经摩擦轧光和防水整理,或进行聚氨酯涂层处理可使手感精爽,表面光洁,质感挺括。由于密度大,防风、防水、防羽性好,可用于风雨衣、羽绒服的面料及户外服装和运动服。

②锦纹绉。经向用半光锦纶加捻丝,纬向用半光锦纶无捻丝织制。表面有细微皱纹,色光

柔和,轻薄挺爽,弹性好,耐磨,可用作夏季衣料、外衣面料和冬季棉服面料。

③尼丝绸。尼丝绸又名尼龙纺,用锦纶长丝织制的纺类丝织物,平纹组织。表面细洁光滑,质地坚牢挺括,密度较高。有染色和印花品种。中厚型可作服装及箱包用料,薄型经防水涂层整理可作滑雪衫、雨衣、伞面用料。

④锦益缎。锦纶丝与黏胶丝交织的提花缎类丝织物,在八枚经面缎纹上起纬花。缎面光亮、细洁、花纹清晰,可用作秋冬外衣面料。

⑤锦合绉。锦纶丝和黏胶丝交织的绉类丝织物。平纹组织,质地轻盈,皱纹细微清晰,光泽较好,以素色为主。

(2)锦纶毛型织物。毛型锦纶短纤维多与羊毛、棉或其他化学纤维混纺织制毛型织物,强度高,耐磨,吸湿性较好,服用性较合理,手感也不错,价格便宜。主要品种有:羊毛50%、黏胶人造毛37%、锦纶13%混纺的毛/黏/锦华达呢;锦纶40%、黏胶人造毛40%、羊毛20%混纺的锦/黏/毛哔叽;黏胶人造毛75%、锦纶25%混纺的黏/锦凡立丁;羊毛70%、黏胶人造毛15%、锦纶15%混纺的毛/黏/锦海军呢及各种锦纶混纺的花呢等。这些织物的规格与纯毛织品相同,手感和光泽有所差异,可用于春秋冬外衣裤面料。

锦纶纯纺仿毛织物大多是精纺类的,坚牢度和耐磨性好,轻便易打理,经抗静电、耐晒后整理服用性能有所改善。高吸湿、耐高温、抗静电新型锦纶的出现使锦纶织物在耐磨出色的基础上舒适性得以提高,应用性更加广泛。

(四)维纶织物

维纶又称维尼纶,其化学名为聚乙烯醇缩醛纤维。维纶织物的外观、质感、性质与棉相似,因此有"合成棉花"之称。维纶织物吸湿性是合纤织物中最强的,因此具有一般棉织物的风格。同时,它比棉布更结实、更坚牢耐用。产品以短纤维为主,也有少量可溶性长丝,它是纺织中伴纺或混纺交织的重要原料。由于染色效果不佳,且织物易沾污,总体风格不尽如人意,在服装中的应用有限,适于制作工作服,也常织制帆布。主要品种有维/黏华达呢、维/黏凡立丁,多用作夏季中低档服装。

1. 维纶织物的服用特性

(1)吸湿性在合成纤维织物中是最好的,接近棉织物,外观也与棉织物相似,因而维纶大量用作棉花的代用品或与棉花混纺,制作内衣,舒适无闷热感。

(2)干湿强度均较高,耐磨性优良,坚牢度优于棉织物。

(3)热传导率低,保暖性与羊毛织物接近,密度小,有轻而暖的优点。

(4)化学稳定性好,耐酸、碱,耐腐蚀,不怕虫蛀,耐光性较好,较长时间的日晒对其强度影响不大。

(5)染色性差,颜色暗淡,不易染出鲜艳、均匀的色彩。

(6)织物不挺括,抗折皱性差,易起毛、起球,弹性差,尺寸稳定性不好,缩水较大,免烫性级别属中等。

(7)耐湿热性差,喷水熨烫或热水浸泡会发生湿热收缩。

2. 典型品种　维纶纤维多与棉纤维或黏胶纤维混纺,织物具有棉型风格。

（1）维纶纯纺织物。以100%维纶织制,平纹组织为主,多为浅色和本色,可用作服装面料,也可用于衬布、口袋布,强力较好。

（2）维纶与棉混纺织物。主要有维纶50%与棉50%的棉/维细布、棉/维平布、棉/维府绸、棉/维卡其、棉/维灯芯绒、棉/维劳动布等。特点是耐磨性和强度比纯棉布好,吸湿透气性也较好,布身较细洁,光泽好于纯棉布,但颜色不如纯棉布鲜艳,且弹性不佳,易起皱,水中发硬,不耐脏。属中低档产品,多用于制作衬衫、内衣、睡衣、工作服、被单布及童装。

（3）维纶与黏胶纤维混纺织物。此类织物大多采用50%维纶与50%黏胶纤维混纺纱织制,比较细薄,舒适感好。维纶与黏胶混纺可提高织物染色的鲜艳度。主要有维/黏华达呢,二上二下加强斜纹组织,质地紧密厚实,光泽较好,可做外衣裤;维/黏凡立丁,平纹组织,纱线细,捻度、密度较大,质地轻薄,手感较柔软。可做衬衫、外衣裤等。这类织物的缺点是缩水率大,易折皱变形,影响服装外观。

（五）丙纶织物

丙纶的化学名为聚丙烯纤维,是以聚丙烯为原料制得的合成纤维。丙纶原料来源丰富,价格低廉,生产工艺简单。由于丙纶是合成纤维中密度最小的纤维,所以其织物的悬垂性差,且吸湿性最差,普通丙纶织物的质感不适合穿着,多用于装饰窗帘布、救生用具和军用服装。超细旦丙纶长丝织物比较柔软顺滑,可作为服装类织物。

1. 丙纶织物的服用特性

（1）具有很好的强度,可与涤纶、锦纶织物相媲美。在湿态下,丙纶织物强度无损失,该特性优于锦纶织物。

（2）耐磨性仅低于锦纶织物,弹性恢复率较高。

（3）密度是服装用纤维中最小的,质地轻。

（4）丙纶织物抗皱性优良,尺寸稳定性较好,易洗快干,不缩水。

（5）化学稳定性好,具有良好的耐腐蚀性,不腐烂,不霉变。适于劳保服装和工业用布。

（6）吸湿性极小,几乎不吸湿,故穿着丙纶服装有闷热感,静电大,不舒适。

（7）超细旦丙纶丝具有芯吸作用,透湿性和导汗性大大提高,其织物舒适性较好。

（8）耐热性和热稳定性较差,受热易软化收缩,因此熨烫温度不可高于100℃。

（9）长时间受阳光照射易老化受损,强度明显下降。目前在丙纶丝中加入热、光稳定剂,可改善耐热耐光性。

（10）染色困难,丙纶织物很少有鲜艳的色彩,应用有局限性。

2. 典型品种　普通丙纶服用性能不良,多用于工业和室内装饰,少量用于服装材料。丙纶短纤维多与棉花、羊毛和黏胶纤维混纺。超细旦丙纶长丝是理想的服装材料。

（1）细旦、超细旦丙纶长丝织物。这是新型丙纶织物,采用细旦、超细旦丙纶长丝织制,具有疏水导湿,手感柔软,滑爽、透气的特点,改善了普通丙纶织物的舒适性和卫生性,极适合制作高档运动服、内衣及军需服装。机织面料有素软缎、舒美绸、蒙泰绒、蒙泰绸等。

（2）丙纶与棉混纺细布、平布、麻纱。这类棉型织物的混纺比一般为棉50%、丙纶50%。织物具有质地轻盈,耐磨性好,尺寸稳定,弹性良好,易洗快干的特点,缩水率为2%~3%,外观与涤/棉织物相似,但手感发涩、呆板。价格便宜,一般用于外衣面料。

(3)丙纶与棉烂花织物。采用丙纶/棉包芯纱制织的烂花布,与涤/棉烂花布效果相似,主要用于装饰布,如窗帘、台布、床罩、枕套等。

(4)丙纶与黏胶纤维混纺织物。主要是丙纶与黏胶纤维混纺凡立丁,吸湿性、染色性及手感较好,丙纶与黏胶纤维混纺的毛毯,轻巧保暖。

(5)色织丙纶吹捻丝粗纺呢绒。"吹捻丝"是用气流加捻设备将涤纶、丙纶、锦纶等长丝变形加工成具有毛绒感、外观似波浪线的变形丝,又称"空气变形丝"。丙纶吹捻丝织物蓬松、柔软,风格粗犷,仿毛效果较强,轻而保暖,只是不够柔糯。主要品种有法兰绒、钢花呢、大衣呢、条格花呢等,可用于制作大衣、外套、西装等。

(六)氯纶织物

氯纶的化学名为聚氯乙烯纤维。由于氯纶大分子链中含有大量的氯原子,约占总重量的75%,氯原子在一般情况下极难氧化,所以氯纶织物具有很好的阻燃性,适用于救火衣、特需工作服和室内装饰织物。

1. 氯纶织物的服用特性

(1)保暖性优于羊毛织物,用作冬季防寒衣料、絮料,轻而保暖。

(2)燃烧困难,是服装用纤维中最不易燃烧的。

(3)有很强的耐酸、耐碱和耐氧化剂的性能。因此氯纶织物大量用作化工厂工作服、工业滤布等。

(4)吸湿性极小,几乎为零,穿着有闷热感,不舒适,染色困难。

(5)耐磨性尚好,接近腈纶织物,强度与棉织物接近。

(6)电绝缘性很强是氯纶织物的一大特点。由于摩擦所产生的静电对风湿性关节炎有一定电疗作用,且保暖性强,因此氯纶针织内衣、毛线衣可辅助治疗风湿性关节炎。

(7)耐热性差,60~70℃时即开始软化收缩,故氯纶织物不能用热水洗涤,不可高温熨烫。穿着时应避免接触高温物体。

2. 典型品种 氯纶纤维可纺制绒线用于编织。氯纶毛毯、氯纶地毯不吸水,阻燃性好。氯纶织物多用于特殊防护之需。纯氯纶织物弹性较差,手感不活络,有板结感。氯纶服装衣料主要是氯纶与棉、黏胶纤维的混纺织物,质地丰满,手感较柔软平滑,耐磨、耐腐蚀,保暖性好,此外,还有氯/富平布、棉/氯哔叽等。

(1)氯纶阻燃织物。利用氯纶难燃的特点,可织制各种特殊防护功能的阻燃型织物,用于工作服、安全帐篷、救生衣等。60%以上的氯纶与其他纤维混纺的织物就可获得良好的防火性。

(2)氯纶与棉混纺织物。一般采用50%氯纶与50%棉纤维混纺,品种有卡其、平布等。与其他原料织物相比,手感和弹性不良,穿着不舒适,用于特殊防护效果较好。

(3)氯纶与黏胶纤维混纺织物。主要是绒布和仿毛凡立丁等,一般用于阻燃、耐腐蚀等特殊需求的服装。

三、功能纤维织物

为弥补天然材料功能和用途上的不足,利用化纤独特的性质或将纤维改性加工而生产的特殊功能织物。功能纤维织物主要有氨纶弹性纤维织物、变色织物、香味织物、阻燃织物、防毒织物、红外线保健织物、防臭抗菌织物及超细纤维织物等。

第六节　针织物及其特性

一、针织物的服用性能特点

在针织面料的性能中,有些是对款式造型、缝制加工有重要影响的,设计前必须对这些性能进行了解,才能扬长避短,保证设计的合理性与正确性。

(1)延伸性。针织物的延伸性是针织物受到外力拉伸时的伸长特性,与针织物的组织结构、线圈长度、纱线细度和性质有关。由于针织物是由线圈串套而成,在受外力作用时,线圈中的圈柱与圈弧发生转移,外力消失后又可恢复,这种变化在坯布的纵向与横向都可能发生。所以针织物的延伸性可分为纵向延伸、横向延伸和双向延伸。

延伸性能好的面料,尺寸稳定性相对较差,在款式设计、裁剪、缝制、整烫过程中都要加以注意,防止产品受拉伸而变形,从而使规格尺寸发生变化。如缝制时,应根据服用要求来选用线迹,易受拉伸的领口、袖口、裤口等部位要选用与缝料拉伸相适应的线迹结构及弹性缝线,而需要相对平整与稳定的领子、肩线、门襟、口袋等部位线迹弹性要小,并采用衬布、纱带等方法加固,防止变形。熨烫时则不宜运用推烫、归烫、拔烫等工艺技巧,而要使用喷蒸汽及压烫的技巧。

(2)弹性。当引起针织物变形的外力去除后,针织物形状回复的能力称为弹性。它取决于针织物的组织结构与未充满系数,纱线的弹性和摩擦系数。

针织面料具有良好的弹性,手感柔软,穿着舒适,贴体合身,不妨碍人体活动,是制作各种内衣、运动衣、休闲装的理想材料。弹性是针织面料的突出特点,一般针织物的弹性较大,如采用弹性纤维并结合适当的组织结构,可生产出弹性极强的针织面料,在纵横向均具有较大伸缩性,它所形成的织物风格是其他面料很难取代的。弹性面料已成为服装面料中的新宠,有着广阔的应用前景。

(3)脱散性。当针织物的纱线断裂或线圈失去串套连接后,会按一定方向脱散,使线圈与线圈发生分离,称为脱散性。当纱线断裂后,线圈沿纵行从纱线断裂处脱散下来,使针织物的强力与外观受到影响。脱散性与面料使用的原料种类、纱线摩擦系数、组织结构、织物密度和纱线的抗弯刚度等因素有关。单面纬平针织物脱散性较大;双面织物、经编织物脱散性较小或不脱散。

在款式设计与缝制工艺设计时,应充分考虑这一性能,并采取相应的措施加以防止。在设计样板时,应准确增加缝纫损耗量,保证成衣质量和规格;缝制时宜采用能防止面料脱散、覆盖力强的线迹结构,常用的有四线、五线包缝线迹或绷缝线迹;或采用卷边、滚边、缉罗纹边等措施防止布边脱散;同时,在缝制时应注意缝针不能刺断纱线形成针洞,而引起坯布脱散。

（4）卷边性。某些组织的针织物（如纬平针组织）在自由状态下，布边发生包卷的现象。这是由于线圈中弯曲线段所具有的内应力，力图使线段伸直而引起的。卷边性与针织物的组织结构、纱线弹性、纱线捻度、组织密度和线圈长度等因素有关。一般单面针织物的卷边性较严重，双面针织物卷边性较小。

如把这种卷边应用到针织服装的领口或袖口等部位，还能成为一种特殊的款式。

针织物的卷边会对裁剪和缝纫加工造成不利影响。在缝制时，卷边现象会影响缝纫工的操作速度，降低工作效率。对于卷边性严重的面料，可采用喷雾式黏合剂喷洒在衣片的布边上，防止卷边。

（5）纬斜性。当圆筒形纬编针织物的纵行与横列之间相互不垂直时，就形成了纬斜现象。纱线捻度不稳定、多路编织会加剧这一现象。纬斜性主要表现在两个方面，线圈纵行的歪斜和线圈横列的弓形弯曲。

某些针织物在自由状态下，会产生线圈纵行歪斜的现象。用这类坯布缝制的产品洗涤后就会产生扭曲变形，侧缝倾斜，影响针织物的外观与使用。线圈纵行歪斜的现象主要是由于编织纱线的捻度不稳定造成的，纱线力图解捻，引起线圈扭转，导致纵行歪斜。这种歪斜除与纱线的捻度（捻度的大小和方向）有关外，还与织物的稀密程度有关，织物越稀，歪斜性越大。因此采用低捻和捻度稳定的纱线、增加针织物的密度可以减少线圈纵行的歪斜现象。

线圈横列的弓形弯曲主要是由于在牵拉过程中，线圈纵行之间所受的张力不同，造成针织物在圆周方向上的密度不匀所形成的，编织路数越多，线圈横列倾斜的高度就越大。这种线圈横列的弯曲，造成了针织物的变形，影响产品质量，对提花织物尤其是大花纹织物，由于前后衣片缝合处花纹参差不齐，增加了裁剪和缝制的困难。

因此在面料生产过程中，为了减轻纬斜现象，要选用捻度低而稳定的纱线编织，同时适当增加编织的密度；在漂染后整理工序，可以采用树脂扩幅整理等整纬方法，开幅织物采用拉幅整理来纠正纬斜；在排料裁剪时，要特别注意样板的纵横向边缘与面料的纵横向纹路的平行或垂直度，裁剪衣片的纵横向线圈纹路与样板上标注的线圈纹路必须一致；色织织物，尤其是条、格及对称花型的面料，为了消除纬斜，一般采用沿某纵行剖幅的方法，以便裁剪、缝制时能对格对条，避免成品的门襟、挺缝线等纵横向结构线歪斜，以提高成品的质量等级。

（6）悬垂性。悬垂性是指织物在自重作用下自然下垂形成曲面的性能。若面料能下垂成平滑、曲率均匀或波纹均匀的曲面，则称面料的悬垂性好，反之则悬垂性差。常用伞形悬垂法测定。有时可以通过织物悬垂的波纹数和波纹轮廓的形状来判别悬垂性的优劣。

针织面料柔软性和悬垂性较好，可以制成宽松式服装，形成充满韵律的垂坠感，如休闲外套，休闲便装等。

（7）勾丝与起毛、起球。针织物在使用过程中，如果碰到尖硬的物体，织物中的纤维或纱线就被勾出，在织物表面形成丝环，这就是勾丝。当织物在穿着洗涤中不断经受摩擦，织物表面的纤维端就会露出于织物，使织物表面起毛。若这些纤维端在以后的穿着中不能及时脱落，就相互纠缠在一起被揉成许多球形小粒，称之为起球。影响起毛起球的因素很多，主要可归纳为：组成针织物的原料品种、纱线与织物的结构、染整加工、成品的服用条件等。

针织物由于结构比较松散,勾丝、起毛、起球现象比机织物更易发生,因而在裁剪与缝制中,裁剪台与缝纫台板应光滑、无毛刺或用光洁的坯布包覆好,特别是缝制真丝及长丝织物应特别注意。

(8)透气性和吸湿性。针织面料的线圈结构能保存较多的空气,因而透气性、吸湿性、保暖性都较好,穿着时有舒适感。这一特性是使它成为功能性、舒适性面料的条件,但在成品流通或储存中应注意通风,保持干燥,防止霉变。

(9)工艺回缩性。针织面料在缝制加工过程中,其长度与宽度方向会发生一定程度的回缩,其回缩量与原衣片长、宽尺寸之百分比称为缝制工艺回缩率,一般为2%。回缩率的大小与坯布组织结构、密度、原料种类和细度、染整加工和后整理的方式等条件有关。工艺回缩性是针织面料的重要特性,为了确保成衣规格,在设计样板时,工艺回缩率是必须要考虑的工艺参数。

二、针织面料的分类与命名

(一)针织面料的命名

针织面料的命名由下列几部分构成:

线密度组成 + 原料组成 + 面料组织 + 平方米克重,如,18tex/28tex/96tex 全棉色织薄绒布,平方米克重 380g/m²。

(二)针织面料的分类

针织面料的种类很多,可以依据生产方式、原料组成、织物下机形式、组织结构等进行分类。

1. 按生产方式分类　根据生产方式和针织物形成的方式,分为纬编面料和经编面料两大类。

在纬编面料中,一个线圈横列是由一根(组)纱线形成的,因而沿纬向具有较高的延伸性。常用于制作针织内衣和外衣。在经编面料中,同组纱线在每一横列中只形成一个或两个线圈,然后转移到下一横列中,在另一纵行成圈,形成纵行间的横向联系。每组纱线形成的线圈沿织物经向配置。经编面料具有不易脱散、延伸性小、尺寸稳定性较好的特点。常用于制作弥补自身缺陷,凸显身体曲线的调整内衣,室内装饰材料,涉及工、农、医领域,用于外衣面料的经编针织物,其性能接近机织面料。

2. 按原料组成分类　根据构成针织物的原料可分为纯纺针织物、混纺针织物和交织针织物。

纯纺针织物是由单一原料的纱线编织而成,如纯棉、毛、丝针织物,纯涤纶、锦纶、腈纶针织物等。

混纺针织物是由含有两种或两种以上的混纺纱线编织而成,如涤/棉、毛/腈针织物。

交织针织物是由两种或两种以上原料的纱线或长丝交织而成。

3. 按下机形状分类　按下机形状分类分为平幅坯布和筒状坯布。

4. 按加工方式分类　按加工方式分类分为本色布、漂白布、染色布、印花布、色织布和提花布。

5. 按针织物单双面分类　单面针织物是用单针床编织的针织物,织物的一面为正面线圈,另一面为反面线圈,两面具有显著不同的外观。单面针织物易卷边,需定形整理予以改善,便于裁剪缝纫。

双面针织物是用双针床编织而成,织物两面都显示正面线圈。双面针织物较厚实,弹性和尺寸稳定性较好,卷边性小,常用于制作针织外衣。

6. 按组织结构分类 根据线圈结构与相互排列分为基本组织织物、变化组织织物和花色组织织物。

7. 按织物用途分类 按织物用途分类分为服用织物、装饰用织物、产业用织物。

三、纬编针织物的常见品种及应用

1. 纬平针组织织物 纬平针组织是由连续的同一种单元线圈向一个方向依次串套而成。纬平针织物的两面具有不同的几何形态,如图5-31所示,正面线圈上的圈柱与线圈纵行配置成一定角度,纱线上的结头、棉结杂质容易被旧线圈所阻挡而停留在针织物的反面,因而正面一般较为明亮、光洁、平整。反面的圈弧与线圈横列同向配置,对光线有较大的漫反射作用,因而较为阴暗。

纬平针组织的布面光洁、纹路清晰、质地细密、手感滑爽。在纵向和横向拉伸时具有较好的延伸性,且横向比纵向延伸性大。纬平针织物的边缘具有明显的卷边现象,织物的横向边缘卷向工艺正面,纵向边缘卷向工艺反面。纬平针织物可以沿顺或逆编织方向脱散,有时还会产生线圈纵行歪斜的现象。常用作贴身内衣、运动衣面料等。

2. 罗纹组织织物 罗纹组织是由正面线圈纵行和反面线圈纵行以一定的组合相间配置而成,如图5-32所示。罗纹组织的正反面线圈不在同一平面上,正面线圈纵行要掩盖半个反面线圈纵行,每一面的线圈纵行相互毗连,形成凹凸纵条纹外观。罗纹组织的种类很多,视正反面线圈纵行数配置的不同而异,通常用数字代表其正、反面线圈纵行数的组合,如1+1罗纹,2+2罗纹或5+3罗纹等,形成不同外观、风格与性能的罗纹织物。

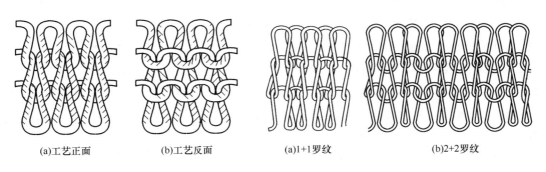

| (a)工艺正面 | (b)工艺反面 | (a)1+1罗纹 | (b)2+2罗纹 |

图5-31 纬平针组织　　　　　图5-32 罗纹组织

罗纹组织纵横向有较好的弹性和延伸性,尤其是横向弹性、延伸性较大。1+1罗纹组织只能逆编织方向脱散。在正反面线圈纵行数相同的罗纹织物中,如1+1罗纹,由于造成卷边的力彼此平衡,因而并不出现卷边。罗纹组织常被用于领口、袖口、裤口、下摆等边口部位,具有收紧边口、省略开口的功能作用,也常用作贴身弹力内衣、休闲服装、游泳衣裤等面料。

3. 双罗纹组织织物　俗称棉毛织物,是由两个罗纹组织彼此复合而成,即在一个罗纹组织线圈纵行之间配置了另一个罗纹组织的线圈纵行。最简单和最基本的双罗纹(1+1双罗纹)组织如图5-33所示。在双罗纹组织的线圈结构中,一个罗纹组织的反面线圈纵行被另一个罗纹组织的正面线圈纵行所遮盖,因而双罗纹组织的两面都呈正面线圈。

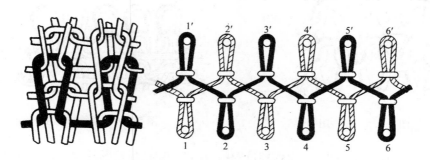

图5-33　双罗纹组织

双罗纹组织的延伸性与弹性较罗纹织物小,尺寸比较稳定,同时只可逆编织方向脱散。当个别线圈断裂时,因受到另一个罗纹组织线圈摩擦的阻碍,因而脱散性较小。织物厚实,布面平整,不卷边。

根据双罗纹织物的编织特点,采用不同色线、不同方法上机可得到各种花色棉毛布和抽条棉毛布,如图5-34所示。常用作贴身内衣、运动衣、休闲服装面料等。

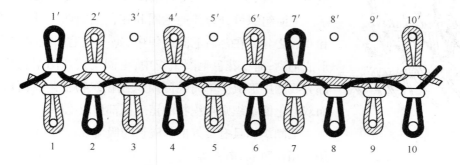

图5-34　抽条棉毛组织

4. 添纱组织织物　添纱组织是针织物的一部分线圈或全部线圈是由两根或两根以上纱线形成的组织。添纱组织一般采用两根纱线进行编织,因此当采用两根不同捻向的纱线进行编织时,既可消除纬编针织物线圈歪斜的现象,又可使针织物的厚薄均匀,正反面具有不同的色泽与性质和正面形成花纹。添纱组织可分为全部添纱和部分添纱两大类。

全部添纱组织以平针组织为地组织,所有的线圈都是由两根或两根以上纱线形成,如图5-35所示。其中面纱经常处于织物的正面,地纱处于织物的反面;正面显露的是面纱的圈柱,反面显露的是地纱的圈弧。全部添纱组织的紧密度较纬平针组织大,延伸性、脱散性较纬平针组织小。常用作内衣、运动衣、休闲服装和功能性、舒适性要求较高的服装面料,如丝盖棉、导湿快干织物等。

5. 衬垫组织织物 衬垫组织是以一根或几根衬垫纱线按一定比例在织物的某些线圈上形成不封闭的悬弧,而在其余的线圈上呈浮线停留在织物反面。地纱编织衬垫组织的地组织(平针组织、添纱组织),衬垫纱在地组织上按一定的规律编织成不封闭的悬弧,如图5-36所示。

图 5-35　添纱组织

图 5-36　添纱衬垫组织

衬垫组织主要用于绒布生产,在整理过程中进行拉毛,使衬垫纱线成为短绒状,增加织物的保暖性。起绒织物表面平整,保暖性好,可用于绒衣、绒裤等保暖服装、童装等。

通过采用不同的衬垫方式和花式衬垫纱线还能形成花纹效应。使用时可将有衬垫纱的一面作为服装的正面。由于衬垫纱的存在,因此衬垫织物横向延伸性小,尺寸稳定,常用作T恤衫、休闲服等。

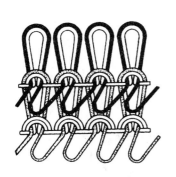

图 5-37　单面毛圈组织

6. 毛圈组织织物 毛圈组织是由平针线圈和带有拉长沉降弧的毛圈线圈组合而成。一般由两根纱线编织,一根纱线编织地组织线圈,另一根纱线编织带有毛圈的线圈,如图5-37所示。毛圈组织可分为普通毛圈和花色毛圈两类,同时还有单面和双面之分。在普通毛圈组织中,每一只毛圈线圈的沉降弧都形成毛圈;而在花色毛圈组织中,毛圈是按照图案花纹,仅在一部分线圈中形成。单面毛圈组织仅在织物工艺反面形成毛圈,而双面毛圈组织则在织物的正反面都形成毛圈。

毛圈织物具有良好的保暖性与吸湿性,产品柔软、厚实。适用于制作睡衣、浴衣等。

7. 空气层组织织物 空气层组织由罗纹组织或者双罗纹组织与平针组织复合编织形成的,常用的有罗纹空气层和双罗纹空气层,如图5-38所示。这类组织的特点是分别在上、下针上进行单面编织,织物中形成筒状的空气层,保暖性好,是保暖内衣、休闲服装及针织毛衫外衣化的理想面料。且空气层组织结构紧密,横向延伸性小,尺寸比较稳定,织物厚实挺括。

8. 夹层绗缝组织织物 夹层绗缝组织由单面编织与双面编织复合形成。其特点是有正反面单面编织存在,使织物形成空气层;在单面编织的夹层中衬入不参加编织的纬纱,然后由双面编织成绗缝。织物由于中间有空气层,保暖性、柔软性良好,加入衬纬纱又使织物更丰满、厚实。若外层采用棉纱编织,内衬高弹丝,是保暖内衣的极好面料;若正反面采用不同类型的纱线编织,则尤其适合用作外衣面料。

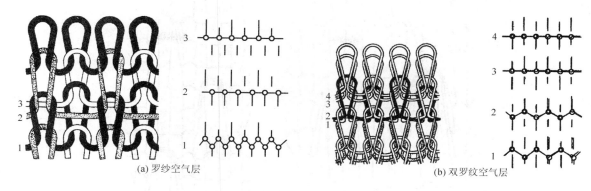

(a) 罗纱空气层　　　　　　　　　　　　　　　　　(b) 双罗纹空气层

图 5-38　空气层组织

9. 提花组织织物　提花组织是将纱线垫放在按花纹要求所选择的某些针上进行编织成圈，未垫放上新纱线的织针不成圈，纱线则成浮线，处于这些不参加编织的织针后面。提花织物根据结构有单面提花和双面提花，均匀提花和不均匀提花之分；根据色彩有素色和多色提花针织物。单面提花组织由平针线圈和浮线组成，如图 5-39 所示。

单面均匀提花组织一般采用多色纱线，在每一个横列中，每一种色纱都出现一次，如果双色提花，每一个横列中有两种色纱出现；线圈大小相同，结构均匀，织物外观平整；每个线圈的后面都有浮线。

单面不均匀提花组织由于某些织针连续几个横列不编织，这样就形成了拉长的线圈，这些拉长了的线圈抽紧与之相连的平针线圈，从而使针织物表面产生凹凸效应。

双面提花组织在具有两个针床的针织机上编织而成，其花纹可在织物的一面形成，也可以同时在织物的两面形成。在实际

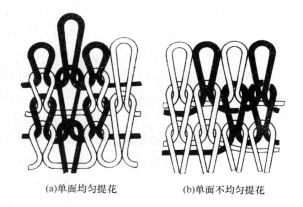

(a)单面均匀提花　　　　(b)单面不均匀提花

图 5-39　单面提花组织

生产中，大多数采用织物的一面提花，另一面不提花。正面花纹一般由选针装置根据花纹需要对织针进行选针编织，而不提花的反面则采用较为简单的组织。

提花面料常用的原料有低弹涤纶丝、锦纶弹力丝、锦纶长丝、腈纶纱、毛纱和棉纱和涤棉混纺纱。提花针织布花纹清晰，图案丰富；质地较为厚实，结构稳定，延伸性和脱散性较小；手感柔软而有弹性，是较好的针织外衣面料。

10. 集圈组织织物　集圈组织是一种在针织物的某些线圈上，除套有一个封闭的旧线圈外，还有一个或几个悬弧的花色组织，其结构单元由线圈与悬弧组成。集圈组织可分为单面集圈和双面集圈两种类型，还可以根据集圈的针数和次数进行分类，如单针集圈、多针集圈；单列集圈和多列集圈，如图 5-40 所示。

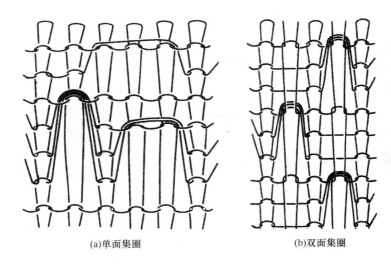

(a)单面集圈　　　　　　　　(b)双面集圈

图 5 - 40　集圈组织

集圈组织的花色变化较多,利用集圈的排列和使用不同色彩与性能的纱线,可编织出表面具有图案、闪色、孔眼以及凹凸等效应的织物,使织物具有不同的服用性能与外观。

利用线圈与集圈悬弧交错配置,在织物表面形成蜂窝状的网孔效应,又称珠地织物。这种织物透气性好,采用精梳棉纱编织的双珠地织物,经后处理后,网眼晶莹,酷似珍珠,是极好的夏季、春秋季服装面料。

在罗纹组织的基础上编织集圈和浮线,或采用双罗纹组织与集圈组织复合,可获得多种网眼效应,织物厚实,延伸性小,挺括、有身骨,尺寸稳定,透气性好,是春秋季休闲时装、舒适性运动服装的良好材料。

集圈组织的脱散性、横向延伸性较平针与罗纹组织小,但容易抽丝。由于集圈的后面有悬弧,所以织物厚度增大,同时织物宽度增加,长度缩短。织物强力较平针与罗纹组织小。

图 5 - 41　长毛绒组织

11. 长毛绒组织织物　长毛绒是在编织过程中用纤维或毛纱同地纱一起喂入编织成圈,纤维以绒毛状附在织物的工艺反面,如图 5 - 41 所示。

利用各种不同性质的合成纤维混合后进行编织,由于喂入纤维的长短、粗细有差异,使纤维留在织物表面的长度不一,因此可以做成毛干和绒毛两层,这种结构和外观同天然毛皮相似,因此又有"人造毛皮"之称。特别是采用腈纶制成的针织人造毛皮,其重量比天然毛皮轻,具有良好的保暖性和耐磨性,而且绒毛结构和形状都与天然毛皮相似,外观逼真,适合作冬季外衣。

四、经编针织物的常见品种及应用

经编针织物是用一组或几组平行排列的经纱于经向同时喂入经编机的所有工作针上进行编织而形成的针织物。其每根纱线在每个线圈横列中一般只形成一个线圈。

经编针织物的基本组织有经平组织、经缎组织和经绒组织。这些组织均可在单梳栉经编机上织制而成。实际生产中的服装面料,一般由双梳栉或多梳栉经编机织成各种变化组织,如经平绒组织、经平斜组织和经斜编链组织等。

1. 经平组织织物　经平组织织物是每根经纱轮流在相邻两根针上垫纱,因此每个线圈纵行由相邻的经纱轮流垫纱成圈。线圈有开口和闭口两种形式,这两种线圈可以交替使用。图5 - 42所示为由开口线圈形成的经平组织。

2. 经缎组织织物　经缎织物是每根经纱顺序地在3根或3根以上的织针上垫纱成圈。改变每根经纱垫放的织针数目、方向和顺序,可按要求织出不同的花纹。图5 - 43为五针经缎组织,也可称为八列经缎组织。

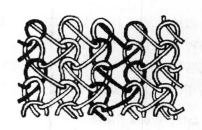

图5 - 42　经平组织

图5 - 43　五针经缎组织

3. 经绒组织织物　经绒组织是由两个经平组织组成,如图5 - 44所示。每一个经平组织相隔一根织针成圈,形成三针经绒组织。如果由三个经平组织组成就称为四针经绒组织,又叫经斜组织。

4. 经平绒组织织物　图5 - 45所示是最常见的一种经编面料组织结构。在双梳栉经编机上,后梳栉以经平组织方式垫纱,前梳栉以经绒组织方式垫纱,而垫纱运动方向相反。由于经绒组织一面易磨出绒毛,故经磨毛整理后可成为仿麂皮绒经编织物。

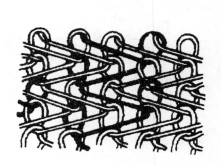

图5 - 44　四针经绒组织

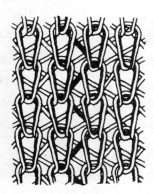

图5 - 45　经平绒组织

5. 经平斜组织织物　如图 5-46 所示，经编机的后梳栉作经平组织垫纱运动，而前梳栉作经斜组织垫纱运动，由于前梳栉的延展线较长，布面平整，手感和光泽都较好。

图 5-46　经平斜组织

6. 经斜编链组织织物　经编机的后梳栉作经斜组织垫纱运动，而前梳栉作编链组织垫纱运动。这种组织性能比较稳定，不易卷边，广泛用作衬衫和外衣面料。

前面介绍了纬编针织物和经编针织物的基本知识。从线圈结构可以知道，纬编针织物比较容易脱散，单面织物还容易卷边，因此在衣片边缘常用包缝机进行拷边。而经编织物常用双梳栉或多梳栉机加工，不会脱散和卷边，缝制加工比较方便。

纬编织物一般是用大圆机织制成圆筒型坯布，为了确定布幅，需要进行轧光或扩幅预缩整理。经编织物是平型坯布，裁制前要进行拉幅定形整理。

至于什么样的面料组织适宜制作什么类服装，一般地说，没有什么特别的原则可以遵循，因为决定面料性能的除了组织结构外，还与所用原料的品种、规格以及坯布的后整理加工工艺有关，同时还要受服装设计师把握面料性能的能力和裁缝工艺设备条件的支配。但是，根据实际的生产应用和有关资料的介绍，汇总了各类组织面料大致的应用情况，列于表 5-1 供读者参考。

表 5-1　各种针织面料适合制作的针织服装品种

针织面料类别		纬编面料(圆机、横机)									经编面料(特里科经编机、拉舍尔经编机)							
		平针组织	罗纹组织	双罗纹组织	双反面组织	毛圈组织	集圈组织	米拉诺罗纹组织	波纹组织	菠萝组织	经平绒组织	经平斜组织	双梳栉经斜组织	网眼组织	移圈组织	集圈组织	经绒组织	花边组织
外衣类	毛衫类	○	○	○	○		○	○									○	○
	礼服、制服	○		○	○		○	○	○									
	工作服	○		○	○					○								
	便服	○	○	○	○	○	○	○	○	○								
	运动服	○	○	○	○	○								○		○		
	休闲服	○	○	○	○	○												
	时装	○		○	○							○		○		○		○
中衣类	男式衬衫	○					○	○										
	女式衬衫	○					○	○					○	○	○	○	○	○
	T恤衫	○					○											
内衣类	普通内衣	○	○	○	○									○				
	补正内衣		○								○							○
	装饰内衣	○	○									○						○

针织面料类别		纬编面料(圆机、横机)									经编面料(特里科经编机、拉舍尔经编机)							
		平针组织	罗纹组织	双罗纹组织	双反面组织	毛圈组织	集圈组织	米拉诺罗纹组织	波纹组织	菠萝组织	经平绒组织	经平斜组织	双梳栉经斜组织	网眼组织	移圈组织	集圈组织	经绒组织	花边组织
其他服饰	睡衣	○		○		○												
	袜品	○	○			○	○							○				
	手套	○				○	○		○	○	○	○		○	○	○		○
	头巾	○							○	○				○	○	○		○
	帽子	○	○	○	○	○							○					
	领带	○					○						○				○	

五、其他针织面料

1. 弹力针织面料　使用氨纶包芯纱、包覆纱或氨纶裸丝与其他纱线（或长丝）在经编机或纬编机上混合编织的织物称为弹力针织物。弹力针织物中氨纶纱线可以以衬垫或编织的方式加入。按弹性方向可分为纬向弹力、经向弹力和经纬弹力织物；按弹力大小可分为高弹、中弹和低弹织物。

弹力针织物具有良好的弹性，质地柔软，不易变形，穿着无压迫感，活动自如，能充分体现人体的曲线美，因而常被用作贴体和紧身服装。

在经编机上采用弹力锦纶丝和氨纶交织的弹力面料，有良好的纵、横向弹性，织物手感柔软，细腻，外观漂亮，易于印花，适于制作游泳衣、运动衫、健美服等。

在纬编机上采用棉或莫代尔等纱线与氨纶交织，以紧密纬平针或罗纹为地组织制成的弹力织物，吸湿透气，没有静电，是极好的内衣面料。

2. 起绒针织面料　表面覆盖有一层稠密、短细绒毛的针织物称为起绒针织布，俗称绒布。分为单面绒和双面绒两种。单面绒由衬垫组织反面经拉毛处理而形成。双面绒一般是在双面针织物的两面进行起绒整理。起绒针织布经漂染后可加工成漂白、特白、素色、印花等品种。也可用染色或混色纱织成素色或色织产品。

起绒针织布手感柔软、质地丰厚、轻便保暖、舒适感强。所用原料种类很多，底布常用棉纱、涤棉混纺纱、涤纶丝，起绒纱用较粗、捻度较低的棉纱、腈纶丝、毛纱或混纺纱。

根据所用纱线的细度和绒面厚度，单面绒布又分为细绒、薄绒和厚绒。细绒、薄绒布的绒面较薄，布面细洁、美观，平方米克重小，用于制作妇女和儿童的内衣、运动衣和春秋季绒衫裤。厚绒布较为厚重，绒面蓬松，保暖性更好，多用于冬季绒衫裤。

3. 丝盖棉面料　由两种原料交织而成丝盖棉面料，正面显露丝（涤纶等化学纤维），反面显露棉（或其他天然纤维）。面料外观挺括，抗皱、耐磨、色牢度好，而内层柔软、吸湿、透气、保暖、静电小,穿着舒适,集涤纶化纤针织物和棉针织物的优点于一体。

单面丝盖棉织物采用平针添纱组织,双面丝盖棉织物经常采用罗纹或双罗纹集圈浮线或空气层组织。适于制作运动服、夹克衫、健美裤等。

针织面料的种类很多,利用花色组织,不仅能在针织坯布上形成各种花纹,以美化针织物的外观,而且能改变针织物的性能,如减小脱散性,使织物更加紧密、厚实,弹性好,尺寸稳定等,为针织服装外衣化、时装化提供了丰富的材料。

☞ **思考题**

1. 纯棉织物的服用特性和风格特征如何? 收集常用棉织物,观察它们的外观特征。

2. 麻织物的服用特性和质感特征如何? 收集纯麻和麻混纺面料,它们各有什么特点?

3. 毛织物的服用特性如何? 精纺花呢和粗纺花呢各有什么特点? 如何理解"花呢"的含义并应用到服装设计中去?

4. 桑蚕丝与柞蚕丝织物的服用性能如何? 风格质感有什么不同?

5. 认识、了解并收集市场上流行的天然纤维与化学纤维机织面料。

6. 试述针织物的服用性能特点有哪些? 针织物的主要品种、性能特点和服装适用性。

第六章　新型服用纺织纤维和服用纺织品

● 本章知识点 ●

1.新型服用纺织纤维的种类性能。

2.新型服用纺织品的性能特点。

3.功能性服用纺织品的性能特点。

　　随着社会经济的不断发展和生活水平的不断提高,消费者对服装材料的功能性、舒适性、外观和易保养性等要求越来越高,安全、环保已经成为服装流行新理念,传统服装材料不能满足要求。新型服装材料的研究、开发和应用成为国际服装产业发展的主要趋势,并带动了材料、纺织、服装等行业的持续发展,利用新型纤维、新型纱线、新型织物结构、新型后整理都可以开发出新型服装材料。目前新型服装材料发展主要集中在以下方面:

　　(1)经过改性而形成具有特殊功能的新型服装材料。

　　(2)新开发应用的天然纤维服装材料。

　　(3)新合成的化学纤维服装材料等。

　　新型服装材料可以分为新型天然纤维服装材料、新型再生纤维服装材料、新型合成纤维服装材料、功能型服装材料、纳米服装材料等。

第一节　新型天然纤维及服用纺织品

　　天然纤维以其安全、舒适、环保等优势,一直受到消费者的青睐。天然纤维品种少,服用及易打理性差,后整理又会带来环境污染,对天然纤维种类的丰富、服用性能的提高、染色性能的改进是新型天然纤维的研究方向。

一、新型棉纤维及服用纺织品

　　1.彩色棉花　彩色棉花简称彩棉。传统的棉花为白色、乳白色或淡黄色,要获得五彩缤纷的色彩,只有对棉纱、棉织物进行印染加工。印染加工整理过程不仅要消耗大量的水电等资源,使服装材料加工成本增加,还会造成严重的环境污染,服用材料中的染料还存在对人体健康的潜在危害,自然基因变异形成的彩色棉花为人工培育和种植提供了研究方法。彩色棉花是在棉花植株内植入不同颜色的基因,从而使棉桃生长过程中具有不同的颜色。目前,经过人工培育,已经培养出黄、绿、棕、红等多种不同颜色的彩棉品种。彩色棉花可以完全避免染料污染,是健康、环保、安全、舒适的新型服装材料。

彩棉织物色彩自然、色泽柔和、格调古朴、风格独特,具有良好的外观效果。彩棉服装质地坚固耐用,经穿着洗涤后毫不褪色。彩棉服装穿着舒适,同时还具有止痒、防过敏和屏蔽紫外线的作用。由于彩棉具有弱酸性,用彩棉制成的衬衣及内衣,与人的皮肤具有很好的亲和度,有利于人体健康。彩棉服装已深受消费者的喜爱。

2. "环保"棉花　棉花生产过程使用的化肥、杀虫剂和脱叶剂,会对环境造成严重污染,棉面料中残留的农药在服用时还会对人体造成损害。人们利用生物基因工程,将一种对棉花害虫有排斥作用的基因植入棉花,转变基因后的棉株不再有虫害,从而避免了农药的使用。而且这种棉花只对以棉花为食的昆虫有毒,对人和益虫无害。转基因棉纤维面料是一种绿色环保面料。人们还培育出不需人工脱叶的棉花,使其具有遗传性的早期自然脱叶特性,在棉花成熟前两个月,叶子开始变红并逐渐脱落,自动去除了棉纤维中的杂质,还避免了脱叶剂的污染。

二、新型麻纤维及服用纺织品

麻具有抗菌、抑菌功能,在种植时不需施放农药和杀虫剂,使麻纤维免受化学品污染,天然环保。麻纤维吸湿散湿快、透气性好、耐酸碱能力强、色泽肌理独特。由于纤维素及木质素的存在,纤维刚性大,纤维之间抱合力差,织物硬挺,易于起皱。利用先进的生物脱胶制麻工艺和新型纺纱工艺,降低了麻纤维的纺纱特数。利用酶剂对麻纤维或织物材料进行改性整理,克服材料易皱、刺痒和粗糙等缺点,并保持了耐热、耐日光、防腐、防霉及良好的吸湿透气性,可以拓展麻纤维及其纺织品在服装领域的应用,成为一种新型流行面料。

1. 罗布麻　罗布麻又名野麻、红花草,因在新疆罗布泊发现而得名。罗布麻含有多种对人体有益的成分,包括黄酮类化合物、微量元素及人体所需的氨基酸,是一种生长于荒漠的绿色保健植物。罗布麻被誉为"野生纤维之王",具有丝的光泽、麻的挺括、棉的柔软,其织物吸湿透气、抗静电、抗紫外线。罗布麻纤维还具有远红外辐射功能,辐射的远红外线能渗透到人体皮下3~5cm,产生共振及温热效应,热量通过血液循环深入到组织细胞深处,起到保暖、抑菌及促进微循环的作用,可以开发为远红外功能服装。罗布麻中富含具有挥发性的麻缩醇等物质,对金黄葡萄球菌、绿脓杆菌、大肠杆菌等具有不同程度的抑制作用,可以开发防霉抑菌服装,如抑菌内裤等;罗布麻中的黄酮苷类有较强的抗氧化活性,可以开发预防高血压、抗氧化、抗衰老等功能服装。由于罗布麻纤维短而粗,不易纯纺,多采用水溶性维纶伴纺,在织物的后续煮练中再将维纶去除而获得纯罗布麻织物;还可以开发与精梳棉纱混纺或交织的罗布麻保健服饰。

2. 摩维纤维　摩维纤维主要是以黄麻为原料,经过生物、化学、物理组合加工而提取的精细化天然纤维素纤维。经过柔性分梳、牵伸细化、降低毛羽等技术加工的摩维纤维产品柔软平滑、色调柔和,表面纹理自然独特,具有返璞归真、粗犷豪放的风格。摩维纤维保持了吸湿、放湿快,透湿、导湿能力强的优点,能够很好地调节人体与环境的热湿平衡,使得人体始终处于舒适状态。摩维纤维产品还具有抗菌保健作用。摩维纤维的天然环保及舒适保健性能使其成为功能服饰的又一个研究热点。

三、新型毛纤维及服用纺织品

1.抗污毛纤维　羊毛纤维有拒水性,使羊毛本身具有一定的抗污性。但毛纤维一旦受潮,抗污性能就会下降,去污处理又会影响羊毛服装的外观及服用性能。采用表面超微粒半导体的成膜工艺,使羊毛纤维表面形成的功能膜具有较好的分解污渍的能力,从而使得羊毛具有抗污性能,是一种高效且能长久抗污的方法。

2.丝光羊毛　羊毛表面的鳞片使羊毛纤维具有单向移动的特性。在湿、热和机械力等因素作用下会发生毡缩现象。采用低温等离子体及化学法复合处理、化学脱鳞处理、氯化改性处理等方法,可以使鳞片变质或受伤,表面光滑,改变其单向移动性,羊毛不仅获得永久性的防缩效果,且纤维细度变小,富有光泽,提高染色性和色牢度,经过整理的羊毛被称为丝光羊毛。丝光羊毛制成的毛衫等服装手感柔软,无刺痒感,抗起毛起球性好,能满足机洗要求。

3.陶瓷化羊毛　陶瓷化羊毛是指经氯化处理后借助陶瓷微粉末充填改性的羊毛。陶瓷化羊毛含水率提高,天热时穿着会感到光滑、凉爽、舒适,也被称为凉爽羊毛。经陶瓷加工后的羊毛织物,一般还用树脂进行加工,树脂形成 $0.1\mu m$ 的薄膜并与毛纤维牢固地结合,通过柔软、光泽等处理赋予羊毛特殊的手感和性能,可以作为四季高档衣料。

4.拉细羊毛　经过羊毛拉细技术处理过的羊毛长度增加,细度变细,细度可降低至 $18\mu m$ 以下,拉伸羊毛纤维形态为伸直、细长、无卷曲,其弹性模量和刚性得到提高,具有丝光柔软的效果,但断裂伸长率下降。拉细羊毛产品轻薄、滑爽、挺括,悬垂性好,有飘逸感,光泽明亮、呢面细腻,穿着无刺痒感和粘身感,提高了羊毛产品的服用舒适性。

四、新型蚕丝纤维及服用纺织品

1.抗皱真丝　真丝绸易缩易皱,不能满足消费者对服装材料易打理的要求。经等离子体处理后接枝抗皱整理或树脂抗皱整理的真丝织物不但保持了其优良的服用性能与华丽的色彩肌理,而且增加了材料形状记忆功能,布面平整,尺寸稳定,抗皱、防缩、免烫,能适应现代快速生活节奏。

2.膨松真丝　将蚕茧用生丝膨化剂进行处理,并经低张力缫丝与复摇,获得直径增加20%~30%、长度收缩、径向膨松的膨松真丝。膨松真丝可织重磅织物,织物柔软、丰满、挺括、不易折皱而富有弹性。膨松真丝机织物适于制作时装、和服以及中厚型的西服。膨松真丝针织物,外观丰满,手感柔软细腻并富有毛型感。

3.蜘蛛丝　蜘蛛丝纤维在弹性和伸展性上比蚕丝好,所以人们用蜘蛛丝来缝合外科手术的伤口。但是蜘蛛很难驯养,利用生物学、遗传工程方法,使蚕的遗传基因受蜘蛛基因影响发生改变后吐的丝含有蜘蛛丝蛋白,称为蛛丝。蛛丝性能优异,抗断裂强度比蚕丝大10倍,比尼龙丝大5倍,伸缩率达35%,超过了目前所有的纤维,即可满足医疗需要,还可以利用蛛丝制造防弹背心等,是高性能的新型服用材料。

五、竹原纤维及服用纺织品

竹原纤维也称原生竹纤维，是采用毛竹或慈竹为原料，采用机械、物理方法，通过浸煮、软化等多道工序，去除竹子中的木质素、多戊糖、竹黏、果胶等杂质，从竹材中直接提取的原生纤维。竹原纤维主要成分是纤维素，随着竹龄的增加，其纤维素含量有所下降。竹原纤维平均线密度为6dtex，且粗细分布不均匀，初始模量为15.65N/tex，纤维抱合力差。断裂强度为3.49cN/dtex，断裂伸长率为5.1%，回潮率为11.64%。竹原纤维纵向有横节，纤维表面有无数微细凹槽。横向为不规则的椭圆形、腰圆形等，内有中腔，横截面上布满了大大小小的空隙，高度中空，且边缘有裂纹。竹原纤维的空隙、凹槽与裂纹犹如毛细管，可以在瞬间吸收和蒸发水分，使竹原纤维织物不但具有良好的吸湿放湿性和透气性，穿着舒适凉爽，不贴身体；而且还具有优良的染色性能。竹原纤维与亚麻、苎麻一样，均具有较强的抗菌作用，其抗菌效果是任何人工添加化学物质无法比拟的，且其抗菌效果具有一定的光谱效应。由于竹原纤维中含有叶绿素铜钠，因而具有良好的除臭作用。叶绿素铜钠还是安全、优良的紫外线吸收剂，因而竹原纤维具有良好的防紫外线功效。

竹原纤维面料导湿快干、抗菌、防紫外线，有清凉感，可以直接接触皮肤。用于内衣、婴幼儿服装、床上用品等。与棉、麻及其他天然纤维混纺交织，可制作T恤、女性高档时装、衬衫等，是真正绿色环保型纤维。

六、香蕉纤维及服用纺织品

香蕉纤维是从香蕉树皮中提取出来的韧皮纤维。传统的提取方法是将香蕉茎秆用切割机切断、用破片机沿其轴向破开，手工或机械将茎秆撕开成片状，将片状香蕉茎秆加入压榨机，压榨挤去纤维以外的液状成分而获得纤维束，再将纤维束干燥梳理获得工艺纤维。也可采用类似黄麻、亚麻生物脱胶、化学脱胶或复合脱胶方法获得工艺纤维。还可以采用蒸汽爆破将香蕉茎秆中果胶、半纤维素等成分降解，分离出纤维束。香蕉纤维与几种纤维素纤维化学成分的比较见表6-1。

表6-1　香蕉纤维与几种纤维化学成分的比较

纤维	纤维素（%）	半纤维素（%）	果胶物质（%）	木质素（%）	灰分（%）	脂蜡质（%）	水溶物（%）
桑皮纤维	44.57	17.23	10.87	11.47	—	4.23	11.62
香蕉纤维	58.5~76.1	28.5~29.9	6.3~7.6	4.8~6.13	1.0~1.4	1.3~1.5	1.9~2.61
大麻	58.16	18.16	6.55	6.21	0.81	2.66	6.0~8.0
黄麻	64~67	16~19	1.1~1.3	11~15	0.6~1.7	0.3~0.7	1.0~2.0
亚麻	70~80	12~15	1.4~5.7	2.5~5.0	0.8~1.3	1.2~1.8	0.5~1.0
苎麻	65~75	14~16	4~5	0.8~1.5	2~5	0.5~1.0	7.0~7.5
剑麻	44.86	14.38	3.02	32.16	—	0.20	5.38
菠萝叶	56~62	16~19	2.0~2.5	9~13	2~3	3.0~7.2	1.0~1.5
竹纤维	45.0~55.0	20.0~25.0	0.5~1.5	20.0~30.0	1.0~1.9	—	—

香蕉纤维横截面呈腰圆形,粗细差异很大,大多数纤维含有中腔,在中腔与胞壁之间存在明显的裂纹和缝隙;一些较小的纤维只有中腔,而在中腔与胞壁之间没有裂纹。从横截面形态分析,香蕉纤维小部分与棉纤维一样,大部分与苎麻、亚麻纤维一样,所以香蕉纤维既具有部分棉纤维的横截面特征,又具有部分麻类纤维,如亚麻等的横截面特征。香蕉纤维纵向表面呈现扁平的外观,粗细差异很大。小部分有天然的转曲,大部分纤维的表面还具有与羊毛纤维的鳞片形状相仿的横节结构,横节有凸起,但是凸起比较平缓。香蕉纤维单纤维长度范围为2.0～3.8mm,必须采用束纤维进行纺纱。细的束纤维平均线密度为3～5tex,粗的束纤维平均线密度约为8～10tex,纤维抱合力差,混纺纱线强力和可纺特数偏高,纺纱制成率低,粗、细节多,表面毛羽多。香蕉纤维兼有纤维素纤维和蛋白质纤维的一些特性。香蕉纤维初始模量高、强度高、伸长小,断裂强度为8.37cN/dtex,强力变异系数CV为34.5%,断裂伸长率为5.4%;香蕉纤维与几种纤维力学性能比较如表6-2所示。

表6~2　香蕉纤维与几种纤维力学性能比较

纤维	单纤维		工艺纤维			
	长度 (mm)	宽度 (μm)	长度 (mm)	细度 (tex)	强度 (cN/tex)	断裂伸长率 (%)
香蕉纤维	2.3～3.8	11～34	80～200	6.0～7.6	50.75	3.18
亚麻纤维	16.0～20.0	12～17	30～90	2.5～3.5	47.97	3.96
黄麻纤维	2.0～6.0	15～25	80～150	2.8～4.2	26.01	3.14
桑皮纤维	5～15	10～22	27～52	0.7～1.9	4.13	2.76

香蕉纤维回潮率大、吸湿放湿快、易于吸湿、易于染色,透气性好。香蕉纤维抗酸性能优于棉纤维而不如毛纤维,而抗碱性能优于羊毛纤维不如棉纤维。

香蕉纤维重量轻、光泽好,可以与棉及其他纤维进行混纺,加工成夹克、牛仔服、网球服、外套、短裤等休闲服装,也可以制作各种中高档的西服、领带以及各种装饰品等。在内衣中添加一定比例的香蕉纤维不仅轻便、环保,而且增强了吸水性。香蕉纤维还可以制成窗帘、毛巾、床单等用品。

七、桑皮纤维及服用纺织品

桑皮纤维是从桑树修剪枝条中提取出来的韧皮纤维,脱胶制取是生产桑皮纤维的重要过程,包括浸渍润胀、酸煮去皮、水洗、碱煮锤洗、脱水、增柔处理、脱水干燥、开松、梳理、包装等工艺步骤,脱胶有效提高了桑皮纤维的制成率,增柔处理可使桑皮纤维表面形成一层柔软平滑薄膜,使其手感柔软、平滑、蓬松,便于开松、梳理,纺制。

桑皮纤维的主要成分是纤维素,并含有大量的果胶、半纤维素、木质素等杂质。桑皮纤维与几种麻纤维化学成分的比较见表6-1。桑皮单纤维长度只有5～20mm,在纺织生产中利用束纤维纺纱。桑皮纤维为一条细长的管状体,表面较桑蚕丝粗糙,桑皮纤维与麻类相似,没有天然扭转,表面凹凸不平,不同程度地伴有孔洞和缝隙。桑皮纤维截面呈现三角形、椭圆形或不规则的多边形,使纤维表面具有良好的光泽;桑皮纤维有中腔,使纤维具有一定的保暖性能。桑皮纤维两端秃钝,有些纤维两端则开叉,纵向有横节、条纹,无天然转曲,纤维表面形态粗糙,不同程度地存在纵向缝隙,桑皮纤维中间无胞腔,细胞腔壁表面折叠形成裂隙,可能是导致桑皮纤维相对不长的主要原因。桑皮纤维平均长度为 21～22mm,细度为 2.57dtex,干态断裂强度为 3.5～5.1cN/dtex,比桑蚕丝大,比麻纤维小,与棉纤维接近;其干态断裂伸长率为 2%～6%,小于棉纤维,略大于麻纤维;桑皮纤维回潮率约为 9%～10%,比棉大,比桑蚕丝和麻小,具有一定的吸湿性能,但与麻纤维相比较差;桑皮纤维质量比电阻为 $10^6～10^7\Omega\cdot g/cm^2$,与棉纤维接近。桑树皮纤维吸湿后体积膨胀,其中横向膨胀大而纵向膨胀小,纤维吸湿膨胀的各向异性,会导致织物变厚、变硬并产生收缩。纤维吸湿后,其力学性能也随之变化;桑皮纤维的湿态断裂强度约为干态的 90%,湿态断裂伸长率约为干态的 1.1 倍,桑皮纤维力学性能比较如表 6-2。与其他纤维素纤维一样,热分解温度低于其热熔融温度,掌握好升温速度,桑皮纤维可以成为碳化纤维,又是制人造棉的好材料。桑树纤维具有坚实、柔韧、密度适中和可塑性强等特点,适合织造时的上机张力要求。可以开发桑棉混纺、桑麻混纺、桑纤维与桑蚕丝交织、桑麻纱与涤纶长丝交织等新型纺织品,其面料质地细腻柔和,手感舒适,具有蚕丝的光泽和舒适度、麻制品的挺括,并且保暖、透气。桑皮纤维还具有护肤养发、降血压等功效,可以开发出功能纺织品。

八、木棉纤维及服用纺织品

木棉纤维是锦葵目木棉科内几种植物的果实纤维,纤维附着在壳体内部,附着力小,比棉纤维容易分离,只要手工将木棉种子剔出或装入箩筐中筛动,木棉种子就可以自行沉底而获得木棉纤维。木棉纤维纵向呈薄壁圆柱形,无棉状转曲。纤维中段较粗,根端钝圆封闭,头端较细封闭。纤维薄壁未破裂时呈气囊状,抗扭刚度高;破裂后呈扁带状。纤维横截面为圆形或椭圆形,胞壁薄,接近透明,纤维中空度高。纤维一般长约 8～34mm,直径约 20～45μm,线密度为 0.8～1.2dtex,且不同品种间性能差异很大。纤维中纤维素含量为 60%～68%,远低于棉(90%～95%);木质素含量为 13%～15%,远高于棉(0～8.87%);木棉含蜡质 0.8%,含灰分 1.4%～3.5%,水溶性物质 4.7%～9.7%,木糖醇 2.3%～2.5%。木棉纤维的特殊组成及结构,使其具有轻、柔、滑、浮、保温、不吸水、不易缠结、抗酸碱、防螨等优点。木棉纤维是目前应用天然纤维中最细、最轻、中空度最高、最保暖的纤维材质,细度仅有棉纤维的 1/2,中空率却高达 94%～95%,是一般棉纤维的 2～3 倍。木棉纤维密度小,未破裂细胞的密度只有 0.05～0.06g/cm³。木棉纤维长度短、强度低,单纤维平均强力为 1.4～1.7cN,接近梳棉极限强度 1.2cN。纤维表皮层薄,且含有大量蜡质,表面光滑,不显转曲,抱合力差,缺乏弹性,难以单独纺纱。利用嵌入纺等新型纺纱技术可以纺制木棉含量在 50% 以下的混纺纱,如木棉与棉、黏胶或其他纤维素纤维混纺可制备光泽和手感良好的服装面料,面料接触暖感较强,导热系数小,保暖性好。面料适于做轻量短大衣、衬衣、女士连衣裙、男士上装等。利用非织造技术可以直接将纤维加工成中空度保持较好的制品,可用于制作服装及家纺用保暖、衬垫辅助材料。

第二节　新型再生纤维及服用纺织品

一、新型再生纤维素纤维及服装材料

1. 天丝纤维(Tencel 纤维)　英国考陶尔公司(Courtaulds)的 Tencel、奥地利兰精公司(Lenzing)的莱塞尔纤维(Lyocell)是一种全新概念的再生纤维素纤维,我国市场称其为"天丝"。其生产方法与传统人造纤维素纤维不同,纺丝过程全部为物理过程,纺丝液循环使用,避免了环境污染,被誉为21世纪的"绿色纤维"。天丝纤维截面为圆形,聚合度、结晶度高,具有高强度、高湿模量、干强湿强接近等特点,天丝纤维干强和湿强分别是黏胶纤维的1.7倍和1.3倍。天丝纤维服装材料集棉的吸湿性、黏胶的悬垂性、涤纶的强度、真丝的光泽手感于一身,尺寸稳定性好。与棉、毛、麻、涤、腈、锦等混纺或交织的牛仔布,具有防皱不变形,强度高的特点;生产的高档天丝纤维衬衣面料、套装面料及休闲服面料具有丝绸般的质感,柔软舒适,透气性好;桃皮绒面料则高雅别致,光泽柔和,此外用其生产的灯芯绒、平绒以及提花面料等也独具特色。针织休闲服面料、内衣面料穿着柔和、舒适贴肤,受到消费者的青睐。

2. 莫代尔(Modal)纤维　莫代尔(Modal)纤维是奥地利兰精公司生产的新一代纤维素纤维,属变化型的高湿模量黏胶纤维。该纤维以欧洲榉木为原料,经打浆、纺丝而成,对人体和环境无害,能自然降解,绿色环保。莫代尔的横截面呈哑铃形,没有中腔,纵截面表面光滑,有1～2道沟槽。莫代尔纤维特性见表6-3。莫代尔纤维具有优良的舒适性、悬垂性,有蚕丝的手感与光泽、棉的柔软、麻的滑爽。莫代尔纤维吸水透湿性优于棉,具有较好的上染率,色泽鲜艳明亮。莫代尔纤维可以与羊毛、羊绒、棉、麻、丝和涤纶等混纺,改善和提高纱线的品质。兰精公司还开发莫代尔抗菌纤维、抗紫外线纤维、彩色纤维和超细纤维等,应用这些纤维可以生产针织内衣、童装、衬衫、功能性服装等。

表6-3　莫代尔纤维特性与其他纤维特性对比

项目	莫代尔	Lyocell 纤维	棉	黏胶纤维
干强度(cN/tex)	34～36	40～42	24～28	24～26
伸长率(%)	12～14	15～17	7～9	18～20
湿强度(cN/tex)	20～22	34～36	25～30	12～13
相对湿强(%)	60	85	105	50
湿伸长率(%)	13～15	17～19	12～14	21～23
勾接强度(cN/tex)	8	20	20～26	7
原纤维等级	1	4	2	1
回潮率(%)	12.5	11.5	8	13
结晶度(%)	25	40	60	25
水中膨润度(%)	63	67	50	88

二、新型再生蛋白质纤维及服装材料

再生蛋白质纤维是由天然动物牛乳或植物(如花生、玉米、大豆等)中的蛋白质经纺丝而成。分为再生动物蛋白纤维和再生植物蛋白纤维。目前在服装材料中应用的有大豆蛋白纤维、牛奶蛋白纤维、玉米纤维等。

1. 大豆蛋白纤维　大豆蛋白纤维是一种再生植物蛋白质纤维。是以榨掉油脂的大豆渣为原料提取球状蛋白质,用功能性药剂改变蛋白质空间结构,再经湿法纺丝而成。大豆蛋白纤维为淡黄色,很像柞蚕丝的颜色。大豆蛋白纤维单纤维断裂强度接近涤纶,比羊毛、棉、蚕丝的强度都高,断裂伸长与蚕丝接近,初始模量和吸湿性都与棉纤维接近;耐酸性好,耐碱性一般;耐热性较差,在120℃左右泛黄发黏。大豆蛋白纤维线密度接近超细纤维,手感柔软,具有优良的导湿性,穿着舒适保暖。在纺丝过程中,加入杀菌消炎类药物或紫外线吸收剂等,可获得功能性、保健性大豆蛋白质纤维。通过组织结构和染整工艺的优化设计,可使大豆蛋白纤维制品实现冬暖夏凉的服用效果,用大豆蛋白纤维纯纺纱或加入极少量氨纶织制的针织面料,手感柔软舒适,适于制作T恤、内衣、沙滩装、时装等。大豆蛋白纤维性能见表6-4。

表6-4　大豆蛋白纤维与其他纺织纤维的性能比较

性能		大豆纤维	棉	黏胶纤维	蚕丝	羊毛
断裂强度 (cN/tex)	干	3.8~4.0	2.6~4.3	1.5~2.0	2.6~3.5	0.9~1.5
	湿	2.5~3.0	2.9~5.6	0.7~1.1	1.9~2.5	0.67~1.43
干断裂伸长率(%)		18~21	3~7	10~24	14~25	25~35
初始模量(cN/dtex)		53~98	60~82	57~75	44~88	8.5~22
相对勾接强度(%)		75~85	70	30~65	60~80	80
相对打结强度(%)		85	90~100	45~60	80~85	85
回潮率(%)		5~9	7~8	13~15	8~9	15~17
密度(g/cm³)		1.29	1.54	1.50~1.52	1.33~1.45	1.32
耐热性		差	较好	好	较好	较差
耐碱性		一般	好	好	较好	差
耐酸性		好	差	差	好	好

2. 玉米纤维　玉米纤维也称聚乳酸纤维或PLA纤维。是以玉米淀粉发酵形成乳酸单体,由单体原料合成聚合物再经纺丝后制成。原料可种植、易种植,其废弃物在自然界中可自然降解,能满足自然、绿色、环保要求。PLA纤维具有极好的回弹性、悬垂性、滑爽性、耐热性及抗紫外线功能,并具有耐酸、耐碱、耐溶剂性和防老化性,富有光泽和弹性;其强度、吸湿性、伸长性以及染色性能和常用的化学纤维相近;芯吸效果使其吸水、吸潮性能以及快干效应优于天然纤维;PLA纤维天然阻燃,不易滋生细菌;PLA纤维兼有天然纤维和合成纤维的优点,在服装面料、家用装饰材料、医用材料、非织造材料、生物可降解包装材料等领域应用前景广阔。PLA纤维面料适用于各种时装、休闲装、体育用品和卫生用品等。聚乳酸纤维物理性质见表6-5。

表 6 – 5　聚乳酸纤维的物理性质

性能	聚乳酸纤维	性能	聚乳酸纤维
密度(g/cm³)	1.27	伸长率(%)	25 ~ 35
折射率(%)	1.40	杨氏模量(kg/mm²)	400 ~ 600
熔点(℃)	175	结晶度(%)	>70
玻璃化温度(℃)	57	沸水收缩率(%)	8 ~ 15
标准回潮率(%)	50 ~ 60	染色	分散性染料
拉伸断裂强度(cN/tex)	4.0 ~ 5.0		

3. 牛奶蛋白纤维　牛奶蛋白纤维是利用新型生物工程技术将牛奶去水脱脂加工成蛋白浆,再通过湿法纺丝工艺制得的纤维。纤维横截面呈扁平状、腰圆形或哑铃形,属于异形纤维,截面上的细小微孔增加了纤维的吸湿性、透湿性;纤维的纵向表面有不规则的沟槽和海岛状的凹凸,使纤维具有柔和的光泽;牛奶蛋白纤维外观为微黄色,具有一定的卷曲,手感柔软;线密度为0.8 ~ 3.0dtex,断裂强度为2.5 ~ 3.5cN/dtex,断裂伸长率为2.5% ~ 3.5%。牛奶蛋白纤维天然环保,包含的17种氨基酸及天然蛋白保湿因子,对人体健康有利,且能保护皮肤;牛奶纤维具有保洁功能,对金黄色葡萄球菌、大肠杆菌抑菌率达99.9%,是生产内衣的理想原料;牛奶纤维产生的大量功能性负离子可净化空气、促进血液循环。

牛奶蛋白纤维兼有天然纤维的舒适和合成纤维的牢度,面料有身骨、有弹性,尺寸稳定性好,耐磨性好,质地轻盈,给人以高雅华贵、潇洒飘逸的感觉,适于制作四季服装。牛奶蛋白纤维春秋装轻盈飘逸;夏装透气、导湿、爽身、抑菌;冬装轻松滑爽保暖。内衣裤不仅具有牛奶的爽滑感,而且透气舒适,保暖抑菌。牛奶蛋白纤维纯纺面料可用于男女T恤、内衣等休闲家居服装;牛奶蛋白纤维和真丝交织面料可用于唐装、旗袍、晚礼服等高级服装;牛奶蛋白纤维加入氨纶(莱卡)织造的弹力面料,适合制作针织运动上衣、健身服和矫形美体内衣等;牛奶蛋白纤维与其他纤维混纺或交织面料广泛用于制作针织套衫、女式衬衫、男女休闲服饰、牛仔裤、日本和服等外衣、春夏时装、儿童服饰、床上用品、日常用品,如手帕、围巾、浴巾、毛巾、妇女卫生用品等功能性产品。

4. 再生蜘蛛丝纤维　蜘蛛丝属于蛋白质纤维,是一种性能优良的天然高分子纤维材料,可生物降解。蜘蛛不能像蚕那样进行商业养殖,蜘蛛吐出的丝是蜘蛛网丝,无法应用。再生蜘蛛丝纤维是用利用现代生物技术生产蜘蛛丝,加工蜘蛛丝的方法有基因合成发酵法和转基因法。基因合成发酵法是将蜘蛛蛋白的产丝基因转移到细菌中,用细菌大量繁殖生产这种蜘蛛丝蛋白,再将这种蛋白质进行水溶性处理纺丝制成纤维;转基因法是把蜘蛛基因植入一种特种山羊的乳腺细胞内,再从山羊乳汁中成功地提取蛋白,将其纺成高强度的蜘蛛丝。蜘蛛丝呈金黄色、透明状,横截面呈圆形或接近圆形,表面没有水溶性丝胶;纵向有明显的收缩,丝中央有一道凹缝痕迹。蜘蛛丝的平均直径大约是蚕丝的一半,其物理密度与蚕丝、羊毛相似。蜘蛛丝具有高强度、高韧性、高弹性、良好的耐热性能及与人体良好的相容性,用于伤口包覆材料可促进伤口愈合,用于眼科、神经科等精细手术缝线,不仅性能优越,还具有其他纤维无法比拟的生物相容性。蜘蛛丝强力比钢丝还要高 10 倍,还具有密度小、抗紫外线、耐低温的特点,是加工特种纺织品的首选原料。与其他材料复合,可以制成功能性复合材料,以增加蜘蛛丝的用途。如将蜘蛛丝浸入含有纳米级的超顺磁性微粒的溶液中,可以制成具有磁性效果的超细纤维,这种纤维可以制成功能性织物;利用静电纺丝方法,将各种纳米级微粒加入聚合物溶液中,可以制得具有各种不同功能的再生蜘蛛纤维。

第三节　新型合成纤维及服用纺织品

合成纤维是指由煤、石油、天然气中的低分子物质经化学合成的高分子聚合物,再经溶解或熔融纺丝加工而成的纤维。合成纤维服装材料具有强力高,弹性、保形性、耐用性和耐化学药品性好,易洗快干、免烫、不怕霉蛀等优点,但也存在吸湿性差、手感差、光泽不佳、染色困难、容易勾丝、容易起毛起球、易产生静电等问题。改变合成纤维截面形状、结构、细度等可得到性能优良的新型合成纤维及服用纺织品。

一、异形纤维

异形纤维是指非圆形截面形状的纤维。改变纤维截面形状能引起纤维悬垂性、蓬松性、柔软性、弹性、光泽等性能发生改变。利用非圆形喷丝孔法、膨化黏结法、复合纺丝法、轧制法和孔性变化法等多种加工方法,可得到三角形、多角形、三叶形、多叶形、十字形、扁平形、Y 形、H 形、哑铃形等横截面的纤维。

1. 三角形截面和变形三角形截面纤维　光线照射三角形截面纤维后,其反射光整齐、强烈,光泽闪耀。在装饰产品时采用三角形截面纤维会产生闪耀的光泽,可产生点缀性效果。如用三角形截面的有光异形涤纶取代稀少昂贵的马海毛,应用在银枪大衣呢等面料中。还可以用它制作毛线、围巾、春秋羊毛衫、女外衣、睡衣、晚礼服等,所有这些产品均有闪光效果。

变形三角形截面纤维是以三角形截面为基础,根据产品要求变形为各种形状。这类纤维具有均匀性的立体卷曲特性,可以与毛或黏胶纤维混纺,手感温和,特别适合做仿毛法兰绒。为使织物得到闪光效果,可将该纤维应用于灯芯绒中。生产中该纤维的用量不宜过大,不超过 20% 的混用量,织物不仅具有绒毛丰满、绒条清晰圆润、手感平滑柔软等灯芯绒的基本风格特征,还可降低成本。织物可作服装衣料,也可用作挂、垫、罩、靠、套等装饰织物。

2. 五角形截面纤维　五角形截面纤维是星形和多角形纤维的代表,它最适合做绉织物,往往用来仿乔其丝绸。采用五星形截面的涤纶异形纤维混纺成的涤棉混纺、涤黏混纺、涤麻混纺织物,由于纤维和纱线间的间隙多,可使织物具有良好的透气性。多角形低弹丝可以织造仿毛、仿麻织物,产品光泽柔和,手感糯滑,轻薄、挺爽。多叶形截面纤维手感优良,保暖性好,有较强的羊毛感,而且抗起球和抗起毛,更适合制作绒类织物。

3. 三叶形截面纤维　三叶形截面纤维的反射光有第二次折射,光泽柔和。三叶形截面纤维还具有较大的摩擦系数,织物手感粗糙,厚实耐穿,适合做外衣面料,尤其是三叶形长丝更适合做针织外衣面料,即使出现了勾丝和跳丝也不会形成破洞。三叶形纤维制作的起绒织物,其绒面可以保持丰满、竖立,具有较好的机械蓬松性。较高捻度的三叶形长丝制作的仿麻织物适宜做夏季服装面料。

4. Y形截面纤维　Y形截面纤维表面积大,能增强覆盖能力,减小织物的透明度。还能改善圆环纤维易起球的不足。截面的特殊形状,能增强纤维间的抱合力,改善纤维的蓬松性和透气性。Y形截面纤维横断面使单纤间能够形成许多空隙,这些空隙为汗水湿气导流提供了毛细孔道。Y形断面纤维织物与皮肤接触点少,可减少出汗时的黏腻感。Y形复合纤维最大的特点是重量轻,吸水吸汗,易洗快干。Y形断面纤维可用于女装的衬衣、裙装及运动休闲服、训练装等面料。

5. 扁平形截面纤维(带状、狗骨形、豆形)　这类纤维具有优良的刚性,可作为仿毛皮的毛用纤维,扁平黏胶长丝制成的绒类织物具有织绒风格。豆形截面纤维的特殊结构,使纤维和纱线间的间隙增多,豆形截面涤纶面料的透气性比同样规格的普通涤纶面料高 10% ~20%。

6. 双十字截面纤维　这类纤维常见于袜子的编织,以其编织的袜子具有许多优点,服用性能好,不仅能解决袜子滑脱问题,而且在相同纤度下,因这类纤维截面大,用料将大大节省。

7. 中空截面纤维　这类纤维一般指三角形和五角形中空纤维。其性能优越,可以用来制造质地轻松、手感丰满的中厚花呢,制造有较高耐磨性、保暖性、柔软性的复丝长筒袜。也可以用来制造具有透明度低、保暖性好、手感舒适、光泽柔和的各种经编织物。

用异形纤维参与混纺织制的仿毛织物能够获得较好的仿毛效果。如用圆形中空涤纶与普通涤纶、黏胶纤维三者混纺后,性能优于普通涤纶混纺织物。不仅具有一般仿毛织物的风格特征,而且蓬松性、保暖性好,织物厚实、重量轻,结合织物结构变化,可以织造透气性好、适合夏季服装的面料。异形纤维还可以用于排汗快干服装面料,如美国杜邦公司的 COOLMAX 纤维。此纤维不仅截面呈独特的四管状,同时可做成中空纤维,纤维的管壁透气,这种特殊的结构使它有较好的液态水传递功能,吸湿性增加。COOLMAX 纤维被广泛运用于运动服装和夏季服装面料。

二、复合纤维

复合纤维是指由两种或两种以上聚合物,或具有不同性质的同一聚合物,经复合纺丝法制成的化学纤维。这种纤维横截面上同时含有多种组分,使其具备两种以上纤维的性质,利用性质差异,可以制成三维卷曲、易染色、难燃、抗静电、高吸湿等特殊性能的纤维。按照其复合方式不同,复合纤维可分为双组分复合纤维(如放射型、并列型、多芯型、皮芯型、海岛型、多层型)、多组分复合纤维(海岛型、放射型、多芯型、星云型等)和异型复合纤维,不同结构的复合纤维会产生不同效果。并列型复合纤维横截面有不对称型和对称型,利用各组分性质差异可以使纤维获得三维卷曲、弹性、蓬松、柔软、仿毛等效果;皮芯型复合纤维横截面有偏心型和同心型两种,利用各组分性质差异使纤维获得阻燃、抗静电等效果。多组分型复合纤维横截面形状有并列多层、放射型、放射中空型、多芯型、多环型、海岛型等,可以使纤维获得超细、导电、阻燃、易染等效果。特殊复合型复合纤维为异性复合型,可以使纤维获得卷曲、保暖、抗静电等效果。

1. 并列型复合纤维　并列型复合纤维是指沿纤维纵向两种组分聚合物分列于纤维两侧的纤维,又称双边结构型和半月型纤维。其中两组分可以等量,也可以不等量。为防止两组分聚合物界面剥离,提高纤维性能,两组分性质不同的聚合物多为同一类聚合物,以增加界面间两组分聚合物的相似相容性。利用并列型复合纤维两组分热收缩性质差异,可以获得类似羊毛永久的三维卷曲,如三维卷曲腈纶复合纤维和聚酰胺、聚酯并列型复合纤维。永久性三维卷曲纤维优于传统的填塞箱法卷曲纤维,制成的产品外观更蓬松,手感更丰满,更富有弹性和回复性,保暖性更好。

2. 皮芯型复合纤维　皮芯型复合纤维是指两种组分聚合物分别沿纤维纵向连续形成皮层和芯层的纤维。有同心圆形、偏心圆形、芯为异形截面和皮芯均为异型截面的皮芯型复合纤维。以特殊材料为芯的纤维具有特殊性能,如高吸水性纤维、X 光吸收纤维、红外吸收纤维、导电纤维、光导纤维等;以特殊材料为皮的纤维,利用多组分连续覆盖作用能实现纤维特性,如热粘接纤维、亲水纤维和亲油纤维、特殊光泽纤维等。

热粘接纤维(ES 纤维)也叫热塑纤维,聚乙烯皮层组织熔点低且柔软性好,聚丙烯芯层组织则熔点高、强度高。这种纤维经过热处理后,皮层部分熔融而起黏结作用,芯层保留纤维状态,同时具有热收缩率小的特征。热粘接纤维已广泛用于服装非织造布、热熔黏合衬及保暖填充絮料等。

高吸水性纤维(Hygra)以网络构造的吸水聚合物为芯层、聚酰胺为皮层的纤维,吸收水分能力可达到自身重量的 3.5 倍。人们穿上这种纤维制成的服装,汗水被芯层的吸水聚合物吸收,而表面的聚酰胺,即使湿润也无发黏的感觉。由于该纤维的吸湿能力和速度均优于天然纤维,其服装面料穿着舒适,而且不易产生静电,不易沾污。

3. 多层性、放射型复合纤维　利用对多层型和放射型复合纤维进行溶解,剥离制取超细纤维或极细纤维是超细纤维生产的一种重要方法。这种纤维纤细柔软有光泽。织造的高密织物经过砂洗等处理后,呈现出桃皮绒般的表面效果,适用于滑雪防风衫、运动服、衬衫、夹克衫等服装面料。

4. 海岛型复合纤维　海岛型复合纤维又称微纤－分散性复合纤维,是将两种聚合物分别或混合熔融,使岛相的黏弹性液滴分散于海相的基体中。在纺丝过程中经高倍拉伸和剪切变形,岛相成为细丝形状,所得复合纤维通过合理的拉伸和热处理也可成为物理性能良好的收缩纤维。将海岛纤维的海相溶解掉就得到超细纤维。若把岛相抽掉,可制成空心纤维,又称藕形纤维。海岛纤维可用来制造人造麂皮、过滤材料、非织造材料和各种织物。海岛型复合纤维也广泛用于制造超细纤维和抗静电纤维。

5. 裂片型复合纤维　将相容性较差的两种聚合物分隔纺丝所获得纤维的两种组分可自动剥离,或用化学试剂、机械方法处理,使其分成多瓣细丝,丝质柔软,光泽柔和,可织制高级仿丝织物、仿桃皮绒、麂皮或其他起绒面料。

三、超细纤维

超细纤维是指纤维细度小于 0.9dtex 的纤维。超细纤维抗弯刚度小,织物手感柔软、细腻,具有良好的悬垂性、保暖性和覆盖性;但超细纤维回弹性低,不适合做膨松性制品;超细纤维比表面积大,吸附性和除污能力强,可以用来制作高级擦拭布。纤维细度在 0.55~1.4dtex 的纤维为细旦丝,可以利用传统的纺丝工艺加工,纤维多用于仿真丝织物。纤维细度在 0.33~0.55dtex 的纤维为超细旦丝,需要采用技术更高的纺丝方法或复合分离法制得纤维,纤维用于高密防水透气织物和高品质的仿真丝织物。纤维细度在0.11~0.33dtex 的纤维为极细旦丝,采用复合分离法或复合溶解法生产纤维,纤维用于高级人造皮革、高级起绒织物和拒水织物等高新技术产品。纤维细度小于0.11dtex 的纤维为超细旦丝,采用海岛纺丝溶解法或共混纺丝溶解法生产,纤维用于高级仿麂皮、高级人造皮革、过滤材料和生物医学等领域。

四、高吸水性、吸湿性纤维

高吸水性纤维是用高吸水性树脂开发出来的一种新型聚合物,可以通过纤维与吸水性树脂复合法或后整理方法获得。利用毛细效应,高吸水性纤维能吸收本身质量数倍至数百倍的水分,吸水速度快,吸水后凝胶不流动,保水能力强,并能保持吸水性纤维的除湿强度和完整结构。

吸湿性纤维是指相对应传统化学纤维吸湿性得到改善的纤维。改善聚丙烯纤维、聚酯纤维等合成纤维吸湿性的方法有共聚法和接枝共聚法,但效果不够明显。使纤维多孔化,在纤维内部形成许多大小不一的孔隙,利用这些孔隙吸收和保留水分,可以有效改善疏水性合成纤维的吸湿性、透水性。

1. 多孔聚丙烯腈纤维　常规聚丙烯腈(PAN)纤维有许多优异的性能,但在正常大气条件下的回潮率为 1.2%~2.0%,纤维吸水、吸湿性差,影响服用材料的穿着舒适性。PAN 纤维形态结构多孔化是常用的亲水改性方法。一种方法是将水溶性聚氧化乙烯(PEO)与 PAN 共混湿法纺丝,经水洗及水解后处理,可制备出具有亲水性能的多孔改性 PAN 纤维。改性 PAN 纤维特殊的表面沟槽、内部微孔及水解引入的亲水基团使其在吸水、导水、保水、吸湿性能方面均有提高,其提高程度可通过调节 PEO 含量及水解条件来控制。微孔的形成和发展以及纤维中大分子排列规整性的破坏使改性 PAN 纤维的力学性能下降,而水解时张力的施加可有效降低其下降幅度。多孔聚丙烯腈纤维可以用于内衣和运动服面料。

2. 多孔聚酯纤维　聚酯纤维吸湿性差,利用单体聚合等方法,使聚酯纤维表面和中空部分均匀分布微孔,可以提高疏水性聚酯纤维的吸湿导湿性。多孔聚酯纤维的特殊异形截面具有丰富的微细沟槽或微多孔,利用表面微细沟槽或微多孔结构所产生的毛细效应,将肌肤排出的汗水,经芯吸、扩散、传输作用,瞬间排到外界,达到提高舒适性的目的。这种纤维适宜制作紧身衣、内衣、训练服、衬衫及夏季服装。利用多孔聚酯纤维改善织物对液态水传递能力,不需要添加任何亲水助剂,绿色环保。

3. 多孔聚酰胺纤维　多孔聚酰胺纤维是将海岛纤维中的岛相抽掉而制成的空心纤维。日本可乐丽公司用共混法制造的多孔聚酰胺纤维"Clarino",是以聚酰胺为海组分,以另一种聚合物为岛组分,用特定的溶剂溶去岛组分后形成的多孔聚酰胺纤维。其微孔沿纵向排列,微孔尺寸较长,有时可形成连续的孔道。孔道一般不与表面成径向贯穿。意大利 SinoFiber 公司开发的"Fiber-S"纤维也是一种高吸湿性聚酰胺纤维,其吸湿性与棉相似,强度高,手感柔软。适宜制作内衣、训练服、衬衫及夏季服装。

五、PBT 纤维

PBT 纤维即聚对苯二甲酸丁二酯纤维,是新型聚酯纤维,原来主要用于塑料工业,近年来被用于纺织行业。PBT 纤维具有良好的耐久性、尺寸稳定性;纤维及其制品手感柔软,吸湿性、耐磨性和卷曲性好;在干湿态条件下均具有特殊的伸缩性,拉伸弹性和压缩弹性好,弹性回复率优于涤纶,而且不受周围环境温度变化的影响,价格远低于氨纶。PBT 纤维可以用普通分散染料进行常压沸染,无须载体,染得的纤维色泽鲜艳,色牢度及耐氯性优良。PBT 纤维具有优良的耐化学药品性、耐光性和耐热性。PBT 纤维长丝可经变形加工后使用,短纤维可与其他纤维进行混纺,也可用于包芯纱,制作弹力劳动布,还可用以织制仿毛织品。PBT 与 PET 复合纤维具有细而密的立体卷曲,回弹性好,手感柔软,容易染色,是理想的仿毛、仿羽绒原料。PBT 纤维适用于制作游泳衣、连裤袜、训练服、体操服、健美服、网球服、舞蹈紧身衣、弹力牛仔服、滑雪裤、长筒袜、医用绷带等高弹性纺织品。用 PBT 纤维制成的多孔保温絮片具有可洗、柔软、透气、轻薄、舒适等特点,适宜于冬装及被褥填充料。

六、高收缩性纤维

高收缩性纤维是指沸水收缩率为 35% ~45% 的纤维,而沸水收缩率在 20% 左右的纤维称为一般收缩纤维。一般的天然纤维和化学纤维都不是热收缩纤维,通过对某些化学纤维进行改性,应用化学纤维纺丝过程的特殊加工或共聚等方法可使某些化学纤维产生高收缩的性能。目前常见的有高收缩性聚丙烯腈纤维和高收缩性聚酯纤维。

1. 高收缩性聚丙烯腈纤维 聚丙烯腈纤维的结晶区和无定形区没有严格的区别,只有准晶态高序区和非晶态中序区或低序区。利用聚丙烯腈纤维这种独特的分子结构,可以生产出高收缩性聚丙烯腈纤维。主要有以下方法:

(1)在高于腈纶玻璃化温度下多次拉伸,使纤维中的大分子链舒展,并沿纤维轴向取向,然后骤冷,使大分子链的形态和应力被暂时固定下来。在松弛状态下湿热处理时,大分子链因热运动而蜷缩,引起纤维在长度方向的显著收缩。

(2)增加第二单体丙烯酸甲酯的含量,能大幅度提高腈纶的收缩率。

(3)采用热塑性的第二单体与丙烯腈共聚也可明显提高腈纶的收缩率。

高收缩腈纶的最主要用途是与普通腈纶混纺制成腈纶膨体纱。

2. 高收缩性聚酯纤维 高收缩性聚酯纤维长丝沸水收缩率可高达 40% ~60% ,在干燥加热或中温热水中能高收缩,用于常规涤纶纤维、羊毛、棉等的混纺或与其他纱的交织,生产出特殊风格的纺织品,如凹凸性织物、泡泡纱织物等。

高收缩性聚酯纤维的加工方法有两种,一是采用特殊的纺丝与拉伸工艺,如高温拉伸、低温定形等;二是采用化学改性的方法,如以新戊二醇制取共聚聚酯,用这种方法制得的高收缩涤纶的沸水收缩率很小,因此可以用精梳毛条或纱线方式染色,制成织物后在 180℃ 左右温度下才发生收缩,收缩率可达 40% 。高收缩涤纶可用于与普通涤纶、羊毛、棉纤维等混纺或与涤纶、涤/棉、纯棉纱线交织,生产独特风格的织物,如机织泡泡纱、凹凸织物、条纹织物等,或提高仿毛、仿丝织物的蓬松度和丰满度。

高收缩性纤维在纺织品中的用途十分广泛。最常用的是与常规产品混纺成纱,然后在无张力的状态下经水煮和汽蒸制成,高收缩性纤维卷曲,而常规纤维由于受高收缩纤维的约束而卷曲成圈,使纱线呈现蓬松、圆润形态,制成腈纶膨体纱(包括膨体绒线、针织绒和花色纱线)。利用高收缩性纤维产品的特点,与羊毛、麻、兔毛等混纺以及纯纺,生产各种仿毛,仿羊绒,仿麻产品。这些产品具有质轻、蓬松、柔软、滑糯、保温等优点。另外也有利用高收缩性纤维与低收缩及不收缩纤维丝织成织物后经沸水处理,使纤维产生不同程度的卷曲呈主体状蓬松,使用这种组合纱是产生仿生织物的常规做法。还可用高收缩纤维丝与低收缩丝交织,以高收缩性纤维织底和织条格,低收缩性纤维丝提花织面,织物经后处理加工,则成为永久性泡泡纱等。高收缩纤维还可用于制造人造毛皮、人造麂皮、合成皮革及毛毯等,具有毛感柔软、绒毛密致等特点。

七、弹性纤维

弹性纤维是指具有高断裂性伸长率(400%以上)、低模量和高弹性回复率的合成纤维。在弹性纤维中最主要品种是聚氨酯弹性纤维,聚氨酯特性纤维又分为聚酯型和聚醚型两种。其他弹性纤维主要是丙烯酸酯系的弹性纤维。

1. 氨纶弹性纤维　聚氨酯弹性纤维是一种以聚氨基甲酸酯为主要成分的嵌段共聚物制成的纤维,我国的商品名为氨纶,国外最著名的有美国杜邦公司生产的莱卡(Lycra)。氨纶弹性纤维中至少85%是聚氨酯长链分子。嵌段共聚物有硬链段、软链段两种链段,硬链段在应力作用下几乎不发生变形,但能保持弹性恢复性。软链段在常温下处于高弹态,应力作用下很容易发生变形,从而赋予纤维容易拉伸的特征。软链段由硬链段构成的结节点相互抱合在一起,形成网状结构。在受外力作用下,氨纶弹性纤维中的软链段受力被拉直,结晶硬链段沿受力方向取向,使氨纶弹性纤维有很高的断裂伸长率。氨纶可以加工成氨纶包芯纱、氨纶合捻线和氨纶包覆纱。

氨纶包芯纱是以氨纶丝为纱芯,外包一种或几种非弹力的短纤维而纺成的纱线。氨纶包芯纱具有与外包纤维(棉、毛、涤/棉)同样的手感和外观,保持了外包天然纤维的吸湿性,又具有氨纶纱芯的弹性,弹性在20%以下,氨纶包芯纱在紧张拉伸状态下芯丝不外露,染色效果好;氨纶合捻线又叫合股线,是把有伸缩弹性的氨纶丝牵伸和两根无弹性的纱并合加捻而成。氨纶合捻线加工方便,适合小批量多品种生产,能与各种纱线或长丝配合,可根据产品用途确定弹性,能配合使用与面料一致的外包层纱,使制品的外观与面料的原料一致,并在染色后达到同一色相。氨纶合捻线较同规格氨纶包芯纱的强度高。氨纶包覆纱又称包缠纱,其特点是芯丝无捻度。包覆纱中氨纶丝与外包层之间芯鞘关系明显,但芯丝与外包层之间的抱和程度明显低于包芯纱和合捻线,弹性高于包芯纱和合捻线。三种弹力纱线的特性比较如表6-6所示。

表6-6　弹性包芯纱、合捻线和包覆纱的特性比较

纱线类型	包芯纱	合捻线	包覆纱
生产设备	纺纱机（环锭纺、涡流纺和静电纺）	捻线机	包覆机（空心锭子）
芯丝捻度	有	有	无
芯鞘关系	明显	不明显	明显
是否露芯	否	是	是
卷曲情况	紧	紧	松
强度	低	高	高
弹性	低	中	高
手感	柔软	硬	硬
纱线粗细	细	细	适中
用途	机织、针织	机织、针织	针织、机织
适宜颜色	任意	非深色	非深色

氨纶弹性纤维可以随着人体的活动灵活自如的伸缩，消除或减少对身体的束缚，使服装舒适合体。它改变了织物的手感、悬垂性及折皱回复能力，使服装更加飘逸且不易变形，大大提高服装的使用价值和美感。图6-1为蚕丝与氨纶混纺织物。

图6-1　蚕丝与氨纶混纺织物

氨纶弹性纤维目前被广泛应用于内衣、紧身服、运动装、外套、裙装、裤装、童装以及各种针织服装和袜品。

2. 丙烯酸酯系的弹性纤维　丙烯酸酯系的弹性纤维是指以丙烯酸乙酯、丙烯酸丁酯等为原料制得的弹力纤维。丙烯酸酯弹性纤维称为阿尼迪克斯（Anidex），商品名叫阿尼姆/8（Anim/8）。丙烯酸酯系的弹性纤维具有优良的耐老化性能、耐日光性、耐磨性、抗化学药剂性及阻燃性，这些性能都优于氨纶。与氨纶相比，丙烯酸酯系弹性纤维的弹性与氨纶相近，强力比聚酯型氨纶略小，吸湿性介于聚酯型氨纶和聚醚型氨纶之间，耐热性优于氨纶。

八、易染纤维

易染纤维是指可用染料选择范围广、染色条件温和、染色色谱齐全、染色牢度好的纤维。通过对合成纤维改性，可以改善染色性能，获得易染纤维。

1. 常温常压无载体可染聚酯纤维　涤纶是疏水性纤维，纤维束结构紧密，必须在高温高压条件下进行染色，这种方法既耗费能量、不安全，又会破坏纤维原有的风格特征。EDDP纤维是我国自行开发的聚酯共缩聚改性易染纤维。在涤纶单体中加入含脂肪链的第三组分、第四组

分,打破了大分子链的规整性,可容纳染料分子的孔穴数目相应增多;大分子结晶完善度下降,熔点下降,玻璃化温度下降,在较低的温度下即可形成"孔穴合并"及"孔穴移动",使染料分子随着"孔穴移动"向纤维内部扩散;用分散染料可以在常压及低于100℃的情况下染浅、中、深色,纤维及织物染色色谱齐全,染色牢度好。EDDP 纤维手感柔软,吸湿性、抗静电性比常规聚酯纤维有所改善。这类易染纤维还有聚对苯二甲酸乙二酯与聚乙二醇的共混纤维、聚对苯二甲酸丁二酯纤维(PBT 纤维)等。

2. 阳离子可染聚酯纤维　阳离子染料具有色谱齐全、色泽鲜艳、价格低、染色工艺简单等优点。阳离子可染聚酯纤维与天然纤维如羊毛的混纺织物,可采用同浴染色,使染色工艺大大简化;阳离子可染聚酯纤维与常规聚酯纤维混纺后同浴染色还可获得深浅相嵌的双色效应。

3. 改性聚丙烯腈(PAN)纤维　均聚 PAN 纤维是很难染色的,为了改善它的染色性,常用一定数量带有亲染料基团的第三单体与丙烯腈(AN)共聚,以提高聚合物对染料的结合力,使纤维较易染色。利用对聚丙烯腈的改性,使聚丙烯腈大分子中具有高度反应活性的腈基团,在外在因素作用下转变成醛、酸和硫酸酰胺,改善纤维的吸湿性能与染色性能,制得易染纤维。在纺丝浴中加入一些化合物和一些高聚物助剂,可以改善 PAN 纤维的染色性能。对凝胶态的 PAN 纤维做表面后处理,也可得到易染纤维。

九、高性能纤维

1. 碳纤维　碳纤维是指纤维的化学组成中碳元素占总质量90%以上的纤维。目前应用较广泛的是聚丙烯腈基碳纤维,它是以聚丙烯腈等纤维为原料,经预氧化和碳化处理所获得的功能性纤维,是复合材料中最重要的增强材料。碳纤维密度小($1.6 \sim 1.8\,g/cm^3$),是铝合金的1/2,还不到钢铁的1/4;细度细,线密度可达0.05tex;能耐温度骤变,热膨胀系数小,绝氧情况可耐2000℃高温,而其膨胀系数几乎为零;既耐2000℃的高温,又耐-180℃的低温;还具有高比模量、耐腐蚀、耐疲劳、抗蠕变、导电性好、传热系数高等优点。碳纤维丝呈黑色且有光泽,可加工成短纤维和长纤维,它既可编织成碳布,还可制成碳毡。碳纤维丝织制的碳布热稳定性好,高温不熔融,是理想阻燃防火服装材料;碳毡具有极好的导电性能,热容量小,导热系数低,导电系数高,保温绝热性能好,是理想的隔热保温材料。近年来开发的截面为中空 C 型的碳素纤维,较圆截面纤维强度高4.56倍,重量减轻20%。碳纤维主要是与其他纤维一并加工成复合材料,在其中起着"钢筋"的作用。现已广泛应用于防护服、机械、航空航天、渔竿及网球拍等。

2. 芳纶　芳纶是芳香族聚酰胺纤维的统称,聚酰胺大分子长链中,由于芳香环或其衍生物取代了脂肪基,链的柔性减小,刚性增大,使纤维耐热性和初始模量显著增大。用于服装的芳纶代表产品有:聚间苯二甲酰间苯二胺纤维即芳纶1313;聚对苯二甲酰对苯二胺纤维即芳纶1414。

(1)芳纶1313。芳纶1313 结晶结构为三斜晶体系。在其结晶结构中,氢键在晶体的两个平面上以格子状排列,为分子内相互作用力下最稳定的结构。芳纶1313 最突出的特点就是耐高温性能好,属于难燃纤维,不会在空气中燃烧、也不助燃、不滴熔、不发烟,有自熄性,永久阻燃,因此有"防火纤维"的美称。尤其在突遇900~1500℃的高温时,布面会迅速碳化及增厚,形成特有的绝热屏障,保护穿着者逃生。若加入少量抗静电纤维或芳纶1414,可有效防止布料爆裂,避免雷弧、电弧、静电、烈焰等危害。芳纶1313介电常数很低,固有的介电强度使其在高温、低温、高湿条件下均能保持优良的电绝缘性,是很好的绝缘材料。可耐大多数高浓无机酸及其他化学品的腐蚀、抗水解和耐蒸汽腐蚀。芳纶1313耐α射线、β射线、X射线以及紫外光线辐射的性能十分优异。

用芳纶1313有色纤维可制作飞行服、防化作战服、消防战斗服及炉前工作服、电焊工作服、均压服、防辐射工作服、高压屏蔽服等各种特殊防护服装。除此之外,芳纶织物还用作宾馆纺织品、救生通道、家用防火装饰品、熨衣板覆面、厨房手套以及保护老人儿童的难燃睡衣等。

(2)芳纶1414。芳纶1414是一种液晶高分子材料,聚合物具有线性结构,外观呈金黄色,貌似闪亮的金属丝线。由于其分子链沿长度方向取向度高,并且具有极强的链间结合力,从而赋予纤维空前的高强度、高模量和耐高温特性。芳纶1414在目前使用的有机纤维中强度最高,比强度达到193.6cN/dtex,是优质钢丝的6~7倍;比模量是钢丝或玻璃纤维的2~3倍,韧性是钢丝的2倍,而密度为1.43~1.44g/cm³,仅为钢材的1/5。芳纶1414在-196~204℃温度范围内不发生变化。在150℃下不收缩,在560℃的高温下不分解、不熔化,且具有良好的绝缘性和抗腐蚀性,生命周期长,赢得"合成钢丝"的美誉。

芳纶1414可用于制作防弹衣、防弹头盔。芳纶强度高,韧性和编织性好,能将子弹冲击的能量吸收并分散转移到编织物的其他纤维中去,有效避免"钝伤";芳纶防弹衣的轻量化,有效提高了军队快速反应能力和防护能力。

3. 超高分子量聚乙烯纤维　超高分子量聚乙烯纤维,英文全称为Ultra High Molecular Weight Polyethylene Fiber,简称UHMWPE,又称高强高模聚乙烯纤维,是目前世界上比强度和比模量最高的纤维,是由相对分子质量在100万~500万的聚乙烯所纺出的纤维。超高分子量聚乙烯纤维是继碳纤维和芳纶之后的世界第三代高强、高模、高科技的特种纤维。超高分子量聚乙烯纤维在水中的自由断裂长度可以延伸至无限长,而在相同粗细的情况下,超高分子量聚乙烯纤维能承受8倍于钢丝绳的最大质量,在军事、工业、航空、航天等领域均有重要应用。

UHMWPE纤维具有高度取向的伸直链结构,与碳纤维、芳纶相比,其强度更高;质量更轻,密度只有0.97g/cm³;化学稳定性更好,具有很强的化学惰性,强酸、强碱溶液及有机溶剂对其强度几乎无任何影响;具有很好的耐候性,经1500h日晒后,纤维强度保持率达80%,耐紫外性能非常优越;耐低温性好,使用温度可低至-150℃。此外,UHMWPE纤维的耐磨耐弯曲性能、抗张力疲劳性能、抗切割性能等也是现有高性能纤维中最优的。UHMWPE纤维因优越的防弹性能而备受关注,被广泛应用于防弹衣、防弹装甲和防弹头盔。UHMWPE纤维在安全、防护、航空航天、国防装备、车辆制造、造船、体育界等领域发挥着举足轻重的作用。在民用工业领域,UHMWPE纤维作为抗冲击、减震材料及高性能轻质复合材料也有着广阔的应用前景。

4. 聚四氟乙烯　聚四氟乙烯(Teflon或PTFE)是由四氟乙烯聚合而成的高分子化合物,我国称为氟纶,是迄今为止最耐腐蚀的纤维。它具有优良的化学稳定性、机械韧性、密封性、低摩擦力、电绝缘性和良好的抗老化性。利用氟纶可以开发低摩擦因数耐摩擦运动袜类制品,在自行车及其他运动中,可以防止运动员的脚磨出水泡。将氟纶与其他织物混纺或交织,可制成良好的防水透气、防风保暖的雨具运动服、防寒服、特种防护服。

第四节 功能型服用纺织品

一、防水透湿面料

防水透湿面料要求织物在一定的水压下不被水(主要是雨水)润湿或渗透,但人体散发的汗液蒸汽却能通过织物扩散或传导到外界,不在体表和织物之间积聚冷凝,主观感觉不到发闷的现象,有很好的穿着舒适感,无湿冷感。可用于制作登山服、滑雪服、运动服、救生服等。

按照防水透湿织物的加工方法不同,可分成高密织物、涂层织物和层压织物。涂层织物和层压织物可以达到很高的防水透湿性,又可按需要提供不同品质、不同要求的产品,在防水透湿织物中占主导地位。

1. 高密织物 由超细聚酯纤维、聚酰胺纤维制得的具有防水透湿功能的高密织物,其织物密度可达普通织物的 20 倍,不经拒水整理可耐 $9.8 \times 10^3 \sim 1.47 \times 10^4 Pa$ 的水压,通过拒水整理后,可达到更高要求。高密织物可分为高密织造织物和高密整理织物。利用高密织物制成的服装轻薄耐用,广泛用于户外体育活动的运动服装面料;同时,由于高密织物有很好的防风性能,又广泛用于制作防寒服。

2. 层压防水透湿织物 层压织物是将有防水透湿功能的薄膜采用特殊的胶黏剂,层压或黏结到各类织物上,从而使织物获得防水透湿的效果。防水透湿层压织物以多微孔聚四氟乙烯薄膜(PTEE 膜)、聚酯薄膜(PET 膜)和聚氨酯薄膜(PU 膜)与织物复合为主流,也有用微孔聚乙烯和乙烯—醋酸乙烯共聚膜与非织造布复合的产品,后者主要供医用。微孔薄膜织物的耐水压性、透湿性、防风性及保暖性都较好,但加工过程较为复杂,生产成本较高。特别应注意的是微孔在长期使用的过程中会被堵塞,从而导致织物的防水透湿性能下降。

3. 涂层织物 涂层织物即在织物表面涂上一层高分子化合物,根据所涂高分子化合物的不同可分为微孔结构的涂层和无孔亲水涂层两种。微孔结构涂层的高分子化合物一般不进入织物内部,只在表面形成连续薄膜,以封闭纱线之间的孔隙或使其减小到一定的程度,当微孔直径大小在 $2 \sim 20\mu m$ 之间时,则允许水蒸气分子通过,而不能透过水分子,达到防水透湿功能;此类所用的涂层剂主要为聚氨酯类涂层剂。无孔亲水涂层的高分子含有足够量的亲水基团,作为水蒸气移动的阶梯。涂层阻止水分子提高,而水蒸气却能通过吸附—扩散—解吸等物理作用透过薄膜,使织物具有防水透湿性。

二、智能型抗浸服面料

智能水凝胶能够通过吸水溶胀和失水收缩对外界环境做出响应,吸水量最多能达到自身质量的 1000 倍。智能型抗浸服面料采用在纤维表面接枝引入刺激响应性高分子凝胶层即智能水凝胶。在干态时,这种智能纺织品与普通织物没什么区别,织物上大量的孔隙能保证人体散发的汗汽透过,满足舒适性要求;当浸入水中时,织物上刺激响应性高分子凝胶吸水溶胀,将织物组织的孔隙堵塞,阻止水向衣服内层渗透,从而具备了良好的抗浸性能。当织物被晾干时,凝胶失水收缩,恢复原有的透气性。智能水凝胶的引入使织物"防水"与"透湿"两种性能在不同的环境下分别得到满足,具有一定的"智能性"。

三、新型医用防护服面料

医用防护类纺织品包括医用防护服、隔离服、口罩、头套、手套、脚套等。要保护医务人员免遭任何污染源侵入,医用防护类纺织品必须具有有效隔离和防护的功能。隔离防护服要能实现对微生物、颗粒物质和流体的隔离,能经受消毒处理,抗撕裂、防穿刺、抗纤维应变和抗磨损,不含有毒成分,不起绒,符合职业安全与健康标准(OSHA)规定的舒适性和安全性。传统医用防护服面料大致可分为高密机织物、多层复合织物和非织造布三大类。由于传统医用防护服面料在阻挡血液渗透、防止血载病菌感染等方面存在不足,近年来开发了一系列新型高效隔离防护产品。

一种是利用荷叶理论开发的复合织物材料。织物由外层拒液层、中间吸湿层和内层导湿层构成。材料首先借助一定的织物组织形成凹凸的表面结构,利用纤维的收缩形成的蓬松线圈保持较多空气,再使织物表面覆盖一层高度拒液的整理剂,进一步提高织物的拒液性。SMS 非织造复合材料被广泛用于医用防护衣帽及病员服、床单、被罩等,聚四氟乙烯微孔膜的应用,使防护服面料具有耐久过滤、防水、抗油、拒水、透湿、抗菌、防静电、阻燃等多功能性能。渗透系统生化防护材料使用活性炭里布,材料透湿性好,且能够防化学物质,可用于医用面罩。采用涂层和覆盖形式的半渗透系统,可设计成具有各种不同大小孔径的微孔和超微孔材料,具有湿蒸汽传输速率高耐水压好及防化学和生物最理想的平衡性能。三层有机硅层压织物能耐化学品和200℃高温,可用于多次洗涤、干燥和消毒的手术用被单和大褂等。超细纤维无纺布对病毒阻隔效率高,可用于口罩、防护服、防护帽、防护鞋套等。"三防一透一阻"新型纺织品由防水透气功能层、胶黏剂层和纺织品层复合而成,产品具有无毒、无污染、耐热、耐寒、耐洗涤等性能,具有防水、防体液、防污、透气、阻菌等特点,可广泛应用于医疗阻隔材料。透湿性热塑性聚氨酯(TPU)复合涂纺面料,外层为涤纶防水防油处理面料、中间为 TPU 涂层、内面为吸湿针织布面料,能适应反复多次使用,具有一定的生理舒适性,适用于严重致病微生物污染环境下的人员皮肤防护。

四、热防护服面料

(一)金属镀膜布

在高温负压条件下,用蒸着法将金属(如铝)镀在化纤或真丝布上,而后再经过涂覆保护层整理,即获得金属镀膜布。金属镀膜具有镜面效果,对可见光和近红外线具有较强的反射能力。使用金属镀膜布、耐高温树脂和隔热材料分层复合制成的服装轻便柔软,还具有热防护功能,可供消防、冶金等高温环境及室外热辐射环境作业使用。

这种金属镀膜布,还可制作新潮的"太空时装"或加工成型后充气伪装飞机,用以迷惑敌军,进行反侦察。

(二)耐热阻燃防护服新面料

1. 碳纤维和凯夫拉(Kevlar)纤维混纺面料　碳纤维是以聚丙烯腈纤维或黏胶纤维为原

料,经预氧化和碳化处理得到的一种黑色而有光泽的高性能纤维,具有高强、高模量、耐高温、耐磨、耐腐蚀、导电、不燃、热膨胀系数小、重量轻等特点。凯夫拉(Kevlar)纤维是美国杜邦公司生产的聚对苯二甲酰对苯二胺纤维,属于芳族聚酰胺纤维,我国称这类纤维为芳纶1414。是一种高强、高模量、耐高温、耐腐蚀、难燃的纤维。人们穿着用碳纤维和凯夫拉(Kevlar)纤维混纺面料制成的防护服,能短时间进入火焰中,使人体感受不到热,也不会灼伤,并会避免化学品对人体的伤害。

2. PBI 纤维和凯夫拉(Kevlar)纤维混纺面料　PBI 纤维是聚苯并咪唑纤维的简称。纤维具有优良的耐热性和绝缘性,在 350℃ 以下可长期使用;它的极限氧指数为 41%,是一种不燃的有机纤维,通过烈焰仍能不失强力而保持常态。它有很好的化学稳定性和可染性。它的回潮率为 15%,能满足生理舒适要求;其强度和延伸性与黏胶纤维相近,纺织加工性能优良。用 PBI 纤维和凯夫拉(Kevlar)纤维混纺面料制成的防护服,耐高温、耐火焰,在温度 450℃ 时仍不燃烧、不熔化,并保持一定的强力。PBI 纤维和凯夫拉(Kevlar)纤维混纺面料主要用于在炼钢炉前工作人员的工作服,电焊手套以及石油钻井平台上的灭火服等。

五、防辐射纤维织物

1. 防紫外线陶瓷纤维材料　紫外线中波长为 320～400nm 的电磁波称为紫外线 A,这种紫外线可以透过云雾、玻璃等,侵入到人体皮肤内部,逐渐使肌肉失去弹性,使皮肤松弛、出现皱纹。日本一家公司于 1991 年开发了一种抗紫外线织物,该织物采用陶瓷微粉与纤维或织物结合,增加织物表面对紫外线的反射作用,以防紫外线透过织物而损害人体皮肤。这些陶瓷微粉包括高岭土、碳酸钙、滑石粉、氧化铁等。

2. 防 X 射线纤维材料　X 射线对人体有极大的伤害力,用含铅的玻璃或橡胶制品可以防 X 射线辐射,这些材料不但笨重,而且具有一定毒性,对人体有一定伤害。聚丙烯和固体 X 射线屏蔽剂材料复合制成了新型防 X 射线功能纤维及非织造材料,这种材料对中、低能量的 X 射线具有较好的屏蔽效果,还可以通过调节织物的重量或增加它的层数来进一步提高防护服的屏蔽率。

3. 防电磁辐射纤维材料　不锈钢金属纤维面料及镍铜导电布面料可以防止电磁辐射,但屏蔽效果较差。镀银织物与银纤维织物对电磁辐射屏蔽效果好,同时还具有高效杀菌作用,被广泛应用于医疗手术服、电磁屏蔽服、防静电工装、孕妇装、屏蔽帐篷、特种部队服装等。

其他防辐射纤维还有防红外线辐射纤维、防微波辐射纤维、防中子辐射纤维等。

六、智能性服装材料

所谓智能性服装材料即服装功能根据人体与环境的变化而变化,这种服装材料具有对能量、信息进行储存、传递和转化的能力。智能性功能服装材料常涉及微胶囊技术,用高分子无机化合物在一定条件下凝聚成的膜,将各种不同性质的药剂在微颗粒形成过程瞬间包覆起来,药剂原有化学性质保持不变,但药剂之间被暂时相互隔离呈微胶囊状。在人体的穿着活动中,胶囊受外力作用而部分破裂,囊中药剂便逐渐释放出来。微胶囊具有使不稳定或易挥发的物质长期保存、定时或逐渐释放囊芯物质,将液体变成固体等作用,从而实现自动调温等智能。

(一)自动调温服装

1. 太阳能服装 北极熊毛的外端透明,犹如一根细小的石英纤维,接近皮肤的一端是不透明的神经髓鞘,表面粗糙坚硬,中间呈现空心形状,北极熊毛的这种结构与光导纤维极其相似,有利于光的传送,它可以最大限度地把光能汇集到表皮中继而转化为热能,并通过皮下的血液将热能输送到全身。通过对北极熊毛光热转换的研究,人们研制出一种与北极熊毛作用相似的服装材料,即用有吸光蓄热性能的碳化锆为原料,制成日光系纤维,并加工成服装,穿着这种服装可将光能转化成热能,同时又可将人体散发的热量保存在衣服内。

2. 冬暖夏凉性服装 用聚乙烯乙二醇的化学制剂对普通棉布进行处理,处理后的布遇热膨胀时会吸收热量,从而使服装温度下降;遇冷收缩时又会放出热量,从而增加服装的保暖功能,使体感温度提高。这是因为聚乙烯乙二醇的大分子结构是一条螺旋形长链,当湿度升至一定值时,长链链结松开,吸收热量;遇冷时链结重新盘结,释放出热量。

3. 自动调温服装材料 一种用化学方法保暖并调温的纺织品。它附有一层不透水的薄膜,内装硫酸钠,当硫酸钠受热后会液化储存热量,其储热性能优异,从而使人体体温下降;而遇冷时硫酸钠会固化,同时将吸收的热量释放出来,这种面料可制作服装和窗帘。

(二)变色纤维服装

1. 光敏变色纤维材料 根据外界光照度、紫外线受光量的多少,使纤维色泽发生变化。制造时可以在纤维中引入具有光敏变色性能化合物,或将能变色的聚合物进行纺丝。例如将能在可见光下发生氧化—还原反应、色泽变化的物质导入聚合物,然后纺成纤维。该纤维制品对光线敏感,当光线照射时,其颜色发生明显变化。光敏变色纤维材料可用于制作军队伪装服。

2. 液晶变色服装材料 在衣料内附着一些直径为 0.002mm 左右的微胶囊,微胶囊内储有因温度或光线而变色的液晶材料和染剂,将微胶囊分散于液态树脂黏合剂或印染浆中,用常规方法涂覆于纤维或织物上。当环境的温度或光线变化时便会出现变色现象,这种变色现象还具有可逆性。液晶材料不同,产生的颜色和效果也不同,有的材料含有光敏液晶。除了对温度和光线敏感外,行人走过、或手掌贴在衣服表面再移开等,都能对颜色产生影响。变色面料可用于制作男夹克、女时装、泳装和"幻影"时装等。

3. 其他智能性服装材料 将含有多种微量元素的无机材料通过高技术复合,制成超细微粒再添加到化学纤维中,形成了微元生化纤维。将这种纤维与棉纤维混纺,织造面料,穿用这种面料织制的成衣可以改善人体微循环,并对多种疾病(如冠心病、心血管疾病等)有较好的辅助治疗作用,对风湿性关节炎、前列腺炎、肩周炎等症有消炎作用。在救生服装中引入水溶膨胀胶囊,干爽时与普通服装无异,一旦入水,其体积迅速膨胀到原来的十几倍,从而成为可浮在水面的救生服。还可为医务工作与食堂工作人员设计的工作服,可用灭菌消毒制剂以微胶囊技术对面料进行处理,在服装洗涤时,还同时进行自行消毒。

第五节 纳米材料

一、纳米材料的基本概念

纳米作为材料的尺度,其符号为 nm,1nm = 10Å,约等于 10 个原子的尺度。纳米级结构材料简称为纳米材料(nano material),是指由尺寸介于 1～100nm 范围之间的结构单元构成的材料,这大约相当于 10～100 个原子紧密排列在一起的尺度。由于它的尺寸已经接近电子的相干长度,并且其尺度已接近光的波长,加上其具有大表面积的特殊效应,因此其所表现的特性,例如熔点、磁性、光学、导热、导电特性等,往往不同于该物质在整体状态时所表现的性质。

纳米纤维制备有溶液静电纺丝、切片熔融直接纺丝、微流体静电纺丝等方法,制得的有多孔纳米纤维、皮芯纳米纤维、中空纳米纤维、复合纳米纤维、无机纳米纤维、碳纳米纤维、取向纳米纤维、梯度纳米纤维、组分复合纳米纤维、自组装纳米纤维等,可以用于制作药物缓释功能服装、吸波功能服装等。目前在纤维、织物中研究和应用最多的是零维纳米材料,如纳米二氧化钛、纳米氧化锌、纳米银粉、纳米二氧化锆、纳米碳粉等,是由单相纳米微粒构成的固体材料,被称为纳米相材料。还有许多天然有机材料中的大量微原纤和碳纳米管,属于一维纳米材料。这些材料以尺寸小于 2nm 的类金属和非金属化合物作为纳米粒子载体,可以形成许多崭新特性的纳米家族产品。一种是在化纤丝成形中以非均一相状态加入到纤维中,另一种是在聚合物合成阶段加入纳米粒子。另外,将上述纳米材料形成水溶液或有机溶液,然后对纤维和织物进行表面处理,包括浸渍和涂覆也已成为染整工程的重要技术,是众多差别化、高性能纤维和织物的制造手段。

固体或有机纳米粒子由于其巨大的比表面积和特殊性能,使其可能以少量的添加或处理即可赋予纤维、织物新的特殊功能或对质量和风格作出优良的改进。

二、纳米微粒的效应

纳米微粒是由有限数量的原子或分子组成的、能够保持原来物质的化学性质并处于亚稳定状态的原子团或分子团。当微粒尺寸减小到纳米尺度时,会显示四种纳米粒子特性:

(1)小尺寸效应。纳米微粒尺寸小到等于或小于光波波长时,周期性的边界条件会被破坏,非晶态粒子表面层附近的原子密度也会减小,使得物质的光、电、磁、热、力学性能改变,导致新的特性出现,称为纳米粒子的小尺寸效应。如非导电材料会出现导电性、金属熔点明显降低等。利用以上性能可以开发功能性纤维及纺织品。

(2)表面效应。纳米微粒尺寸小,微粒表面的原子数目大大提高,随着粒子的减小,粒子比表面积增大。这使得原子配位数严重不足。大比表面积导致高表面能,使粒子表面的原子十分活跃,极易与周围的气体反应,也容易吸附气体,此现象为纳米微粒的表面效应。利用这一效应,可在纤维及纺织品制造应用中提高催化剂的催化效率,提高吸收光比能力,提高吸湿率和提高添加剂(如杀菌、抗紫外线)的效率等。

（3）量子尺寸效应。当纳米微粒尺寸小到等于或小于光波波长时，金属费米能级附近的电子能级由准连续变为离散并使能隙变宽的现象叫纳米粒子的量子尺寸效应。这一现象使纳米银与普通银的性能完全不同，不仅纳米银的熔点大大降低，而且在粒径小于 20nm 时已由良导体变成绝缘体。SiO_2 的变化正相反。

（4）宏观量子隧道效应。纳米材料中的粒子具有穿过势垒的能力，称为隧道效应。例如具有铁磁性的磁铁其铁磁性会变为顺磁性、软磁性。

以上特性使纳米材料具有巨大的开发空间。纳米材料作为第四次工业革命的先导，将改变纺织工业和理论的现状。

三、纳米技术在纺织品上的应用

1.超细纳米纤维 远小于蚕丝直径（10μm）的超细纤维（1μm）都扩展称为纳米纤维。超细纤维的异形部分和添加粒子也是赋予超细纤维新功能的关键。利用聚合物的改性，特殊的异形断面、超级细纤维化和混纤技术及纳米表面处理等高技术，使服用织物材料具有以往合成纤维或天然纤维所没有的新感性和新功能，此纤维的纺织品统称为"新合纤"。新合纤技术的本质是纳米技术。新合纤、新丝型的关键技术是异收缩混纤丝技术；桃皮绒型主要是柔软手感的极细纤维技术；干爽型的关键技术是纳米粒子添加、异形断面和斑点拉伸技术；新薄毛型则主要是复合假捻和空气变形纱技术。

2.纤维断面的纳米级形状开发研究 将纤维的断面和侧面进行纳米级形状变化，可以获得各种不同或奇异的光泽，也可获得弹性、蓬松性以及圆形纤维没有的感性纤维特性。中空、多孔、皮芯、侧面凹凸可赋予织物保湿、吸水或吸湿、透气、膨松性能。利用这一技术可开发具有真丝丝鸣效果的"丝鸣"纺织品、具有良好吸湿性的纳米多孔构造或中空构造纤维、具有优良悬垂性的材料、透湿防水材料、柔软蓬松且具有柔和光泽的材料等。

防水防油透气材料的开发是纤维纳米级形状开发的又一应用。是指依据仿生学原理，通过对纺织品、皮革的每根细小的纤维进行人工修饰，利用纳米界面材料的疏水、疏油的特性，加之液体本身具有的表面张力，使滴落下的水和油形成一个个小圆球只能附着在织物表面，无法直接渗入织物纤维里面。它只能在织物表面滚动，同时将原来落在织物表面的灰尘裹带起来，滑落到地上。因为织物的纤维之间依然保持原有的间隙，所以原有的透气性、手感、柔软度等固有特征没有任何改变，人体的汗气依然可以被顺畅排出，成功地解决了防水与透气，即防水又防油这些原本相互矛盾的难题。

3.添加纳米微粉制备的功能性纤维 在纺丝前的纺丝熔体和原液中加入某种功能的纳米粉体，或在织物表面进行纳米粉体的浸渍、涂覆等处理从而制得功能性纤维和织物。在合成纤维树脂中添加纳米 SiO_2、纳米 ZnO、纳米 SiO_2 复配粉体材料，可制备纳米负离子纤维、纳米抗菌纤维、纳米抗静电纤维、纳米防紫外线纤维、纳米远红外线纤维等。

（1）负离子纤维及制品。将一种纳米矿物质粉体混入纤维中，通过粉体特有的机理使纤维能持久释放负离子。负离子多的地方被称为"生命氧吧"，呼吸负离子，对人体细胞代谢、免疫力提高大有益处。负离子纤维面料具有较强的远红外发射功能，能促进人体的血液微循环；负离子能释放电荷,吸附灰尘,故能净化空气。负离子具有抗菌和杀菌功能,能破坏细菌活性致其死亡。

(2)红外功能纺织品。一些纳米氧化物,如 TiO_2、Al_2O_3、SiO_2、Fe_2O_3 的复合粉在红外波段有很强的吸收作用,它们与纤维织物复合能够获得远红外功能织物,这种纤维对人体释放的红外线有很好的屏蔽作用,同时织物以高效发射出同样波长的远红外线,人体皮肤吸收远红外线,转换成热量向人体内部传播,能够增强保暖效果。另外在添加纳米微粒的远红外纤维中,纳米微粒的用量仅在 0.1% 以下,这样就大大减轻了衣服的重量,但能获得优良的保暖功效。上海东华大学开发的含纳米填料的远红外线发射纤维,利用纤维发射远红外线和蓄热功能制造保暖服装、保健服装,能增加人体血液循环,起到防病、保健等功效。

(3)静电及导电功能纤维的开发。近年来纳米材料的发展中最引人注目的是纳米碳管的研究及应用,纳米碳管是由单层或多层的石墨片卷曲而成的无缝微型管状物。外径为 20 ～ 30nm,内径为 1 ～ 3nm,依据制备方法不同,长度从 1 ～ 100nm 不等。纳米碳管有许多优良的物理化学性能,可以制作多种纺织新材料。纳米碳管具有优良的导电性能,其导电性甚至高于铜,因此可以作为添加剂,用于制备良好导电性能或抗静电功能的纤维,另外纳米碳管的强度极高、弹性模量也很高,甚至可以弯曲后再弹回,可以用于制备高强高弹纤维的添加剂。

(4)其他应用。纳米微粒具有多种特殊性能,在纺织领域中,除了应用于以上的各个方面,在其他方面也有很好的应用前景,例如利用纳米级的 $Mg(OH)_2$、Sb_2O_3 和 $Al(OH)_3$ 的阻燃特性合成阻燃纤维,一般的阻燃剂主要是一些含磷、溴等的有机物,既有毒又不符合环保要求,因此利用纳米微粒的高阻燃性能将是阻燃剂的一个发展趋势。

☞ 思考题

1. 简述新型天然纤维、新型再生纤维特点,并举例说明它们在服装方面的应用。

2. 新型合成纤维有哪几种类型? 各有何特征? 举例说明其在服装方面的应用。

3. 目前国内外流行的新型服装材料有哪些?

4. 阐述纳米纤维及其织物的特点,以及纳米技术在纺织服装上的应用状况和发展前景。

第七章　服装辅料

● 本章知识点 ●

1.服装辅料的种类及作用。

2.各种辅料的常见品种、特点及用途。

3.各种辅料的选配。

　　服装辅料是指除面料以外构成服装的各种辅助材料,包括里料、絮填料、衬料、垫料、线类材料、紧扣材料及装饰性材料等。服装辅料是构成服装整体的重要材料,辅料不仅影响服装的造型、手感、风格和色彩,还影响服装的服用性能、加工性能和价格。近年来,国内外的服装辅料发展迅速,品种日益增多,性能各异。因此在服装设计和生产中正确的掌握和选用服装辅料尤为重要。

第一节　服装衬料

　　衬料,又称衬布,是介于服装面料和里料之间的材料,可以是一层或几层,它是服装的骨骼和支撑,对服装起平挺、造型、加固、保暖、稳定结构和便于加工等作用。用衬的部位不同,其目的、作用和用衬的种类也不相同。

　　衬料使用部位主要包括服装的衣领、驳头、前衣片的止口、挂面、胸部、肩部、袖窿、绱袖袖山部、袖口、下摆及摆衩、衣裤的口袋盖及袋口、裤腰和裤门襟等,有时整个前衣片都用衬料。衬料的作用主要包括以下几个方面:

　　(1)使服装获得满意的造型。在不影响面料手感、风格的前提下,借助衬的硬挺和弹性,可使服装达到预期的造型效果,如领衬使得立领平挺而竖立;西装的胸衬,可使胸部更加丰满挺括;肩袖部用衬会使服装造型更加立体,并使袖山更为饱满圆顺。

　　(2)提高服装的抗皱能力和强度。在服装的衣领、驳头、门襟和前身用衬,可使服装平挺而抗折皱,这对薄型面料服装更为重要。用衬后的服装,因多了一层衬的保护和固定,使面料不致被过度拉伸和磨损,从而使服装更为耐穿。

　　(3)使服装折边清晰、平直而美观。在服装的折边处,如止口、袖口、下摆及袖口衩、下摆衩等处用衬,可使折线更加笔直而分明,服装更美观。

　　(4)保持服装结构形状和尺寸的稳定。在服装的易受拉伸部位,如前襟、袋口、领口等处用衬,可使面料不易被拉伸而变形,保持服装形态稳定。另外,衬布的使用也可使服装洗涤时不易变形。

（5）改善服装的加工性。轻薄柔软的丝绸面料及单面薄型针织物等,在缝纫过程中,因不易握持而使加工困难,用衬后即可改善缝纫过程中的可握持性,有利于缝制加工。

（6）提高服装的保暖性。服装尤其是胸部及全身大面积用衬时,因增加了厚度(特别是采用前身衬、胸衬或全身使用黏合衬),可提高服装的保暖性。

一、衬料的分类

根据不同的分类原则,服装衬料可分为不同的种类。

（一）衬料按底布的种类和加工方式分

可分为棉麻衬、马尾衬、黑炭衬、树脂衬、黏合衬、腰衬、领带衬及非织造衬 8 大类,如图 7 - 1 所示。

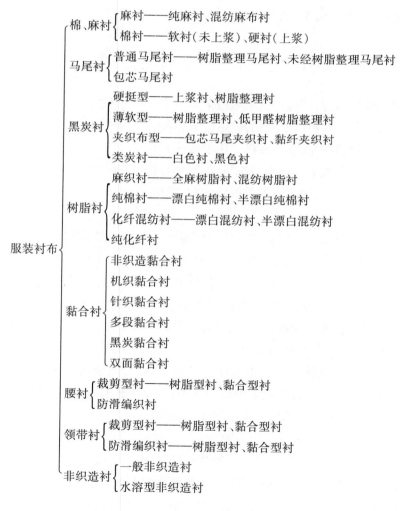

图 7 - 1　服装衬布的分类

（二）按衬料的使用原料分

可分为棉衬、毛衬（黑炭衬、马尾衬）、化学衬（化学硬领衬、树脂衬、黏合衬）和纸衬等。

（三）按使用对象分

可分为衬衣衬、外衣衬、裘皮衬、鞋靴衬、丝绸衬和绣花衬等。

（四）按使用的方式和部位分

可分为衣衬、胸衬、领衬和领底呢、腰衬、折边衬和牵条衬等。

（五）按衬的厚薄和重量分

可分为厚重型衬（＞160g/m²）、中型衬（80～160g/m²）与轻薄型衬（＜80g/m²）。

（六）按加工和使用方式分

可分为黏合衬与非黏合衬。

（七）按衬的底布分

可分为机织衬、针织衬和非织造衬。

二、衬料的主要品种及其特点

（一）棉衬、麻衬

棉衬分软衬和硬衬两种，用纯棉机织本白平布制成。软衬不加浆料处理，手感柔软，多用于挂面、裤腰、裙腰或与其他衬料搭配使用，以适应服装各部位用衬软硬和厚薄变化的要求。硬衬是经化学浆料处理的纯粗棉布，手感硬挺。用于传统方式制作的西装、大衣等。

麻衬是采用麻平纹布或麻混纺平纹布制成，麻衬有较好的硬挺度和弹性。麻衬广泛应用于高档服装如各类毛料制服、西装和大衣等服装的胸、领和袖等部位。

（二）毛衬

毛衬包括黑炭衬和马尾衬。黑炭衬以棉或棉混纺纱线作经纱，以牦牛毛、山羊毛等粗毛混纺纱作纬纱，以平纹组织交织成底布，再经特殊加工整理而成。由于黑炭衬经纱密度较稀，纬纱采用毛纱，因而衬料经向悬垂性好，而纬向有优良的弹性。黑炭衬常用于大衣、西服、礼服、制服等服装的前身、胸部、肩部、驳头等部位，使服装造型丰满、合体、挺括。

马尾衬是以棉纱或涤棉混纺纱作经纱，马尾鬃作纬纱交织，再经定形和树脂硬挺整理加工而成。因受马尾长度的限制，普通马尾衬幅宽不超过50cm，用手工和半机械制造，产量较低且未经后整理加工。近几年又成功研制出马尾包芯纱，即将马尾鬃用棉纱包覆并一根根连接纺纱。用这种马尾包芯纱作纬纱在织机上织成的马尾衬，其幅宽不再受马尾鬃长度的限制。由于马尾鬃弹性好、产量小、加工费用高，主要用于高档服装用衬。

（三）树脂衬

树脂衬是以纯棉、棉混纺或化纤纱线为原料，以平纹组织织成底布，经漂白或染色整理后浸轧树脂而成。树脂衬按其底布原料的不同，可分为纯棉树脂衬、混纺树脂衬和纯化学纤维树脂衬；按其手感的不同，又可分为软、中、硬三类；按衬布颜色的不同，可分为本白、半漂白和漂白树脂衬和双色树脂衬布四类。

树脂衬具有成本低、硬挺度高、弹性好、耐水洗、不回潮等特点，广泛应用于服装的前身、衣领、门襟、袖口、口袋、裤腰等部位。

（四）领带衬

领带衬布是由羊毛、化学纤维、棉等纤维纯纺、混纺或交织成布，再经后整理而制成，用于领带内层，起造型、保形、补强等作用。

（五）腰衬

腰衬是近年来开发的新型材料，多采用锦纶、涤纶长丝或涤棉混纺纱线织成不同腰高的带状衬布。腰衬有较好的刚度和弹性，对裤腰和裙腰起硬挺、保形、防滑和装饰作用。

（六）黏合衬

黏合衬即热熔黏合衬，它是将热熔胶涂于底布上而制成的衬料。使用时不需繁复的缝制加工，只需在一定的温度、压力和时间条件下，使黏合衬与面料或里料黏合，从而使服装挺括、美观而富有弹性。由于黏合衬的使用简化了服装加工工艺，提高了生产效率，并适用于工业化生产，所以被广泛采用，成为现代服装生产的主要衬料。

1. 黏合衬的分类与性能　黏合衬的品种很多，分类方法也有多种，一般可按底布种类、热熔胶种类、热熔胶的涂布方式及黏合衬的用途而分类。

（1）按底布的种类分。

①机织黏合衬。机织黏合衬通常为纯棉或其他化纤混纺的平纹机织物为底布而制成的黏合衬。其经纬密度相近，各方向受力稳定性和抗皱性能较好。因机织底布的价格比针织底布和非织造布高，多用于中高档服装。

②针织黏合衬。针织黏合衬是以针织布为底布的黏合衬。针织底布又有经编和纬编之分。经编底布以衬纬经编织物为主，有较好的弹性及尺寸稳定性，有优良的悬垂性及柔软的手感，多用于外衣前身衬。纬编底布由锦纶长丝织成，织物手感柔软，弹性好。多用于女衬衫及其他薄形针织服装中。

③非织造黏合衬。非织造黏合衬常以化学纤维为原料制成，分为薄型（18～30g/m²）、中厚型（30～50g/m²）、厚型（50～80g/m²）三种。因其重量轻，弹性好，透气性好，生产简便，价格低廉，品种多样而被广泛应用。

（2）按热熔胶的种类分。可分为聚酰胺（PA）黏合衬，聚乙烯（PE）黏合衬，聚酯（PES）黏合衬，乙烯—醋酸乙烯（EVA）及改性皂化乙烯—醋酸乙烯（EVAL）黏合衬。

①聚酰胺（PA）黏合衬。聚酰胺黏合衬有良好的黏合性能和手感，耐干洗性能优良，多用于衬衫、外衣等服装。

②聚酯（PES）黏合衬。聚酯黏合衬有较好的耐洗性能，尤其对涤纶面料的黏合强力高，多用于薄型涤纶仿真丝面料和涤纶仿毛面料上。

③聚乙烯（PE）黏合衬。聚乙烯又可分为高密度聚乙烯（HDPE）和低密度聚乙烯（LDPE）。高密度聚乙烯对温度压力要求较高，有较好的耐水洗性能，干洗性能略差，多用于男衬衫。低密度聚乙烯具有较好的黏合性能，但耐洗性能较差，广泛用于暂时性黏合。

④乙烯—醋酸乙烯（EVA）及改性皂化乙烯—醋酸乙烯（EVAL）黏合衬。它有较强的黏合性，适于裘皮服装。但耐洗性能差，对需常洗的服装来说，只能作为暂时性黏合。

（3）按热熔胶的涂布方式分。

①撒粉黏合衬。将粉状热熔胶均匀地撒在预热的底布上，烘焙后冷却，形成了撒粉黏合衬。其设备和制造方法简单，但涂布不均匀，适用于低档产品。

②粉点黏合衬。热熔胶经雕刻辊转移黏结在预热的底布上，烘焙后冷却即形成粉点黏合衬。其胶粉分布均匀，质量好，广泛应用于机织衬的生产。

③浆点黏合衬。将热熔胶调制成浆液，通过圆网和刮刀将浆点涂布到底布上，经焙烘熔结于底布上而形成浆点黏合衬。浆点黏合衬胶点分布均匀，黏合效果好，适于各类底布，产品档次高。

④双点黏合衬。双点黏合衬是根据底布和面料的不同黏合性能，采用两种不同黏合性能的热熔胶重叠涂布于底布上而形成的。常见的有双粉点、双浆点或先浆点后粉点等涂布方法。双点黏合衬是目前国内外普遍采用的新方法，其生产难度大，黏合质量好，是较高档的黏合衬。

⑤薄膜涂布黏合衬。薄膜涂布黏合衬是将热熔胶先制成薄膜，再将薄膜直接热压于底布上，则可获得更为均匀平整的薄膜涂布黏合衬。其产品质量好，适用于衬衫黏合衬。

（4）按黏合衬的用途和使用对象分。黏合衬依其用途可分为主衬（大身衬）、补强衬、牵条衬（嵌条衬）、双面衬、绣花衬等；依其使用对象又可分为外衣衬、衬衣衬、裘皮衬和丝绸衬等。

2. 黏合衬的质量要求　黏合衬的质量直接影响到服装的质量及使用价值。使用黏合衬时，应注意以下几点：

（1）黏合衬与面料黏合要牢固，须达到一定的剥离强度，并在洗涤后不脱胶、不起泡。

（2）黏合衬的热缩率和缩水率要小，黏合、熨烫和水洗后的尺寸变化应与面料一致，以保证服装的外观平整。

（3）黏合衬经压烫后应不损伤面料，不影响面料的手感和风格。在面料与衬布的表面须无渗胶现象。

（4）黏合衬的游离甲醛含量要符合质量要求，并有较好的透气性，以保证服装的舒适与卫生性能。

（5）黏合衬应具有抗老化性能，无吸氯泛黄现象，且黏合强度保持不变。

（6）黏合衬须有良好的可缝性与剪切性，裁剪时不沾污刀片，衬布切边不粘连，缝纫时机针滑动自如，不沾污堵塞针眼。

三、服装衬料的选择

（一）衬料与面料的性能相匹配

衬料应与服装面料在缩率、悬垂性、颜色、单位重量与厚度等方面相匹配。丝绸类服装要选用轻柔的丝绸衬。针织服装应选择伸缩性好的针织衬。法兰绒面料应选用较厚的衬料。不耐高温的面料如丙纶等，则应选择熔点和胶黏温度低的黏合衬。有些面料，如起绒织物或经防油、防水整理的面料，以及热缩性很高的面料，对热和压力敏感，应选择非热熔衬。

（二）满足服装造型设计需要

服装的许多造型是借助衬的辅助作用来实现的。如西装挺拔的外形及饱满的胸廓是利用衬的刚度、弹性、厚度来衬托的。由于衬布类型和特点的差异，因而应根据服装的不同设计部位及要求来选择相应类型、厚度、重量、软硬、弹性的衬料。

（三）根据服装的使用和保养要求

应考虑面料与衬料在洗涤、熨烫等方面的配伍性。如需经常水洗的服装，应选择耐水洗的衬料；而毛料外衣等需干洗的服装，应选择耐干洗的衬料。

（四）根据价格与成本来选配

衬料的价格直接影响到服装的成本，因而在保证服装质量的前提下，应尽量选择价格低的衬料。

（五）考虑制衣生产设备条件

在选配黏合衬时，必须考虑是否配有相应的压烫设备，考虑黏烫设备的幅宽及加热形式等条件。在选定黏合机时，对湿膨胀率变化较大的面料，要避免使用连续滚压式黏合机，避免黏衬部分与未黏衬部分的交接处出现皱纹现象。

四、服装用垫料

垫料是为了弥补人体某些部位的不足，使服装穿着合体、美观及舒适。垫料依其在服装上使用的部位不同，有肩垫、胸垫、袖山垫及其他特殊用垫等。其中肩垫和胸垫是服装用主要的垫料。

（一）胸垫

胸垫也称胸绒、胸衬，主要用于西服和大衣等服装前胸，使服装胸部造型丰满、挺括而又有弹性。早期的胸垫采用棉、麻、毛织品，用手工加工而成，胸垫厚、重、硬、弹性差，易皱、易缩、易变形。随着非织造布制造技术的迅速发展，非织造布胸垫问世，特别是针刺技术的应用，使胸垫材料的规格、品种及性能都有了很大的发展和提高。

非织造布制作的胸垫具有很多的优点，主要表现为：重量轻（100~160g/m²），裁剪后切口不脱散，保形性好，回弹性好，不缩水，保暖性好，透气性好，使用简便，手感舒适，价格便宜。

近年来更是将针刺胸垫（绒）、黑炭衬、盖肩衬等组合而制成复合胸衬，广泛用于西装及大衣的加工中。常用的胸垫分类如图7-2所示。

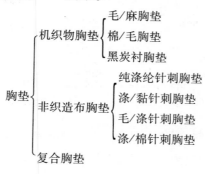

图7-2　常用的胸垫分类

胸垫的选择应根据服装面料的色彩、质地和厚薄来选配。浅色面料应选由浅色或白色面料制成的胸垫,丝绸或棉布面料应选用轻薄柔软的机织衬、针织衬和非织造布衬,而厚重面料则可选用麻衬、棉布衬和稍厚硬的非织造布衬。

选择胸垫时,还应考虑胸垫的性能。如吸湿透气性、缩水率、耐热性、耐洗涤性、色牢度、强度等,以保证服装的质量。

胸垫的选择还应满足服装造型设计要求。如胸垫运用较多的硬挺衬,它的规格、形状、种类都应与服装款式造型、穿着者的体型相匹配。另外还要考虑胸垫的成本。

(二)肩垫

1. 肩垫的种类　肩垫是用于肩部的衬垫,也称垫肩。不同的服装面料和款式造型,对肩垫的形状、厚薄和大小的要求也不相同。一般来说,肩垫大致可分为三类。

(1)针刺肩垫。针刺肩垫是以棉絮或涤纶絮片、复合絮片为主,辅以黑炭衬或其他硬挺衬料,用针刺方法将絮片与衬料复合加固而成。这种肩垫厚实而有弹性、耐洗耐压烫、尺寸稳定、经久耐用。多用于西服、制服、大衣等服装。

(2)定型肩垫。定型肩垫是采用乙烯—醋酸乙烯共聚物(EVA)热熔胶粉作黏合剂,将针刺棉絮片及海绵通过加热黏合定形而成。这种肩垫质轻而富有弹性、耐洗性好、尺寸稳定、造型优美、规格品种多样。适用于插肩袖服装、时装、夹克、风衣等服装。

(3)海绵肩垫。海绵肩垫由泡沫塑料切削成一定形状而制成。这种肩垫制作方便、轻巧、价格低,但弹性、耐洗涤性较差,包覆针织物后用于女衬衫、时装、羊毛衫等服装。

2. 肩垫的质量要求　肩垫应造型美观,并能很好地贴合人体肩形;颜色均匀,色牢度好,不褪色;表面光洁,不起毛、不起皱;有一定的牢固性、耐用性;手感良好,能与面料手感一致或接近;回弹性好,能长久保持服装款型,久挂不变形;具备良好的洗涤性能,不缩水、不脱层、不变形;同一副肩垫的厚度相差不大于1.5mm。

3. 肩垫的选用　肩垫应根据服装的款式特点和服用性能要求来选用。平肩服装应选用齐头肩垫;插肩服装一般选用圆头肩垫;厚重的秋冬服装,选用尺寸较大的肩垫;而轻薄面料的夏季服装,宜用较小的肩垫。

肩垫可以固定在服装上,也可以是活络垫肩。活络垫肩可以用尼龙搭扣、揿钮或隐形拉链装于服装肩部,以便随时取下或替换。

第二节　服装里料

服装里料是服装的里层材料,俗称夹里布。服装配用里料主要为了保护服装、改善穿着性能和保护服装外观造型,使服装更为整洁、美观及舒适。

一、常见里料的品种与特性

服装里料的种类很多。按织物组织可分为机织物、针织物。机织物又分为平纹、斜纹、缎纹及提花里料;按织物后整理分有染色、印花、轧花、防水涂层、防静电、防羽绒里料等;按织物原料又可分为天然纤维里料、化学纤维里料、混纺和交织里料。

（一）天然纤维里料

1. 棉纤维里料　棉纤维里料品种丰富,吸湿性和透气性较好,不易产生静电,穿着舒适,价格低廉,但不够滑爽,缩水率较大,弹性较差,易折皱。主要用于婴幼儿服、便服、中低档夹克、棉布服装、冬装等。

2. 真丝里料　真丝里料柔软滑爽,轻薄而富有光泽,吸湿性和透气性好,无静电现象,穿着舒适凉爽,但价格较高,不坚牢,易起皱,缩水率较大,加工及保养要求高。常用于夏季高档轻薄服装、纯毛服装等。

（二）化学纤维里料

1. 黏胶纤维里料　黏胶纤维里料手感柔软滑爽,光泽好,吸湿性强,透气性好,颜色鲜艳,色谱全,但湿强较低,弹性差,缩水率大,保形性差,易起皱。用黏胶短纤纱织成的仿棉布以及短纤、长丝交织的富纤布,价格便宜,是中低档服装的里料。用黏胶有光长丝织成的人丝绸、美丽绸等里料,光滑而富丽,易于热定形,是中高档服装普遍采用的里料。常水洗的服装不宜采用这种里料。

2. 醋酯纤维里料、铜氨纤维里料　用醋酯纤维或铜氨黏胶丝织成的里子绸,比黏胶纤维里料的丝绸感更强,弹性好,光泽好,但湿强较低,缩水率大,耐磨性差。是针织服装和弹性服装的常用里料,也可与皮革服装、高级衣料相搭配。常水洗的服装不宜采用这种里料。

3. 涤纶里料　涤纶里料坚牢挺括、易洗快干、强力高、耐磨性好、尺寸稳定、弹性好、不皱不缩、耐热耐光性好、穿脱滑爽、价格低廉,但涤纶里料吸湿性差,透气性差,易产生静电,易吸灰尘,易起毛起球。不宜用来制作夏季服装里料。

4. 锦纶里料　锦纶里料强力高、耐磨性好、不缩水、手感柔软滑爽,吸湿性优于涤纶,抗皱性能差于涤纶,保形性不好,不挺括,耐热耐光性较差,易产生静电。不宜作夏季服装里料。

（三）混纺与交织里料

1. 涤/棉里料　涤/棉里料采用涤棉混纺纱或涤经棉纬交织而成,织物坚牢耐磨,尺寸稳定,吸湿性优于纯涤纶里料,价格适中,适宜各种洗涤方法。常用于羽绒服、风衣和夹克衫等服装的里料。

2. 黏/棉交织里料　以黏胶长丝为经纱,棉纤维为纬纱交织而成,其正面光滑如绸,反面如布。织物质地坚牢、手感厚实、色彩亮丽、吸湿性及透气性好、穿着舒适,但缩水率较大。适用于各种服装。

二、里料的选择

里料与面料搭配合适与否直接影响服装的整体效果及服用舒适性。因此,选配里料时要充分考虑以下因素:

（一）使用质量可靠的里料

里料应光滑耐用,有较好的色牢度。易产生静电的面料,要选用易导电的里料。高档服装里料,应进行抗静电处理,以免影响服装的穿着性能及外观。通常里料要比面料轻薄和柔软。夏季服装的里料要有良好的透气性,而冬季服装的里料应注意其保暖性。

(二)里料的性能应与面料的性能相匹配

里料的缩水率、热缩率、耐热性、耐洗涤性、强度以及重量等性能应与面料相配伍。特殊服装里料要考虑满足其特殊功能需要。如消防服除了面料,里料也要具有一定的耐高温、阻燃、抗腐蚀等特殊性能。

(三)里料的颜色应与面料的颜色相协调

里料与面料的配色应保证服装色彩协调美观。通常里料的颜色应与面料相近或略浅于面料,以防止面料沾色或透色。

(四)使用经济实用的里料

选配里料时,既要注意美观、实用、经济的原则,以降低服装成本,又要注意里料与面料的质量、档次相匹配。

第三节　填料

为了提高服装的保暖性,在冬季防寒服装的面料、里料之间填充的材料称絮填料。传统的絮填料有棉花、羊毛、驼绒、羽绒等。随着现代材料技术和服装的发展,不同目的和作用的絮填料种类也日益增多。

常用絮填料的种类繁多,按材料性质大致可分为:

(一)纤维絮填料

1. 棉花　静止的空气是最保暖的物质,新棉花和暴晒后的棉花因包含了大量的静止空气而具有良好的保暖性。棉花吸湿性好、透气性好、穿着舒适、价格低廉。但棉花受压、受潮后弹性与保暖性降低,水洗后易板结变形,铺填均匀度变差。常用于婴幼儿服装、童装和中低档服装。

2. 动物绒毛　羊毛和骆驼绒是高档的保暖充填料。其保暖性好、吸湿透气、穿着舒适,但长时间使用易毡结,易产生铺填不匀现象。使用时最好混以一定量的化学纤维。常用于高档保暖服装。

3. 丝绵　丝绵是由桑蚕丝茧直接缫丝而成的絮状材料。丝绵光滑柔软、轻薄保暖、吸湿性好、穿着舒适,但价格较高,并且长时间穿着易板结。常用于高档丝绸服装。为防止丝绵外扎,常在丝绵外包覆一层纱布。

4. 化纤絮填料　随着化学纤维的发展,用作服装絮填料的品种也日益增多。腈纶有人造羊毛之称,弹性好、轻而保暖;中空涤纶弹性好、手感滑爽、保暖性优良,因此"腈纶棉"和"中空棉"被广泛用作絮填材料。随着细旦涤纶的品种开发,服装絮填料也有了新的发展。

(二)天然毛皮、羽绒

1. 天然毛皮　天然毛皮吸湿性好,皮板密实挡风。因毛绒间储存大量静止空气,因而保暖性很好。毛皮手感轻柔滑爽,穿着舒适,但毛皮缝制复杂,价格昂贵。高档毛皮多用于制作裘皮服装,而中低档毛皮是高档防寒服装的絮填材料。

2. 羽绒　羽绒主要是鸭绒,也有鹅、鸡、雁等毛羽。羽绒质轻而蓬松,导热系数很小,是人们十分喜爱的防寒保暖絮料之一。羽绒的品质以其含绒率的高低来衡量。含绒率越高,保暖性越好,价格越高。用羽绒絮填料时,要注意羽绒的洗净与消毒处理,同时服装面料、里料及羽绒的包覆材料要具有防绒性,以防毛羽外窜。

(三) 絮片

随着纺织技术的不断发展,各类合成絮片在保暖材料中的比例日益增加。作为保暖材料,絮片是一种由纺织纤维构成的蓬松柔软而富有弹性的片状材料,由非织造布工艺加工而成。絮片具有原材料丰富,规格参数易于控制,厚薄均匀,裁剪、缝制简便,价廉物美等特点。常见的絮片可分为五类:

1. 热熔絮片　热熔絮片的全称是热熔黏合涤纶絮片,是以涤纶为主,混入一定比例的低熔点纤维,采用热熔黏合工艺加工而成。此类絮片蓬松度好、透气性好、保暖性强、价格便宜。

2. 喷胶棉絮片　喷胶棉又称喷浆絮棉,是以涤纶为主要原料,也可混入其他种类纤维,经梳理成网后喷洒上黏合剂,再经热压处理后黏结成絮片。此类絮片手感柔软滑爽、质轻而蓬松、价格便宜、透气性好、保暖性强,但强度低。

3. 金属涂膜复合絮片　金属涂膜复合絮片又称太空棉、宇航棉、金属棉等,是以纤维絮片、金属涂膜为原料,经针刺复合加工而成。金属棉拉伸强度好、保暖性强,但透气、吸湿性差,弹性伸长性差,穿着有闷热感,不能满足人们对舒适性的要求,难以得到普遍推广应用,但它良好的保暖性能和防风性能可以作为帐篷用保暖材料。

4. 毛型复合絮片　毛型复合絮片是以羊毛或毛与其他纤维混合材料为絮层原料,以单层或多层薄型材料为复合基,经针刺复合加工而成。毛型复合絮片有较好的保暖性及服用性,是较为理想的保暖材料絮片,但价格较贵。

5. 远红外棉复合絮片　远红外棉复合絮片是最新开发的多功能高科技产品。该产品除了具有毛型复合絮片的特点外,还利用远红外纤维吸收和发出的远红外波对人体起到保健作用,是一种极具前景的新型保暖材料,应用领域十分广泛。

第四节　扣紧材料

服装上的扣、链、钩、环、带等材料,对服装起着连接作用,一般称这类材料为扣紧材料。扣紧材料具有封闭服装、调节服装局部尺寸和装饰作用,是服装必不可少的辅料。

一、纽扣

纽扣除了具有传统的连接功能之外,更多地体现在对服装的装饰与美化功能上。纽扣影响服装的品质,对提高服装的档次起着至关重要的作用。

（一）纽扣的种类和特点

纽扣的种类繁多，用途特点各异。通常按照结构和材料进行分类。

1. 按纽扣的材料分

（1）合成材料纽扣。合成材料纽扣是目前品种最多、用量最多、最为流行的一类，特点是色泽鲜艳、造型丰富、品种多样、价格低廉。但在耐高温、耐化学试剂的性能上不如天然材料纽扣好。常见的合成材料纽扣有树脂扣、塑料扣、电玉扣、尼龙扣、仿皮纽扣及有机玻璃扣等。

（2）天然材料纽扣。天然材料纽扣是最古老的纽扣，具有悠久的历史。具有优良的耐热性、耐有机溶剂性，有自然的色泽和手感。

天然材料纽扣种类很多，常见的有贝壳扣、木扣、布扣、陶瓷扣、宝石扣、水晶扣、椰子壳纽扣等。

（3）复合纽扣。复合纽扣由两种或两种以上不同材料复合制成的，常见的有 ABS – 尼龙件组合、树脂 – ABS 组合、ABS 电镀 – 树脂组合、ABS – 电镀金属件组合等。复合纽扣层次丰富、立体感强、功能全面、造型多样富有装饰性，适用于各类时装、制服等。

（4）金属材料纽扣。金属扣由铜、铝、铁、镍等金属材料制成。具有耐磨、耐高温、抗腐蚀、造型别致、立体感强、装钉方便、用途多样、价廉物美等特点。常用于牛仔服及有专门标志的职业服装。

2. 按纽扣的结构分

（1）有眼纽扣。在纽扣的表面中央有两个或四个等距离的眼孔，以便用线手缝或钉扣机缝在服装上。有眼纽扣由不同的材料制成，其颜色、形状、大小和厚度各异，以满足不同服装的需要。其中正圆形纽扣量大面广。四眼扣多用于男装，两眼扣多用于女装。

（2）有脚纽扣。在扣子的背面有一凸出的扣脚，其上有孔，或者在金属纽扣的背面有一金属环，以便将扣子缝在服装上。扣脚的高度使得扣面和服装面料有一定的距离，适用于厚型、起毛和蓬松面料的服装，能使纽扣在扣紧后保持平整。

（3）按扣。按扣分为缝合与非缝合按扣。缝合按扣一般在边沿有四个扣眼以供用缝纫线将其固定在服装上。非缝合按扣用压扣机钉在服装上。按扣一般由金属材料（铜、钢、合金等）制成，也有用合成材料（聚酯、塑料等）制成的。按扣是强度较高的扣紧件，容易开启和关闭。金属扣具有耐热、耐洗、耐压等性能。广泛应用于厚重的牛仔服、工作服、运动服和皮革服装上。非金属按扣常用于童装与休闲装中。

（4）编结纽扣。用服装面料缝制成布条或用其他材料的绳、带经手工缠绕编结而制成的纽扣。这种编结纽扣有很强的装饰性和民族风格，多用于中式服装和女式时装。

（二）纽扣的选择

纽扣在服装设计中可起到"画龙点睛"的作用。选配纽扣时，要考虑它的色彩、造型、材质等。

纽扣的颜色应与面料颜色相协调，或与面料主要色彩相呼应；纽扣的造型应与服装的款式造型相协调；纽扣的材质与轻重应与面料厚薄、轻重相匹配；纽扣的大小应主次有序，纽扣的大小尺寸选择应与纽眼相一致；纽扣的性能和价格应与面料的性能和档次相匹配。

纽扣的尺寸在国际上有统一型号,如果纽扣不是圆形,则测量其最大直径,同一型号有固定尺寸,各国之间是通用的。纽扣型号与纽扣外径尺寸之间的关系如下:

$$纽扣外径(mm) = 纽扣型号 \times 0.635$$

二、拉链

拉链用于服装开口部位的扣合、衣片的连结等,具有操作方便、封闭严实、缝制工艺简单、风格现代等特点。在各类服装尤其是运动服、休闲服和功能服中应用广泛。

(一)拉链的结构

拉链主要由底带、头掣、尾掣、拉链头、拉链把柄等部分构成。在开尾拉链中,还有插针和针盒,如图 7-3 所示。拉链牙是形成拉链闭合的关键部件,其材质决定拉链的形状与性能。头掣和尾掣用以防止拉链头及牙齿从头端和尾端脱落。底带由纯棉、涤/棉或纯涤纶纱线织成并经定形整理,其宽度则随拉链号数的增大而加宽。

拉链头用以控制拉链的开启与闭合,拉链是否能锁紧,则靠拉襻上的小掣子来控制。插针、针片和针盒用于开尾拉链,在闭合拉链前,靠插针与针盒的配合将两边链牙对齐,以对准牙齿和保证服装的平整定位,而针片用以增加底带尾部的硬挺,以便针插入针盒时准确定位和操作方便。

拉链的大小以号数表示,由拉链牙齿闭合后的宽度而定。如拉链牙齿闭合后的宽度为 5mm,则该拉链为 5 号。号数越大,则拉链牙齿越粗,闭合后扣紧力越大。

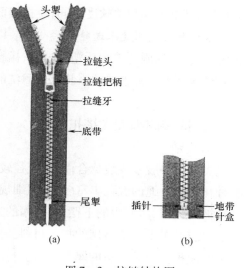

图 7-3 拉链结构图

(二)拉链的分类与特点

1.按拉链的结构分

(1)开尾拉链。两侧牙齿可完全分离开,如图 7-3(a)所示。用于前襟全开的服装,如夹克、防寒服等服装。

(2)闭尾拉链。分为一端闭合和两端闭合两种。一端闭合拉链用于领口、裤、裙等,如图 7-3(b)所示。两端闭合拉链用于口袋、箱包等。

(3)隐形拉链。其牙齿很细且闭合后隐蔽于底带下,常用于裙装、裤装等服装。

2.按拉链牙的材质分类

(1)金属拉链。主要由铜、铝等金属材料冲压成链牙而制成。铜质拉链开合爽滑、强力高、经久耐用,但颜色单一,牙齿易脱落,价格较高,重量偏重。铝制拉链与铜质拉链相比,强力稍低,耐用性稍差,但质轻价廉。铜质拉链主要用于高档夹克、皮衣、牛仔服装、滑雪衫等。铝制拉链用于中低档夹克、西裤、休闲装等。

（2）塑料拉链。主要由聚酯或尼龙在熔融状态下的塑料注塑而成。这种拉链质地坚韧、耐磨损、抗腐蚀、色泽丰富、规格多样、手感柔软、牙齿不易脱落。缺点是牙齿颗粒较大，有粗涩感。适用于中厚面料的服装，如夹克、滑雪衫、工作服、童装等。

（3）尼龙拉链。牙齿很细，且呈螺旋状的线圈样。尼龙拉链柔软轻巧、耐磨而富有弹性，且易定形，可制成小号码的细拉链。用于轻薄服装、高档服装、内衣、裙裤等。

（三）拉链的选配

1. 应注意其外观和功能质量　拉链应色泽纯净，无色斑、污垢，无折皱和扭曲，手感柔和并啮合良好。针片插入、拔出及开闭拉动应灵活自如，自锁性能可靠。

2. 根据拉链底带的色泽和材质来选择　拉链底带的颜色一般应与面料一致或相近；不同材质的拉链，其缩水率和柔软度不同，应根据面料性能来选配。纯棉服装应配以纯棉底带拉链。

3. 根据服装的用途来选择　轻薄服装以及内衣、口袋、袖口等应选较细小的拉链；外套选较粗犷的拉链；运动服应选大牙塑胶拉链；裙腰等部位可采用隐形拉链。

4. 保养方式　常水洗的服装应选耐洗的塑料拉链；需高温处理的服装宜用金属拉链。

三、绳带、钩环及尼龙搭扣

（一）绳带

绳类是由多股纱或线捻合而成，直径较粗。绳的原料很多，有棉绳、麻绳、丝绳、弹性松紧绳及各种化纤绳。绳的颜色丰富多彩，粗细规格多样，用于服装上既起紧固作用，又起装饰作用。在运动裤的腰部、防寒服的下摆、连衣帽的边缘等处，常常使用绳进行扣紧。绳也是羽绒服、风雨衣、夹克衫、羊毛衫等常用的扣紧材料。为了避免绳的滑落，一般在绳的端部打结或套扣等。选择绳时应根据服装面料的厚薄、颜色、材料、款式、用途和价格来确定绳的材料、颜色及粗细。

带类一般指宽度在0.3～30cm的狭条状或管状织物，广泛应用于服装及服饰品中。常见品种有松紧带、罗纹带、针织彩条带、缎带和滚边带等。

（二）钩和环

钩是指安装于服装经常开闭之处的一种连接件，多由金属制成，由左右两件组成。一般有领钩、裤钩、内衣钩等。其中领钩又称为风纪扣，由一钩一环构成。其特点是小巧、隐蔽、使用方便，一般用于立领领口处。裤钩有两件一副与四件一副之分，一般用于裤腰与裙腰处。内衣钩形状细巧，多为成组排列，既可连接衣片，又能调节服装的松紧。

环主要由金属制成双环结构。使用时一端固定环，另一端通过条带套拉以调节松紧。常用于裙、裤、风衣、夹克衫的腰间。

（三）尼龙搭扣

尼龙搭扣由钩面带与圈面带组合而成，由锦纶单丝织成钩面带，经涂胶和定形处理，而圈面带用锦纶复丝成圈，经热定形、涂胶和磨绒等后处理。两者略加轻压，即能黏合在一起，从而使服装或附件扣紧。搭扣带一般用缝合法固定于服装上。主要用于服装需要迅速扣紧或开启的部位，如童装、童鞋、滑雪衫、内袋口、活动垫肩及功能性服装等处。

四、服装扣紧材料的选用

选用扣紧材料时应从以下几方面进行考虑：

（一）服装的种类与用途

婴幼儿和童装的扣紧件要简单而安全，一般采用尼龙拉链或纽扣。因其柔软舒适并易于穿脱。男装用的扣紧材料要选厚重和宽大一些的，而女装上的扣紧材料要侧重精巧与装饰性。雨衣、泳装的扣紧材料应能防水耐用。

（二）服装的造型与款式

服装紧扣材料具有一定的辅助造型功能，同时具有较强的装饰性和鲜明的流行性，因此扣紧材料应与服装造型与款式协调呼应。

（三）服装的材料特性

一般厚重的面料用大号的扣紧材料，轻薄柔软的面料应选用小而轻的扣紧材料。疏松结构的衣料不宜使用钩、环和襻，以免损伤衣料。起毛织物和毛皮材料应尽量少用紧扣材料。

（四）使用部位与开启方式

扣紧材料用在后背、后腰等部位时，应注意操作简便。当扣紧处无搭门时，应考虑使用拉链或钩襻，而不宜钉扣和开扣眼。

（五）服装的保养方式

如需经常水洗的服装，应注意选用不褪色、不生锈的扣紧材料。而对于干洗服装则要求扣紧材料应避免干洗剂的侵蚀与作用。

（六）扣紧材料的固着方式

扣紧材料有的可以手工缝合，有的要用机器缝合或铆合。不同的固着方式，其工作效率不同。手缝比机缝成本高。选用扣紧材料时应综合考虑设备条件与成本消耗。

第五节　线类材料

线类材料主要指缝纫线、刺绣线及金银线等，线材是十分重要的服装辅料。

一、缝纫线

缝纫线在服装中不仅具有连接和缝制作用，还具有一定的美化和装饰作用。缝纫线的用量和成本在整件服装中所占的比例不大，但直接影响着服装的缝纫效率、缝制质量和外观品质。

（一）缝纫线的分类

缝纫线按纤维种类可分为天然纤维缝纫线、合成纤维缝纫线和混纺缝纫线。

1. 天然纤维缝纫线

（1）棉缝纫线。棉缝纫线是以棉纤维为原料制成的，习惯称棉线。棉线强度较好，吸湿性好，耐热性好，适于高速缝纫和耐久压烫，但其弹性和耐磨性较差。

棉缝纫线品种有软线、蜡光线和丝光线三种。

①软线。棉纱不经过烧毛、丝光、上浆等处理制成的缝纫线称软线。软线有本白、漂白、染色三类。软线表面粗糙,光泽暗淡,线质柔软,延伸性较好,但强力稍低,适用于手工与低速缝纫,常用于低档棉织品或对外观质量要求不高的产品。

②蜡光线。蜡光线是指经过上浆、上蜡和刷光处理的棉缝纫线。线体表面光滑而硬挺,捻度稳定,强度和耐磨性有所提高。蜡光线适用于硬挺面料、皮革或需高温熨烫的服装。

③丝光线。丝光线是指精梳棉线在一定张力条件下用氢氧化钠溶液进行丝光处理后制成的线。丝光线手感滑爽,线质柔软,外观丰满并富有光泽,强力有所提高,品质高于软线,适用于缝制中高档棉制品。

(2)丝缝纫线。丝缝纫线是用天然桑蚕长丝或绢丝制成。线质手感滑爽,可缝性好,光泽好,其弹性、强度和耐磨性均优于棉缝纫线。适用于缝制各类丝绸服装、高档呢绒服装、毛皮与皮革服装等,是辑明线的理想用线,但其价格较高,因而逐步被涤纶长丝线替代。

2. 合成纤维缝纫线

(1)涤纶缝纫线。涤纶缝纫线是以涤纶为原料制成的,具有强度高、耐磨性好、缩水率低、化学稳定性好等优点,广泛用于棉织物、化纤织物和混纺织物的服装缝制。

按涤纶不同,涤纶线可分为涤纶短纤维缝纫线、涤纶长丝缝纫线和涤纶低弹丝缝纫线。

①涤纶短纤维缝纫线。由涤纶短纤维纺成,它的缝制特性与棉线接近,外观也相似,又称棉型涤纶缝纫线。线质柔软,耐磨性好,强力高,缩水率低,是目前使用最多的一种缝纫线。用于缝制各类棉、化纤、毛及涤/棉等织物的服装。

②涤纶长丝缝纫线。由涤纶长丝制成的仿蚕丝缝纫线。该线有丝质光泽,线质柔软,可缝性好,弹性好,强度高,线迹挺括。已被我国制鞋工业列为标准用线,也可用于缝制拉链、皮制品、滑雪衫和手套等。

③涤纶低弹丝缝纫线。由涤纶低弹丝制成。线体表面较光滑,弹性好,伸长率大,适于缝制弹性针织服装,如针织运动衣、内衣、紧身衣等。

(2)锦纶缝纫线。锦纶缝纫线是由锦纶丝制成的缝纫线。锦纶线耐磨性好,强力高,弹性好,但耐热性较差,不适宜高速缝纫及高温熨烫。

常用的锦纶缝纫线有锦纶长丝缝纫线、锦纶透明缝纫线和锦纶弹力缝纫线三种。一般用于缝制化学纤维面料、呢绒服装。

①锦纶长丝缝纫线。锦纶长丝缝纫线耐磨性好,弹性好,强度高,光泽好,适于一般化纤服装的缝制及各类服装的钉扣、锁眼等。

②锦纶透明缝纫线。锦纶透明线无色透明,可用于任何色泽的缝料上,减少缝线配色的困难,但目前透明缝纫线线质太硬,耐热性差,还不能适合服装主题的缝制加工,但它具有良好的发展前景。

③锦纶弹力缝纫线。锦纶弹力缝纫线采用锦纶 6 或锦纶 66 变形弹力丝制成,主要规格品种有 7.8tex×2(70 旦×2)、12.2tex×2(110 旦×2)等。适用于缝制弹性较大的针织物,如游泳衣和内衣等。

3. 混纺缝纫线

（1）涤棉混纺缝纫线。涤/棉缝纫线由涤棉混纺纱制成，一般涤棉混纺比为 65/35。涤/棉缝纫线强度高，耐磨性好，耐热性好，线质柔软，适应高速缝纫。适于各类服装的缝制及包缝。

（2）包芯缝纫线。包芯缝纫线以涤纶长丝（或锦纶长丝）为芯线，将棉纤维包覆在芯线上纺制而成。包芯线强力高，耐热性好，线质柔软而有弹性，缩水率小，耐磨性好，可缝性好，适应于高速缝纫。

涤棉包芯线的主要规格有 11.8tex×2、12tex×2、13tex×2 等。包芯线由于其成本高，多用于出口衬衫的缝纫加工以及需缝迹高强的服装加工。

（二）缝纫线的卷装形式

1. 木芯线　木芯线又称木纱团，木芯上下有边盘，可防止线从木芯脱下，但其卷绕长度较短，一般在 200～500m，故适用于手缝和家用缝纫机。为了节省木材，木芯已逐步为纸芯或塑芯取代。

2. 圩子线　圩子线又称纸管线，卷装有 200m 以内及 500～1000m 的规格，适于家用或用线量较少的场合。

3. 锥形管缝纫线　锥形管缝纫线又称宝塔线，卷装容量大，容量为 3000～20000m 及以上，适合于缝纫线在高速缝纫时的退解，并有利于提高缝纫效率，是服装工业化生产用线的主要卷装形式。

4. 梯形一面坡宝塔管　主要用于光滑的涤纶长丝，容量为 20000m 以上。为防止宝塔成型造成脱落滑边，常采用一面坡宝塔管。

此外，还有软线球及绞线等。

（三）缝纫线品种规格与商标符号

1. 品种规格　长丝缝纫线有单丝（如透明缝纫线）和复丝涤纶长丝缝纫线两种。捻向多数用 SZ，也有用 ZS 的（摆梭式锁缝机和绣花机用）。短纤维纱缝纫线有 2 股、3 股、4 股和多股复捻线以及包芯线、变形线等。缝纫线的粗细、颜色更是多种多样，常用的有几十个品种。

2. 商标符号　在缝纫线包装的商标上，标志着线的原料、细度、股数及长度。也有用符号来表示的，如棉缝纫线，有时以前两位数表示单纱英支数，第三位数表示股数，如 803 即代表 80 英支/3 的缝纫线；602 即代表 60 英支/2 的缝纫线。现已改用细密度（tex）来表示，前者为 7.3tex×3，后者为 9.7tex×2。

（四）缝纫线的选用

缝纫线的种类繁多，性能特征、质量和价格各异。为了使缝纫线在服装加工中有良好的可缝性和使服装具有良好的外观和内在质量，选择缝纫线应考虑以下几个方面。

1. 面料的种类与性能　缝纫线与面料的原料相同或相近，才能保证其缩率、耐化学品性、耐热性以及使用寿命等相匹配，以免由于线与面料性能差异而引起的外观皱缩弊病。缝线的粗细应取决于织物的厚度和重量。在接缝强度足够的情况下，缝线不宜粗，因粗线需使用大号针，易造成织物损伤。缝纫线的颜色、回潮率应力求与面料相匹配。

2. 服装的种类和用途　选择缝纫线时应考虑服装的用途、穿着环境和保养方式。如弹力服装，需用富有弹性的缝纫线。对特殊功能服装来说（如消防服），需要经阻燃处理的缝纫线，以便耐高温、阻燃和防水。

3.缝型与线迹的种类 多根线的包缝,需用蓬松的线或变形线,而对于双线链式线迹,则应选择延伸性较大的缝纫线。如缲边机,应选用低特或透明线;裆缝、肩缝应选坚牢的缝纫线;而扣眼线则需耐磨的缝纫线。

4.缝纫线的价格与质量 缝纫线的选择既要保证满足缝纫效率及服装质量要求,又要考虑其质量与价格应与服装的档次相匹配。高档服装选用质量好、价格高的缝纫线;中低档服装选用质量一般、价格适中的缝纫线。

二、绣花线

绣花线是供刺绣用的工艺装饰线。绣花线起源很早,我国古代即有丝线绣品,最早广泛用于绣花线的是蚕丝线,17世纪以后的精梳纱线作绣花线被广泛采用。

绣花线按原料的不同可分为真丝线、棉绣花线、黏胶丝线、毛绣花线、腈纶绣花线、涤纶长丝绣花线等。绣花线的特点是光泽鲜艳、质地柔软、捻度小、不易褪色。

(一)真丝线

真丝线用桑蚕丝制成,经染色后色彩艳丽,手感柔软滑爽,具有桑蚕丝所特有的优雅悦目的光泽,制得的绣品富丽华贵。真丝线一般用作手绣线,生产高档工艺绣品。

(二)棉绣花线

棉绣花线是由棉线经过丝光、烧毛处理,获得丝质般的光泽。丝光线手感柔软、缩水率低、色牢度好,但光泽手感逊于真丝线。

(三)黏胶丝绣花线

黏胶丝绣花线采用黏胶长丝制成。质地柔软,表面滑爽,手感似天然丝线,对染料吸收能力比棉纱强,可制成各种艳丽的颜色,光亮度比蚕丝线高,但强力较低,不耐磨。绣品不宜多洗涤。

由于棉绣花线与黏胶丝绣花线耐热性能好,价格便宜,常用于各类服装的机绣线、手绣线。

(四)毛绣花线

毛绣花线是用羊毛纤维制得的刺绣用线。其线体较粗,柔软蓬松,毛型感强,富有弹性,可染成各种颜色,色泽齐全。服装上用的绣花线直接采用针织绒,全部用于手绣。

(五)腈纶绣花线

用腈纶为原料制得的绣花用线。大多为针织线。腈纶线的毛型感优于棉线,但差于毛绣花线,色谱较少,吸湿性较差,不宜用于内衣绣花。主要用于童装及腈纶针织衣裙的刺绣。

(六)涤纶长丝绣花线

采用涤纶长丝经染色或原液着色加工而成。多以宝塔形包装成型,长度为1100~5000m,适用于刺绣绣花机。

三、金银线

金银线是一种工艺装饰线。金银具有极好的延展性。我国古代利用这种延展性,将金纸打制成薄箔,切成细条,用粘贴或包芯卷绕等方法加工成线。该线大多用于织制帝王贵族用的豪华服饰与饰品。现在常用的金银线主要是仿制品。金银线常与缝线并捻,用作童装、女装的刺绣或局部装饰线等。

第六节　装饰辅料和商标标志

一、花边

花边是指有各种花纹图案起装饰作用的带状织物。主要用在女式时装、裙装、内衣、童装、羊毛衫等服装和鞋帽上。花边常用的原料有蚕丝、棉纤维、黏胶丝、锦纶丝、涤纶丝和金银丝等。根据加工工艺不同,可分为机织、针织(经编)、刺绣和编结四大类。在我国少数民族中使用最多的丝纱交织的花边也称为民族花边。

(一)机织花边

机织花边由提花织机织成。花边质地紧密,色彩丰富,图案多样,立体感强。按所用原料不同,机织花边有棉线、蚕丝、锦纶丝、黏胶丝、金银线、涤纶丝、腈纶丝花边等多种。机织花边常用于各类女时装外衣、裙装、童装及披巾、围巾等。

(二)针织(经编)花边

针织花边由经编机织制,又称经编花边。大多以锦纶丝、涤纶丝、黏胶丝为原料。一般花边组织较稀疏有孔眼,透明感强,外观轻盈,色泽柔和,柔软有弹性。多用于女装、童装和装饰品上。

(三)编织花边

编织花边又称线边花边,它以棉纱为经纱,以棉纱、黏胶丝或金银线等为纬纱,编织成各种各样色彩鲜艳的花边。

编织花边是目前花边品种中档次较高的一类,常用于时装、内衣、衬衫、羊毛衫、童装、披肩等各类服装的装饰。

(四)刺绣花边

刺绣花边由手工或电脑绣花机按设计图案直接绣在服装所需的部位,形成花边。刺绣花边色彩艳丽,美观高雅。

水溶性花边是刺绣花边中的一大类。它是由电脑绣花机用黏胶长丝按设计图案刺绣在水溶性非织造布底布上,经热水处理使水溶性非织造布底布溶化,留下刺绣花边。水溶性花边图案多样、立体感强,价格便宜,使用方便,广泛应用于各类服装及装饰用品上。

二、商标、标志

(一)商标

商标是服装的品牌标志,用以与其他企业生产的服装相区别。服装商标种类繁多,材料上有胶纸、塑料、棉布、绸缎、皮革、金属等。商标中的印制更是千姿百态,有提花、印花、植绒、压印、冲压等。商标的大小、厚薄、色彩及价值应与服装相匹配。

(二)标志

标志是用于说明服装原料、性能、使用及保养方法、洗涤及熨烫方法等的一种标牌。

用于服装的标志有：品质标志、规格标志、产地标志、使用标志、合格证标志、条形码标志及环保标志等。品质标志又称组成或成分标志，用于表示服装面料所用纤维原料的种类和比例；使用标志是指导消费者根据服装原料，采用正确的洗涤、熨烫、干燥、保管方法的标志；规格标志用于表示服装的规格，一般用号型表示；产地标志用于标明服装产地，一般标在标志的底部；合格证标志是企业对上市服装检验合格后，由检验人员加盖合格章，通常印在吊牌上；条形码标志是利用条码数字表示商品的产地、名称、价格、款式、颜色、生产日期及其他信息，条形码大多印制在吊牌或不干胶标志上。

常用的标志有纸质吊牌、尼龙涂层带、塑料胶纸、布质编织标志等。服装标志应清晰、完整，便于消费者使用、查验，还应考虑标志与服装整体的协调性和装饰性。

商标和标志等辅料虽不形成服装的主体，但设计良好的商标标志等辅料能够提高服装档次，提升服装整体形象和商业价值。

☞ 思考题

1. 试述服装衬料的种类、特点及其适用性。

2. 里料的作用是什么？如何选配里料？

3. 扣紧材料包含哪些种类？各有什么特点及适用场合如何？

4. 选择缝纫线需要注意哪些问题？

5. 举例说明商标和标志各有什么作用？

第八章　服装用毛皮与皮革

● 本章知识点 ●

1.天然毛皮的结构、性能与质量。

2.天然皮革的结构、性能与质量。

3.真假毛皮及真假皮革的识别。

　　早在远古时期,人类就发现了兽皮可以用来御寒和防御外来的伤害,但生皮干燥后干硬如甲,给缝制和穿用带来诸多不便。在与大自然的抗争中,人类制革的方法也在不断地改进完善。如今,毛皮与皮革已成为人们喜爱的服装材料之一。

　　动物的毛皮经过加工处理,成为珍贵的服装面料。通常,人们把鞣制后的动物毛皮称为"裘皮"或"皮草",而把经过加工处理的光面或绒面皮板称为"皮革"。直接从动物体上剥下来的皮叫做"生皮",湿的时候很容易腐烂,晾干以后则变得非常硬,而且怕水,易生虫,易发霉、发臭。经过鞣制等处理,才会使其具有柔软、坚韧、耐虫蚀、耐腐蚀等良好的服用性能。

　　裘皮是防寒服装的理想材料。它的皮板密不透风,毛绒间的静止空气可以保存热量,使之不易散失,保暖性较强。而且,裘皮轻便柔软,坚实耐用,既可作为面料,又可充当里料与絮料。特别是裘皮服装,在外观上保留了动物毛皮自然的花纹,而且通过挖、补、镶、拼等缝制工艺,可以形成绚丽多彩的花色。裘皮服装以其透气、吸湿、保暖、耐用、华丽高贵等特点,已成为人们穿用的珍品。

　　皮革经过染色处理后可得到各种颜色,主要用作服装与服饰面料。不同的原料皮,经过不同的加工方法,形成不同的外观风格。铬鞣的光面和绒面革柔软丰满,粒面细致,表面涂饰后的光面革还可以防水。皮革的条块通过编结、镶拼以及同其他纺织材料组合,既可获得较高的原料利用率,又具有运用灵活、花色多变的特点,深受人们的喜爱。

　　近年来,为了扩大原料皮的来源,降低皮革制品的成本,开发了人造毛皮和人造革新品种。这些外观与真皮相仿、服用性能优良、物美价廉、缝制与保管方便的裘皮与皮革的代用品已越来越多地用于服装业。

第一节　毛皮

一、天然毛皮

(一)毛皮的结构

天然毛皮来源于大自然中的毛皮动物,毛被表面有天然生成的色泽和斑纹,而且毛皮动物的生活习性和生长环境造成各种天然毛皮不同的质感和服用性能。除了鱼类、爬虫类的皮以外,一般来说,毛的组织构造是大致相似的。天然毛皮是由皮板和毛被组成,主要成分是蛋白质。蛋白质的种类很多,而皮中主要是生胶朊,毛中主要是角质朊。皮板是毛皮产品的基础,毛被是关键。

1.皮板结构　皮板是由表皮层(上层)、真皮层(中层)和皮下层(下层)组成。

表皮层的厚度是总皮厚的0.5%~3%。表皮层又分为角质层、透明层、粒状层、棘状层和基底层。表皮很薄,牢度很低,在皮革加工的前道工序中通常要被除去。

真皮层位于表皮与皮下组织之间,是原料皮的基本组成部分,也是鞣制成皮革的部分,占全皮厚的90%~95%。

皮下层的主要成分是脂肪,非常松软,制革工序中要将其除去,因为脂肪分解后会损害毛皮。皮下层与真皮层的连接处是疏松的结缔组织,构成毛皮动物的毛皮开剥层。

2.毛被的组成　所有生长在皮板上的毛总称为毛被。毛被由针毛、粗毛、绒毛按一定比例成簇有规律地排列而成。

针毛生长数量少,较长,呈针状,艳丽而富有光泽,弹性较好;绒毛生长数量多,细而短,呈浅色调的波卷;粗毛的数量和长度介于针毛和绒毛之间,其上半段像针毛,下半段像绒毛,毛弯曲的状态有直、弓、卷曲、螺旋等;绒毛主要起保持体温的作用,短绒的结构使毛皮表面形成气层,静止空气停留在薄而紧密排列的绒毛中间,使热量不易散失。绒毛的密度和厚度越大,毛皮的防寒性能就越好。针毛和粗毛在展现毛被外观毛色和光泽的同时,起到防水的作用。

(二)天然毛皮的加工过程

天然毛皮的加工过程包括鞣制和染整。

1.鞣制　鞣制就是将带毛的生皮转化成熟皮的过程。鞣制前,生皮通常需要浸水、洗涤、去肉、软化、浸酸,使生皮充水、回软,除去油膜和污物,分散皮内胶原纤维。为使毛皮柔软、洁净,鞣后需水洗、加油、干燥、回潮、拉软、铲软、脱脂和整修。鞣制后,毛皮应软、轻、薄、耐热、抗水、无油腻感、毛被松散、光亮、无异味。

2.染整　染整是指对毛皮进行整饰。包括染色、褪色、增白、剪绒和毛革加工等。

(1)染色。染色是指毛皮通过染料改色或着色的过程。水貂皮可增色成黑灰色调。毛皮染色后,颜色鲜艳、均匀、坚牢,毛被松散、光亮、皮板强度高,无油腻感。

(2)褪色。褪色是指在氧化剂或还原剂的作用下,使深色的毛被颜色变浅或褪白。黑狗皮、黑兔皮褪色后,可变成黄色。

（3）增白。白兔皮或滩羊皮使用荧光增白剂处理,可清除黄色,增加白度。

（4）剪绒。染色前或染色后,对毛被进行化学处理（涂刷甲酸、酒精、甲醛和水等）和机械加工（拉伸、剪毛、熨烫）,使弯曲的毛被伸直,固定并剪平。剪绒后要求毛被平齐、松散、有光泽,皮板柔软、不裂面。

（5）毛革加工。毛革是毛被和皮板两面均进行加工的毛皮。根据皮板的不同,有绒面毛革和光面毛革之分。毛皮肉面磨绒、染色,可制成绒面毛革。肉面磨平再喷以涂饰剂,经干燥、熨压,即制成光面革。对毛革的质量要求是毛被松散,有光泽;由于毛革服装不需吊面直接穿用,因此要求皮板软、轻、薄,颜色均匀,涂层滑爽,热不黏,冷不脆,耐老化,耐有机溶剂。

（三）天然毛皮的主要品种及其特征

1. 天然毛皮的分类

（1）根据毛的长短和皮板的厚薄分类,大致可分为四类。

①小细毛皮。小细毛皮是一种毛短而珍贵的毛皮,如水貂皮、黄鼬皮等。

②大细毛皮。大细毛皮是一种长毛、价值较高的毛皮,如狐狸皮等。

③粗毛皮。粗毛皮主要指各种羊皮,如山羊皮等。

④杂毛皮。杂毛皮包括青鼬、猫及各种兔类的毛皮。

在天然毛皮中,中、细裘皮是使用价值最高的一类,其中貂皮、狐类皮等是天然裘皮中最为珍贵的,耗量最大且最具有代表性的高贵品。

（2）根据季节分类。可分为冬皮、秋皮、春皮和夏皮。

①冬皮。由立冬到立春所产的毛皮。具有毛被成熟、针毛稠密、整齐和底绒丰厚、灵活,色泽光亮、皮板肥壮、细致等特点,质量好。

②秋皮。由立秋到立冬所产的毛皮。特征是早秋皮针毛粗短,夏毛未脱尽,皮板硬厚。中晚秋皮针毛较短,短绒较厚,光泽较好,皮板较厚,质量较好。

③春皮。由立春到立夏所产的毛皮。特征是底绒欠灵活,皮板稍厚。早春皮,针毛略显弯曲,底绒粘接,干涩无光,皮板较厚;晚春皮真皮枯燥、弯曲、凌乱,底绒粘接,皮板厚硬。

④夏皮。由立夏到立秋所产的毛皮。特征是无底绒或底绒较少,干枯无油性,皮板枯薄。

2. 毛皮的主要品种与特征　毛皮原料皮分为家养和野生动物皮两大类。家养动物皮主要有羊皮、家兔皮、狗皮、家猫皮、牛皮和马皮等。

野生动物皮主要有水貂皮、狐狸皮、貉子皮、黄鼬皮和麝鼠皮等。此外,还有艾虎、灰鼠、银鼠、竹鼠、海狸、青猸、黄猸、猸子、毛丝鼠、扫雪、獾、海豹皮等。

（1）羊皮。包括绵羊皮、小绵羊皮、山羊皮和小山羊皮。绵羊皮分粗毛绵羊皮、半细毛绵羊皮和细毛绵羊皮。粗毛绵羊皮毛粗直,纤维结构紧密,如内蒙古绵羊皮、哈萨克绵羊皮和西藏绵羊皮等。巴尔干绵羊皮多为粗毛绵羊皮。我国的寒羊皮、月羊皮及圆羊皮为半细毛绵羊皮。细毛绵羊皮毛细密,纤维结构疏松,如美利奴细毛绵羊皮。小绵羊皮又称羔皮,我国张家口羔皮、库车羔皮、贵德黑紫羔皮,毛被呈波浪花纹的浙江小湖羊皮,毛被呈7~9道弯的宁夏滩羔皮和滩二毛皮,均在世界上享有盛誉。

（2）家兔皮。皮板薄,绒毛稠密,针毛脆,耐用性差。有本种兔皮、大耳白兔皮、大耳黑油兔皮、獭兔皮、安哥拉兔皮等。

(3)水貂皮。皮板紧密、强度高,针毛松散、光亮,绒毛细密,属小型珍贵细皮。以美国标准黑褐色水貂皮和斯堪的纳维亚沙嘎水貂皮质量最佳。彩貂皮有白色、咖啡色、棕色、珍珠米色、蓝宝石色和灰色等,颜色纯正,针毛齐全,色泽美观者最佳。水貂皮现已大量人工养殖。

(4)狐狸皮。主要品种有北极狐、赤狐、银黑狐、银狐(玄狐)、十字狐和沙狐皮等。北极狐又称蓝狐,有白色和浅蓝色两种色型。蓝狐皮毛被蓬松、稠密、柔软,底绒呈带蓝头的棕色,针毛呈蓝红到棕色,板质轻软,有韧性。蓝狐在欧洲、亚洲及北美接近北冰洋地带均有分布。赤狐即红狐,毛呈棕红色。美国产红狐狐毛稠密,有丝光感,在红狐皮中最高贵。亚洲北部的红狐皮最漂亮。银黑狐皮和蓝狐皮价值昂贵,银黑狐现已大量人工饲养。

(5)貂子皮。貂毛被长而蓬松,针毛尖端呈黑色,底绒丰厚,呈灰褐色或驼色。北貂子皮的质量比南貂子皮好。乌苏里貂子皮质量最优。

(6)黄鼬皮。皮板薄,毛绒短,呈均匀的黄色。我国东北、内蒙古东部所产黄鼬皮称圆皮。以俄罗斯西伯利亚圆皮质量最优,毛柔软,有丝光感。

(7)麝鼠皮。麝鼠皮又称水老鼠皮、青根貂皮。毛被呈深褐色,底绒细密,针毛稀疏而光亮。产自美国,加拿大、中国和俄罗斯等国。

(四)天然毛皮的品质与性能

毛皮的质量优劣,取决于原料皮的规格、价值、加工方法等,主要由生皮的天然性质所决定。即使同一种类的毛皮动物,也由于捕获季节、生存环境、性别和年龄的差异,使毛皮的质量有所不同。毛皮的质量和性能可从以下几个方面来衡量:

1. 毛被的疏密度　毛皮的御寒能力、毛被的耐磨性和外观质量都取决于毛被的疏密度,即毛皮单位面积上毛的数目和毛的细度。

毛密绒足的毛皮价值高而名贵。水獭、水貂和旱獭、黄鼬相比,前者毛密绒足,比后者名贵。细毛羊皮周身的毛同质、同量,剪绒后得到的毛皮毛被平整细腻、绒毛丰满;而山羊皮毛被相对稀疏而粗,拔针后得到的绒毛皮价值较低。一般除绵羊皮外,都是冬季产的毛皮峰尖柔、底绒足、皮板壮,质量最好。不同的产皮季节,毛皮的质量也有所不同。对同一毛皮动物来说,毛被的不同部位质量也有差异,发育最好的是耐寒的脊背和两肋处的被毛。

2. 毛被的颜色和色调　毛皮的颜色决定了毛皮的价值。野生毛皮动物可以根据毛被的天然花色来区别毛皮的种类,也可以区别毛皮的稀有名贵与普通粗劣。同一动物的毛被往往有不同的色调,毛皮的中脊部位色泽较深,花纹明显,由脊部向两肋,颜色逐渐变浅,腹部最浅。

在毛皮生产中经常采用低级毛皮来仿制高级毛皮,其毛被的花色及光泽越接近天然色调,毛皮的价值就越高。

3. 毛的长度　毛的长度指被毛的平均伸直长度,它决定了毛被的高度和毛皮的御寒能力,毛长绒足的毛皮防寒效果最好。毛皮服装的生产中常根据毛皮使用的部位及功能,确定所要求的毛被长度,选择合适的品种。因而在毛皮生产中适当地控制毛被生长(控制剪毛时间、捕杀季节等),可以使毛皮获得更多的用途。

4. 毛被的光泽　毛被的光泽取决于毛的鳞片层的构造、针毛的质量以及皮脂腺分泌物的油润程度。毛越粗,光泽越强;毛越细,反光较小,光泽柔和。一般来说,栖息在水中的毛皮兽毛绒细密,光泽油润;栖息在山中的毛皮兽毛厚、针亮、板壮,毛被的天然色彩比较优美;混养家畜的毛被受污含杂较多,毛显粗糙,光泽较差。

5.毛被的弹性　毛被的弹性由原料皮毛被的弹性和加工方法所决定。弹性差的毛被经压缩或折叠后,被弯曲的毛被需很长时间才能复原,甚至不能完全恢复,这会使毛皮表面毛向不一,影响外观。毛被弹性越大,弯曲变形后的恢复能力越好,毛蓬松不易成毡。一般来说,有髓毛的弹性比无髓毛大,秋季毛的弹性比春季毛大,进口澳毛的弹性比新疆细羊毛大。

6.毛被的柔软度　毛被的柔软度取决于毛纤维的长度、细度,以及有髓毛与无髓毛的数量之比。

被毛细而长,则毛被柔软如绵,如细毛羊皮、安哥拉兔皮;短绒发育好的毛被光润柔软,如貂皮、扫雪皮;粗毛数量多的毛被半柔软,如猸子皮、艾虎皮;针粗毛硬的毛被硬涩,如獾皮、春獭皮等。毛皮兽的年龄不同,毛被的质量也有差异。一般成年动物的毛皮被毛丰满柔软,老年动物的毛被退化变脆。服装用的毛皮以毛被柔软者为上乘。

7.毛被的成毡性　毛被的成毡现象是毛在外力作用下散乱纠缠的结果。由于毛干鳞片层的存在,容易使毛在外力作用下沿鳞片外端方向移动,同时,毛的鳞片相互交叉、勾连,紧密粘连,而毛所具有的较大的拉伸变形和横向变形能力,又会使毛在外力作用下产生显著的纵向变形。因而毛皮在生产和穿用过程中,在压缩与除压、正向与反向摩擦等外力的不断作用下,会产生毛的倒伏和杂乱纠缠。毛细而长,天然卷曲强的毛被成毡性强。在加工中注意毛皮的保养,防止或减少成毡性,有益于提高毛皮的质量。

8.皮板的厚度　皮板的厚度决定着毛皮的强度、御寒能力和重量,皮板的厚度依毛皮动物的种类而异。

皮板的厚度随动物年龄的增加而增加。雄性动物皮常比雌性动物皮厚,各类动物毛皮的脊背部和臀部最厚,而两肋和颈部较薄,腋部最薄。在毛皮加工前干燥存放过程中的防腐手段对毛皮皮板的厚度也有影响。用盐腌防腐,皮板厚度变化不大;用干燥和盐干防腐,皮板厚度大大减小。皮板厚的毛皮强度高,重量大,御寒能力强。

9.毛被和皮板结合的强度　毛被和皮板结合的强度由皮板强度、毛与皮板的结合牢度、毛的断裂强度所决定。

皮板的强度取决于皮板的厚度、胶原纤维的组织特性和紧密性、脂肪层和乳头层的厚薄等因素。以绵羊皮和山羊皮来比较,绵羊皮毛被稠密,表皮薄,胶原纤维束细,组织不紧密,主要呈平行或波浪形组织,而其乳头层又相当厚,占皮厚的40%～70%,其中毛囊、汗腺、脂肪细胞等相当多,它们的存在造成了乳头层松软以至和网状层分离,所以绵羊皮板的抗张强度较低。而山羊皮板的乳头层夹杂物少,松软性小,网状层的组织比绵羊皮紧密,纤维束粗壮结实,因而皮板强度高。

毛的断裂强度和毛的皮质层的发达程度有关。如皮质层发达的水獭皮强度较皮质层不发达的兔皮强度高;肥皮板毛的断裂强度比瘦皮板毛的大;冬皮毛的强度比夏皮毛高;湿毛比干毛强度大。

毛和皮板的结合牢度取决于动物的种类、毛囊深入真皮中的程度、真皮纤维包围毛囊的紧密程度以及生皮的保存方法。皮板厚的毛皮,毛与板的结合牢度较薄板毛皮好,秋季产的毛皮,毛和皮板的结合牢度较春季毛皮好。原料皮在保存时保持干燥不变质,可以防止毛与皮板的结合牢度下降。

此外,在毛皮的加工过程中,由于处理不当还容易造成毛皮成品的种种缺陷,影响毛皮的外观、性能及使用,而使毛皮质量下降。如掉毛、勾毛、毛被枯燥、发黏、皮板僵硬、贴板、槽板、缩板、反盐、裂面等,在挑选毛皮和鉴定质量时都应注意。

二、人造毛皮

1.人造毛皮的分类　人造毛皮是以化学纤维为原料,并经机械加工而成,其具有多种类型。

(1)按加工方式分。分为机织(有梭、无梭)人造毛皮、针织(纬编、经编)人造毛皮和簇绒织物等。

(2)按表面绒面外观分。分为表面绒毛比较整齐的平剪绒类、表面绒毛长短不一的长绒类和外观仿动物毛皮的人造毛皮类。

(3)按服用档次分。分为超高档仿流行色人造毛皮、高档仿动物毛皮、中档提花长毛绒、低档素色平剪绒。

2.人造毛皮的性能特点　目前多数人造毛皮是将腈纶作为毛绒,棉或黏胶纤维等机织物及针织物作为地组织的制品,特点是质量轻、光滑柔软、保暖、仿真皮性强、色彩丰富、结实耐穿、不发霉、不易蛀、耐晒、价廉,可以湿洗;缺点是易产生静电,易沾尘土,洗涤后仿真效果变差。

三、真假毛皮的区分

人造毛皮是由底布与长毛两部分组合而成,底部是针织物或机织物,在织造过程中同时将纤维加进去,从而在织物表面形成绒毛,以仿制天然毛皮的毛被。因而区分真假毛皮的最简单办法就是观察长毛的底部是织物还是皮板。从毛皮的反面看,底部有经、纬纱或线圈组织的为人造毛皮;反面是皮板的为天然毛皮。另外,天然毛皮的手感比人造毛皮制品好、弹性足、有活络感,且细摸时能感觉到皮板与织物具有不同的质感。

第二节　皮革

一、天然皮革

经脱毛和鞣制等物理、化学加工所得到的已经变性、不易腐烂的动物皮再经修饰和整理,即为成革,又称皮革。革是由天然蛋白质纤维在三维空间紧密编织构成的。革的表面有一种特殊的粒面层,具有自然的粒纹和光泽,手感舒适。

(一)天然皮革的分类

1.按用途分　天然皮革按用途可分为工业用革、服装用革、生活用革(鞋、手套、球、箱包等)。

2. 按鞣制方法分 按鞣制方法分为铬鞣革、植物鞣革、铝鞣革、醛鞣革、油鞣革及各种结合鞣革等。

3. 按外观形态分 按外观形态分为光面革(正面革)及绒面革。

4. 按原料皮的种类分 按原料皮的种类分可分为猪皮革、山羊皮革、马皮革、鳄鱼皮革、草鱼皮革等。

5. 按制革工业习惯分 按制革工业习惯分可分为轻革类和重革类。轻革类主要指张幅较小和重量较轻的革,成品革销售时以面积计算,如鞋面革、服装革、手套革等;重革类主要指张幅较大和重量较重的革,成品革销售以重量计算的,如鞋底革等。

(二)皮革的加工过程

由于皮革的用途各异,加工方法也有所不同,一般来说生皮加工成革同毛皮一样需要经过准备、鞣制和整理等工序。

1. 准备工序 准备工序是除去生皮上的毛被、表皮和皮下脂肪,保留必要的真皮组织,并使它的厚度和结构适于制革工艺的要求。生皮经过准备工序处理后取得的皮层称之为"裸皮"。准备工序具体包括:

(1)浸水。生皮在保存期要进行干燥和防腐,皮内胶原发生不同程度的脱水,浸水以后可使生皮恢复到鲜皮状态并除去表面污物。

(2)脱毛。一般采用酶剂,使表皮基层和毛根鞘及毛球裂解,将毛和表皮除去,并部分地皂化皮内的类脂物质。

(3)膨胀。使用液体烧碱浸渍生皮,使原皮的纤维结构松散,增加皮的厚度和弹性,以便于割层的进行。

(4)片皮。片皮即对皮革进行剖层,可以增加皮的张幅,还可以把残存于皮中的毛干切断,保证成品革光滑美观。

(5)消肿。用铵盐中和皮中的碱,降低皮的碱度,以利于鞣制。

(6)软化。一般服装革都要进行软化,通常用酶做软化剂,使粒面洁白细腻,皮质柔软、滑润似丝绸手感。

(7)浸酸。在裸皮中加入适量食盐和硫酸,从而进一步降低皮的碱度,使皮纤维松散,便于鞣剂的渗入。

2. 鞣制工序 将裸皮浸在鞣液中,使皮质和鞣剂充分结合,以改变皮质的化学成分,固定皮层的结构。采用不同鞣料鞣制的皮革,其服用性能也有所不同。常用的鞣制方法有植鞣、铬鞣、结合鞣。

(1)植鞣法。植鞣法是利用植物单宁做鞣剂与皮纤维结合。在植鞣过程中鞣质先渗入皮层扩散到纤维的表面,然后通过胶体结合与化学结合双重作用使之成为一体,皮纤维向有较多鞣质处沉淀,从而改变了皮革的性能。植鞣革一般呈棕黄色,组织紧密,抗水性强,不易变形,不易汗蚀,但抗张强度小,耐磨性与透气性差。

(2)铬鞣法。铬鞣法是用铬的化合物加工裸皮使之成革。常用的铬化合物有:重铬酸盐、铬明矾、碱式硫酸铬等。采用三价铬的化合物直接鞣皮称为一浴法;先以六价铬酸盐渗入皮内,再还原为三价碱式铬盐与皮结合鞣皮称为二浴法。一浴法鞣制的革结实,二浴法鞣制的革丰满。铬鞣革一般呈青绿色,皮质柔软,耐热耐磨,伸缩性、透气性好,不易变质,但组织不紧密,切口不光滑,吸水性强。

(3)结合鞣法。结合鞣法是同时采用两种或多种鞣法制革,可以改变皮革的性能,制成革的特点取决于不同鞣法各自鞣制的程度,常用铬—植复鞣的方法。

3. 整理工序 制革的整理工序是对皮革进一步的加工,改善其外观。整理工序分为湿态整理和干态整理。

(1)湿态整理。

①水洗。除去鞣好的革中影响革的质量和整理工序的物质。

②漂洗和漂白。漂洗是对湿革进行清理,漂白只用于制白色面革。

③削匀。对皮革厚度不匀性进行调整。

④复鞣。采用另一种鞣制方法来弥补主鞣中的缺陷,从而改善成革的性质。

⑤填充。在皮革中加入硫酸镁和葡萄糖,使革质饱满,富有弹性,增强耐热性。

⑥中和。用弱碱中和并除去湿革中多余的酸,并使铬盐更好地固定。

⑦染色。皮革染色的方法有浸染、刷染、喷染等。

⑧加脂。对染色后的皮革加脂,可以使纤维增加柔韧性、强度和延伸性。一般植鞣革用表面涂油法加脂,铬鞣底革用浸油法,轻革用乳液加油。

(2)干态整理。

①平展与晾干。平展是为了使革面平整,并固定革的延伸率和面积,晾干后利用空气自然干燥。

②干燥。在皮革生产过程中需进行几次干燥,目的是去除湿革中多余的水分,并使鞣质与皮进一步固结,使皮革定性、定形。

③涂饰。用作正面革的坯革在干燥后经过适当涂饰可以增加革面的美观,改善粒面的细致程度,掩盖粒面的缺陷。涂饰使用的材料有成膜剂、着色剂、光亮剂。

(三)服装用皮革的质量评定

皮革的种类和制革工艺是决定皮革质量的两个主要因素。皮革的质量是由其外观质量和内在质量综合评定的。

1. 外观质量 皮革的外观质量主要是依靠感官检验,包括:

(1)身骨。身骨指皮革整体的挺括程度。身骨丰满而富有弹性的皮革,用手捏时紧实而有骨感,柔软而硬挺。身骨干瘪的皮革,手感枯燥而空松。

(2)软硬度。软硬度指革的软硬程度。服装用革必须质地柔软,且软硬度均匀,具有轻、薄、软的特点。

(3)粒面细度。粒面细度指加工后皮革粒面细致光亮的程度。在不降低皮革服用性能的条件下,粒面细则质量好。

(4)皮面残疵及皮板缺陷。皮面残疵及皮板缺陷指由于外伤或加工不当引起的革面病灶。如外伤残、糟板、油板、反盐、裂面、硬板、脱色掉浆、露底等。

2.内在质量　皮革的内在质量主要取决于其化学、物理性能指标。

（1）含水量。皮革中水分的含量影响到皮革的弹性、面积、伸长及手感,过多的水分会使皮革腐烂变质。

$$含水量 = 试样重量 - 烘干后试样重量 \qquad (8-1)$$

（2）含油量。皮革中含适当的油脂会增强其强度和防水性,但油脂过多会影响其透气性和含水量。通常采用有机溶剂抽提法测定其油脂含量。

$$含油量 = 试样干重 - 抽提后试样干重 \qquad (8-2)$$

（3）含铬量。含铬量是指皮革铬鞣后,皮质结合铬盐的多少。它影响着皮革的软硬、耐热性等,也是表示皮革鞣制程度的指标。通常采用灰化灼烧析出铬盐的方法测定含铬量。

（4）酸碱值。为了预防革内残余强酸引起腐蚀,需要测定植鞣革萃取液的 pH 值。

（5）抗张强度。表示皮革受拉伸断裂时,单位面积上所承受的力（N/mm^2 或 kgf/mm^2）,用以表示皮革的牢度。

（6）延伸率。表示皮革受力后伸长变形的能力。延伸率过大,皮革则易变形;延伸率过小,皮革显得板硬。通常用皮革拉张强度 $9.8N/mm^2$（$1kgf/mm^2$）时的伸长率来表示。

（7）撕裂强度。以皮革试样的边缘受到集中负荷并开始撕裂时的最大负荷力来表示,反映出皮革的抗撕能力。

（8）缝裂强度。表示缝纫牢度的指标。缝裂强度大的皮革在服装缝制,特别是制鞋过程中能承受缝线较大的拉扯力。以皮革试样的某一点受集中负荷并开始拉裂时的最大负荷表示。

（9）崩裂力。表示皮革抵抗顶破的强度指标,它表示皮革受到垂直革面的集中负荷作用而开始出现裂纹时所受的力。

（10）透气性。以一定时间、一定压力下皮革试样单位面积上所透过的空气的体积来表示,单位是 $mL/(cm^2 \cdot h)$,透气好的皮革有利于排气、排湿。

（11）耐磨性。一般用抗磨强度,即皮革试样经过一定次数的磨耗试验后重量或厚度的损失来表示。皮革的耐磨性与原料皮的纤维束结构紧密程度有关,也和加工过程中鞣质的结合量、皮质损失等因素有关。

（四）服用皮革的主要品种及其性能特点

1.主要品种

（1）猪皮革。猪皮的粒面凹凸不平,毛孔粗大而深,明显三点组成一小撮,具有独特风格。猪皮的透气性比牛皮好,粒面层很厚。纤维组织紧密,作为鞋面革较耐折,不易断裂,作为鞋底革较耐磨,特别是绒面革和经过磨光处理的光面革是制鞋的主要面料。猪皮革的缺点是皮质粗糙,弹性较差。

（2）牛皮革。用于制鞋及服装的牛皮革原料主要是黄牛皮。皮的各部位皮质差异较大,背脊部的皮质最好。该处的真皮层厚而均匀,毛孔细密,分布均匀,粒面平整,纤维束相互垂直交错或略倾斜成网状交错,坚实致密。黄牛皮耐磨、耐折,吸湿透气性好,粒面磨光后亮度较高,其绒面革的绒面细密,是优良的服装材料。

（3）羊皮革。羊皮革的原料可分为山羊皮和绵羊皮两种。山羊皮的皮身较薄,皮面略粗糙,毛孔呈扁圆形,斜伸入革内,粒纹向上凸,几个毛孔成一组似鱼鳞状排列。成品革的粒面紧密,有高度光泽,透气、柔韧、坚牢。绵羊皮的表皮薄,革内纤维束交织紧密,成品革手感滑润,延伸性和弹性较好,但强度稍差。羊皮革在服装、鞋、帽、手套、背包等方面应用极广。

(4)麂皮革。麂皮的毛孔粗大稠密,皮面粗糙,斑疤较多,不适于做正面革。其反绒革质量上乘,皮质厚实,坚韧耐磨,绒面细密,柔软光洁,透气性和吸水性较好,制作服装有其独特风格。

2. 天然皮革的性能特点

(1)具有较高的机械强度,如抗张强度、耐撕裂强度、耐曲折等,耐穿耐用。

(2)具有一定的弹性和可塑性,易于加工定形。

(3)易于保养,使用中能长久保持其天然外观。

(4)耐湿热稳定性好,耐腐蚀,对一些化学药品具有抵抗力,耐老化性能好。

(5)优良的透气(汽)性、吸湿(汗)性、排湿性能,因而穿着卫生、舒适。

二、人造皮革

(一)人造皮革的制造

早期生产的人造皮革是将聚氯乙烯涂于织物表面制成的,服用性能较差。近年来开发了聚氨酯合成革的品种,使人造皮革的质量获得显著改进。特别是底基用非织造布,面层用聚氨酯多孔材料仿造天然皮革的结构及组成的合成革,具有良好的服用性能。以下分别介绍两种不同类型的人造皮革:

1. 聚氯乙烯人造革的生产方法 聚氯乙烯人造革是用聚氯乙烯树脂、增塑剂和其他助剂组成混合物后涂覆或贴合在基材上,再经过适当的加工工艺而制成。根据塑料层的结构,可分为普通革和泡沫人造革两种。人造革的基布主要是平纹布、帆布、针织汗布、非织造布等。聚氯乙烯人造革的生产方法有直接涂刮法、间接涂刮法和压延法。

聚氯乙烯泡沫人造革的生产,是采用发泡剂作配合剂,把发泡剂在常温下与聚氯乙烯树脂、增塑剂及其他配合剂混合成均匀的胶料,逐渐加热,使之熔融。当黏度下降,温度达到发泡剂固有的分解温度时,急剧释放出气体,使此时已熔融的树脂膨胀。由于发泡剂在胶料中的分散非常均匀,树脂层中就形成了许多连续的、互不相通、细小均匀的气泡结构,从而使制得的人造革手感柔软,有弹性,与真皮相近。

2. 聚氨酯合成革的生产方法 以非织造布为底基的合成革主要由聚氨酯弹性体溶液浸渍的纤维质底基、中间增强层、微孔弹性聚氨酯面层三层组成。非织造布底基是按需要将各种纤维混合后,经过开松、梳棉、成网,再进行针刺,使纤维形成立体交叉,然后经过蒸汽收缩、烫平、浸胶、干燥等工序而制成。聚氨酯微孔弹性体与纤维之间呈点状黏附性联结,因而纤维具有高度的移动性,使合成革的弹性和屈挠强度提高。中间增强层是一层薄的棉织物,用来将微孔层与纤维质底基隔开,以提高材料的抗张强度,降低伸长率,掩盖底部表面的疵点。微孔弹性聚氨酯的面层厚度较小,形成合成革的外观,有较好的耐水性和耐磨性,并决定了合成革的物理化学性能。

聚氨酯合成革主要是以棉或锦纶织物作基布,在基布上涂覆聚氨酯弹性体而成。以热塑聚氨酯为原料的涂层可以在熔融状态下涂于织物表面,聚氨酯材料成型厚度在 0.2mm 以上;以浇注法成型的聚氨酯涂层,通常厚度为 0.025～0.25mm;由聚氨酯溶液形成的涂层厚度可在 0.12～0.15mm,这种方法可以多次涂层成型,是服装用合成革主要采用的方法。

（二）人造皮革的性能特点

1. 聚氯乙烯人造革的性能　用作服装和制鞋面料的聚氯乙烯人造革要求轻而柔软,由于基布采用针织布,因此服用性能较好。人造革中由于增塑剂的含量较高,制品表面易发黏沾污,往往采用表面处理剂处理,使表面滑爽,提高人造革的物理化学性能。

2. 聚氨酯合成革的性能　聚氨酯合成革的性能主要取决于聚合物的类型及涂覆涂层的方法、各组分的组成、基布的结构等。其服用性能优于聚氯乙烯人造革,概括起来有以下优点:

（1）强度和耐磨性高于聚氯乙烯人造革。厚度在 0.025～0.075mm 的聚氨酯涂层相当于厚度为 0.3～0.5mm 的聚氯乙烯涂层的强度。

（2）聚氨酯合成革的生理舒适性能优良。由于其表面涂层具有开孔结构,涂层薄而有弹性,柔软滑润,可以防水,但透水汽性较好,而聚氯乙烯人造革呈明显的不均匀闭孔结构,透水汽性差。

（3）聚氨酯涂层不含增塑剂,表面光滑紧密,可以着多种颜色和进行轧花等表面处理,品种多,仿真皮效果好。

（4）聚氨酯合成革可以在 -40～45℃ 的温度下使用,甚至某些类型可在 160℃ 下使用。且低温条件下仍具有较高的抗张强度和屈挠强度。

（5）采用单组分物料涂层的聚氨酯合成革耐光老化性和耐水解稳定性好。

（6）聚氨酯合成革柔韧耐磨,外观和性能都接近天然皮革,易洗涤去污,易缝制,适用性广。

三、天然皮革与人造皮革的区别

"真皮"在皮革制品市场上是常见的字样,是人们为区别合成革而对天然皮革的一种习惯叫法。真皮就是皮革,它主要是由动物毛皮加工而成。真皮是所有天然皮革的统称。常用皮革的辨别方法有:

1. 手感　用手触摸皮革表面,如有滑爽、柔软、丰满、弹性感觉的是真皮;而手感发涩、死板、柔软性差的则一般为人造合成革。

2. 眼看　真皮革面有较清晰的毛孔、花纹,黄牛皮有较匀称的细毛孔,牦牛皮有较粗而稀疏的毛孔,山羊皮有鱼鳞状的毛孔,猪皮有三角粗毛孔,而人造革,尽管也仿制了毛孔,但不清晰。

3. 嗅味　凡是真皮都有皮革的气味;而人造革具有刺激性较强的塑料气味。

4. 点燃　从真皮革和人造革背面撕下一点纤维,点燃后,凡发出刺鼻的气味,结成疙瘩的是人造革;发出烧毛发臭味,不结硬疙瘩的即为真皮。

☞ 思考题

1. 天然毛皮有哪几类? 各类主要的毛皮品种有哪些?

2. 天然皮革如何分类?

3. 天然毛皮及皮革的质量是如何判定的?

4. 人造毛皮与人造革分别有哪些品种?

5. 简述天然毛皮与人造毛皮的区别。

6. 如何辨别天然皮革和人造皮革?

第九章　服用纺织品的染整

● 本章知识点 ●

1.服用纺织品染整的工艺流程。

2.服用纺织品常用染料及适用产品。

3.服用纺织品的整理方法。

　　服用纺织品的质地与性能不仅与纤维原料、纱线种类及织物组织结构等因素有关,还与织物的染整加工有着很密切的关系,因此,服装工程技术人员,不但要了解纤维、纱线和织物结构等与织物服用性能的关系,也应该了解染整加工对织物服用性能的影响。织物的染整加工是实现提高织物档次,赋予织物多样化、时尚化、装饰化、功能化等增加织物"附加价值"的重要手段,是服装材料加工过程中不可缺少的工艺环节。织物的染整加工内容主要包括前处理、染色、印花及后处理。

第一节　前处理、染色和印花

　　未经染整加工的织物统称为坯布或原布,其中仅少量供应市场,绝大多数坯布尚需在印染厂进一步加工成漂白布、色布或花布才能供给服装和服饰等使用。

一、前处理

　　前处理是印染加工的准备工序,目的是在坯布受损很小的条件下,除去织物上的各类杂质,使坯布织物成为洁白、柔软并具有良好润湿性能的染印半制品。不同种类的织物,对前处理要求不一致,所经受的加工过程次序(工序)和工艺条件也常不同,主要的前处理工序包括:烧毛、退浆、煮练、漂白、丝光、热定形等。

(一)烧毛

　　烧毛的目的在于去除织物表面上的绒毛,使布面光洁美观,并防止在染色、印花时因绒毛存在而产生染色不匀及印花疵病。合成纤维混纺织物烧毛可以避免或减少在服用过程中的起球现象。

　　织物烧毛是将平幅织物快速地通过火焰,或擦过赤热的金属表面,这时布面上存在的绒毛很快升温,并发生燃烧,而布身比较紧密,升温较慢,在未达到着火点时,即已离开了火焰或赤热的金属表面,从而达到既烧去了绒毛,又不使织物损伤的目的。

(二)退浆

退浆是去除机织物经纱上浆料的过程,同时还能去除少量天然杂质,有利于以后的煮练及漂白加工,获得满意的染色效果。

碱退浆在我国应用较广。在热的烧碱作用下,淀粉或化学浆都会发生剧烈溶胀,使浆料与织物间的黏着力降低,然后经过热水和机械搓洗而除去。

(三)煮练

煮练目的是经过湿加工处理去除织物上的大部分杂质,有利于后续染整加工的进行。

棉及其混纺织物煮练的主要用剂是烧碱,常用的煮练助剂有:表面活性剂、硅酸钠和亚硫酸氢钠等。可以采用间歇式或连续式的加工。设备有煮布锅煮练、常压连续绳状煮练、常压平幅连续汽蒸煮练等。

(四)漂白

天然纤维上的固有色素会吸收一定波长的光使其外观不够洁白,当染色或印花时,会影响色泽的鲜艳度。漂白的目的,就是去除纤维上的色素,赋予织物必要的和稳定的白度,而纤维本身则不遭受显著的损害。棉型织物除染黑色或深颜色以外,一般染色前均应漂白。合纤织物本身白度较高,但有时根据要求也可漂白。

次氯酸钠($NaClO$)是目前纯棉织物漂白应用最广泛的漂白剂,漂白时成本较低,设备简单,但对退浆、煮练的要求较高。过氧化氢(H_2O_2)是一种优良而广泛使用的氧化漂白剂,白度高且稳定,对煮练要求低,漂白过程中无有害气体产生,但成本较次氯酸钠高,需使用不锈钢设备。

(五)增白

为了进一步有效地提高织物白度,通常采用荧光增白剂对织物进行增白处理。荧光增白剂是一种近似无色的染料,对纤维具有一定的亲和力,其特点是在日光下能吸收紫外线而发出明亮的蓝紫色荧光,与织物上反射出的黄色光混合成白光,因此在含有较多紫外线的光源照射下,荧光增白剂能提高织物的明亮度。

荧光增白剂的用量不应过高,否则会使织物略呈黄色。荧光增白剂不仅适用于漂白布的加工,也适用于浅色印花布的加工,使花布的白地更为洁白,色泽更加鲜艳。棉布常用荧光增白剂VBL 或荧光增白剂 VBU,它们具有与直接染料类似的性质。涤纶、锦纶及其混纺织物以采用荧光增白剂 DT 为多,其性能与分散染料相似,在涤纶上牢度最好。

(六)丝光

通常是指棉、麻织物在一定张力下,用浓烧碱溶液处理的加工过程。经过丝光的棉、麻织物其强力、光泽、柔软性、可染性、吸水性等都会得到一定程度提高。涤棉混纺织物的丝光,实际上也是针对其中棉纤维而进行的,丝光过程基本上与棉布相似。

棉的丝光可以织物或纱线的形态进行。绝大多数的棉布和棉纱在染色前都经过丝光。

用液(态)氨对棉纤维进行处理也会获得与浓烧碱溶液丝光一样的变化。然而,棉纤维的溶胀变化程度不如碱丝光剧烈,但处理效果均匀,特别是织物的弹性和手感会获得一定程度的改善。

（七）热定形

热定形主要针对合纤及其混纺织物。热定形是将织物保持一定的尺寸,经高温加热一定时间,然后以适当速度冷却的过程。热定形的目的在于消除织物上已经存在的皱痕,防止织物在湿热条件下产生难以去除的皱痕,提高织物热稳定性。

二、染色

（一）概述

染色是指用染料按一定的方法使纤维或织物获得颜色的加工过程。染色在一定温度、时间、pH 值和所需染色助剂等条件下进行,各类织物的染色,如纤维素纤维、蛋白质纤维、化学纤维织物的染色,都有各自适用的染料和相应的工艺条件。

1. 染色织物的质量要求 织物通过染色所得的颜色应符合指定颜色的色泽、均匀度和牢度等要求。

均匀度是指染料在染色产品表面以及在纤维内部分布的均匀程度。

染色牢度是指染色产品在使用过程中或以后的加工处理过程中,织物上的染料能经受各种外界因素的作用而保持其原来色泽的性能(或不褪色的能力)。

染色牢度根据染料在织物上所受外界因素作用的性质不同而分类,主要有耐洗色牢度、耐摩擦色牢度、耐日晒色牢度、耐汗渍色牢度、耐热压(熨烫)色牢度、耐干热(升华)色牢度、耐氯漂色牢度、耐气候色牢度、耐酸滴和碱滴色牢度、耐干洗色牢度、耐有机溶剂色牢度、耐海水色牢度、耐烟熏色牢度、耐唾液色牢度等。日晒牢度分为 8 级,其中 1 级最差,8 级最好。皂洗、摩擦、汗渍等牢度都分为 5 级,其中 1 级最差,5 级最好。

染色产品的用途不同,对染色牢度的要求也不一样。例如,夏季服装面料应具有较高的耐水洗及耐汗渍色牢度,婴幼儿服装应具有较高的耐唾液色牢度及耐汗渍色牢度。

2. 织物染色方法 织物染色方法主要分浸染和轧染两大类。浸染是将织物反复浸渍在染液中,使织物和染液不断相互接触,经过一定时间把织物染上颜色的染色方法。它通常用于小批量织物的染色,还用于散纤维和纱线的染色。轧染是先把织物浸渍染液,然后使织物通过轧辊的压力,轧去多余染液,同时把染液均匀轧入织物内部组织空隙中,再经过汽蒸或热熔等固色处理的染色方法。它适用于大批量织物的染色。

（二）染料与颜料

1. 染料 染料是能将纤维或其他基质染成一定颜色的有色化合物,大多数能溶于水,或在染色时通过一定化学试剂处理变成可溶状态。

染料根据其来源可分为天然染料和合成染料两种。染料可以按化学结构分类,如偶氮染料、蒽醌染料、三芳甲烷染料、靛类染料、硫化染料等。实际使用过程中,常根据染料的应用性能来分类,主要包括直接染料、活性染料(又称反应性染料)、还原染料、硫化染料、不溶性偶氮染料、酸性染料、酸性媒染染料、酸性含媒染料、阳离子染料(碱性染料)、分散染料等。

2. 颜料 颜料是不溶于水的有色物质,包括有机颜料和无机颜料两大类。颜料对纤维无亲和力或直接性,因此不能上染纤维,必须依靠黏合剂的作用而将颜料机械地黏着在纤维制品的表面。颜料加黏合剂或添加其他助剂调制成的上色剂称为涂料色浆,在美术用品商店出售的织物手绘颜料即属此类。

用涂料色浆对织物进行着色的方法称涂料染色或涂料印花。涂料染色的牢度主要决定于黏合剂与纤维结合的牢度。随着黏合剂性能的不断提高,涂料染色与印花近年来应用日趋广泛,因为颜料对纤维无选择性,适用于各种纤维,且色谱齐全,色泽鲜艳,工艺简单,不需水洗,污染少等。

(三)各类染料的染色性能

1. 直接染料　直接染料广泛应用于棉及黏胶纤维的染色。该类染料对纤维素纤维的直接性较高,可直接进行上染。直接染料价格便宜,染色工艺简单,色谱齐全,色泽鲜艳,缺点是染色的湿处理牢度不够理想,一般要通过固色剂处理加以改善,耐日晒牢度则随染料品种差异较大。目前直接染料在纤维素纤维的成衣染色中应用较多,也可用于蚕丝的染色。

2. 活性染料　活性染料又称为反应性染料,其分子结构中含有可与纤维素纤维上的羟基或蛋白质纤维上的氨基反应的基团(活性基团),与纤维分子之间通过共价键结合,由于共价键的键能较高,因此该类染料具有良好的耐水洗牢度。活性染料色谱齐全,色泽鲜艳,匀染性好,使用方便,因此成为目前纤维素纤维染色的一类最主要的染料。活性染料主要用于棉、麻、丝、毛等纤维的染色。

3. 还原染料(士林染料)　此类染料不溶于水,染色时需加烧碱和还原剂(保险粉)先还原成可溶性的隐色体钠盐,才能上染纤维,然后经氧化将纤维上的隐色体氧化成原来的不溶性染料,纤维上才显出染料原来的色泽。该类染料具有优异的耐水洗及耐日晒牢度,但价格较贵,工艺烦琐,染色成本高,主要用于纤维素纤维的染色。靛蓝是还原染料一个特殊的品种,如传统的牛仔裤及云南的蜡染布即用此类染料,该类染料牢度较差。

4. 硫化染料　该类染料与还原染料相似,是一类不溶于水的染料,染色时在碱性条件下采用还原剂还原成可溶状态,才能对纤维素纤维进行上染,上染后也要经过氧化才能恢复为原来的不溶性染料而固着在纤维上。该类染料染色成本低,具有良好的水洗牢度,黑色品种耐日晒牢度优良,目前纤维素纤维的黑色品种主要采用硫化染料。硫化染料不耐氯漂,在储存过程中,对织物有脆损作用,所使用的还原剂硫化碱对环境污染较大。

5. 不溶性偶氮染料　该类染料是由偶合组分(色酚)和重氮组分(色基)的重氮盐在纤维上偶合生成的一类不溶于水的偶氮染料。染料色泽浓艳,具有优良的耐水洗牢度,但耐摩擦牢度较差,主要用于纤维素纤维的深色,如大红颜色的染色。

6. 酸性染料　这类染料分子上均带有酸性基团,易溶于水,在酸性、弱酸性或中性条件下能够对蛋白质纤维和聚酰胺纤维染色的一类阴离子染料。该类染料色谱齐全,色泽鲜艳,工艺简便。酸性染料又分为强酸性浴、弱酸性浴及中性浴染色的酸性染料,前一种匀染性较好,但染色牢度较差;后两种匀染性较差,但染色牢度较好。酸性染料主要用于羊毛、蚕丝、锦纶、皮革的染色。

7. 酸性媒染染料　此类染料染色前、染色过程中或上染到纤维上后必须加用媒染剂才能获得良好的染色牢度和预期的色泽,耐皂洗及耐日晒牢度较酸性染料好,只是颜色不如酸性染料鲜艳。主要用于羊毛或皮革的染色。

8. 酸性含媒染料　酸性含媒染料是一类含有媒剂的络合金属离子的酸性染料,将染料分子与金属离子以2∶1络合而制成的染料可在中性条件下进行染色,故又称中性染料。羊毛、锦纶等的染色牢度较好,但颜色不够鲜艳。

9. 阳离子染料(碱性染料)　阳离子染料是色素离子但有正电荷的一类染料,是在早先碱性染料的基础上发展起来的。腈纶出现后,发现可以用碱性染料染色,牢度较好,于是开发出了一类色泽鲜艳、牢度好、适合腈纶染色的碱性染料,成为腈纶染色的专用染料,这类染料称为阳离子染料。

10. 分散染料　属于非离子型染料,这类染料微溶于水,在水中以极细的颗粒存在,要靠分散剂将染料制成稳定的分散液后进行染色。主要用于涤纶和醋酯纤维的染色,也可用于锦纶、维纶等染色。耐水洗及耐日晒牢度较好。

三、印花

(一)概述

织物局部印制上染料或颜料而获得花纹或图案的加工过程称为印花。印花绝大部分是织物印花,其中主要是纤维素纤维织物、蚕丝绸和化学纤维及其混纺织物印花,毛织物的印花较少。纱线、毛条也可以印花。

织物印花是一种综合性的加工过程。一般地说,它的全过程包括:图案设计、花筒雕刻(或筛网制版)、色浆配制、印制花纹、蒸化、水洗后处理等几个工序。

(二)印花方法

1. 按设备分

(1)滚筒印花。由若干个刻有凹纹的印花铜辊,围绕着一个承压滚筒呈放射形排列,称为放射式凹纹滚筒印花机,在这种印花机上进行印花称为滚筒印花。其优点是,劳动生产率高,适用于大批量生产;花纹轮廓清晰、精细,富有层次感;生产成本低。缺点是,印花套色数受到限制;单元花样大小和织物幅宽所受的制约较大;织物上先印的花纹受后印的花筒的挤压,会造成传色和色泽不够丰满,影响花色鲜艳度。

(2)筛网印花。用筛网作为主要的印花工具,有花纹处呈镂空的网眼,无花纹处网眼被涂覆,印花时,色浆被刮过网眼而转移到织物上。筛网印花的特点是对单元花样大小及套色数限制较少,花纹色泽浓艳,印花时织物承受的张力小,因此,特别适用于易变形的针织物、丝绸、毛织物及化纤织物的印花。但其生产效率比较低,适用于小批量、多品种的生产。根据筛网的形状,筛网印花可分为平版筛网印花和圆筒筛网印花。

(3)转移印花。转移印花是先将花纹用染料制成的油墨印到纸上,而后在一定条件下使转印纸上的染料转移到织物上去的印花方法。利用热量使染料从转印纸上升华而转移到合成纤维上去的方法叫热转移法,用于涤纶等合成纤维织物。利用在一定温度、压力和溶剂的作用下,使染料从转印纸上剥离而转移到被印织物上去的方法叫湿转移法,一般用于棉织物。转移印花的图案花型逼真,艺术性强,工艺简单,特别是干法转移无须蒸化和水洗等后处理,节能无污染,缺点是纸张消耗量大,成本有所提高。

(4)全彩色无版印花。全彩色无版印花是一种无须网版及应用计算机技术进行图案处理和数字化控制的新型印花体系,工艺简单、灵活。全彩色无版印花有静电印刷术印花和油墨喷射印花两种。

2. 按印花工艺分

(1)直接印花。直接印花是将含有染料或颜料、糊料、化学药品的色浆直接印在白色织物或浅地色织物上(色浆不与地色染料反应),获得各色花纹图案的印花方法。其特点是印花工序简单,适用于各类染料,故广泛用于各类织物印花。

(2)拔染印花。拔染印花是在织物上先染地色后印花,通过印花色浆中能破坏地色的化学药剂(称拔染剂)而在有色织物上显出图案的印花方法。印花处为白色花纹的拔染工艺称为拔白印花。如果在含拔染剂的印花色浆中,还含有一种不被拔染剂所破坏的染料,在破坏地色染料的同时,色浆中的染料随之上染,从而使印花处获得有色花纹的称为色拔印花。拔染印花能获得地色丰满、轮廓清晰、花纹细致、色彩鲜艳、花色与地色之间无第三色的效果。印花工艺烦琐,成本较高。

(3)防染印花。防染印花是在未经染色(或尚未显色,再或染色后尚未固色)的织物上,印上含有能破坏或阻止地色染料上染(或显色,或固色)的化学药剂(防染剂)的印浆,局部防止染料上染(或显色)而获得花纹的印花方法。织物经洗涤后印花处呈白色花纹的称为防白印花;若在防白的同时,印花色浆中还含有与防染剂不发生作用的染料,在地色染料上染的同时,色浆中染料上染印花之处,则印花处获得有色花纹,这便是着色防染印花(简称色防)。防染印花工艺流程较短,适用的地色染料较多,但花纹一般不及拔染印花精细。

第二节　服装用织物的后整理

一、概述

整理一般为织物经染色或印花以后的加工过程,是通过物理、化学、物理与化学相结合的方法,采用一定的机械设备,旨在改善织物内在质量和外观,提高服用性能,或赋予其某种特殊功能的加工过程,是提高产品档次和附加值的重要手段。

服装用织物整理的内容十分广泛,整理方法也很多,可以按被加工织物的纤维种类来分,如棉、毛、丝、麻及合成纤维织物的整理;也可以按被加工织物的组织结构分类,有机织物和针织物整理;还可以按整理目的和加工效果分类等。但是不管哪一种分类方法都不可能划分得十分清楚。若按整理方法来分类,大致分为三类:

(一)物理机械整理

物理机械整理是利用水分、热能、压力或拉力等机械作用来改善和提高织物品质,达到整理的目的。其特点是纤维在整理过程中,只有物理性能变化,不发生化学变化。如使织物的幅宽整齐划一和尺寸稳定的形态稳定整理,有拉幅、机械防缩和热定形等;增进和美化织物外观、赋予织物一定光泽的整理的有轧光、电光、轧纹、起毛、剪毛、缩呢、煮呢和蒸呢等。

（二）化学整理

化学整理是利用一定的化学整理剂的作用,以达到提高和改善织物品质、改变织物服用性能的加工方式。化学整理剂与纤维在整理过程中形成化学的和物理—化学的组合,使整理品不仅具有物理性能变化,而且还有化学性能的变化。如纤维素纤维织物经过树脂整理达到抗皱免烫、防缩的目的;根据织物用途,采取一定的化学处理,使之具有诸如拒水、防水、阻燃、防毒、防污、抗菌、杀虫、抗静电、防霉、防蛀等特殊功能的特种整理;采用某些化学药品改善织物的触感,使织物获得或加强诸如柔软、丰满、硬挺、粗糙、轻薄等综合性触摸感觉的柔软整理和硬挺整理。

（三）物理—化学整理

随着整理加工的深入发展,为了提高机械整理的耐久性,将机械整理和化学整理结合进行。其特点是整理品在整理加工中,既有物理变化,也有化学变化。例如纺织物的油光防水整理、耐久性轧纹整理和仿麂皮整理等。

当然,上述整理方法之间并无严格界限,一种整理方法可能同时达到多种整理效果,实际生产中可根据纤维的种类、织物的类型及其用途以及整理的要求来制订合适的整理工艺,获得最佳的整理效果。

二、棉织物的整理

棉织物整理包括机械整理和化学整理两个方面。前者如拉幅、轧光、电光、轧纹以及机械预缩整理等,后者如柔软整理、硬挺整理及防缩防皱等。如将机械整理和树脂联合应用,可以获得耐久的轧光、电光和轧纹等整理效果。

（一）拉幅

织物在漂、染、印等加工过程中,经常受到经向张力,迫使织物的经向伸长,纬向收缩,并产生诸如幅宽不匀、布边不齐、折皱、纬纱歪斜以及织物经过烘筒烘燥机干燥之后,手感变得粗糙并带有极光等缺点。为了使织物具有整齐划一的稳定幅宽,同时又纠正上述缺点,一般棉布在染整加工基本完成后,都需要经过拉幅。

拉幅整理是根据纤维在潮湿状态下具有一定的可塑性,将其幅宽缓缓拉至规定尺寸,达到均匀划一、形态稳定、符合成品幅宽的规格要求。此外,含合纤的织物需经高温拉幅。毛、丝、麻等天然纤维以及吸湿较强的化学纤维在吸湿状态下都有不同程度的可塑性,也能通过类似的作用达到定幅的目的。依据上述原理,拉幅实质上是一个稳定织物形态的过程,以"定幅"来描述更为确切,但在生产中,把这一过程称为"拉幅"已成习惯,所以沿用至今。

织物拉幅在拉幅机上进行。拉幅机有布铗拉幅机和针板拉幅机等,包括给湿、拉幅和烘干三个主要部分,有时还附有整纬等辅助装置。棉织物的拉幅多采用前者,而后者多用于毛织物、丝织物和化学纤维织物等的拉幅加工。布铗热风拉幅机用于轧水、上浆、增白、柔软整理、树脂整理及拉幅烘干等工艺。针板拉幅机能给予织物一定超喂量,又有利于布边均匀干燥,故树脂整理的烘干常常采用该形式,但由于拉幅烘干后布边留有小孔,对某些织物(如轧纹布、电光布或特厚织物)不适用。

(二)轧光、电光及轧纹整理

三者都属于增进和美化织物外观的整理。前两者以增进织物光泽为主,而后者则使织物被轧压出具有立体感的凹凸花纹和局部光泽效果。

轧光整理是利用棉纤维在湿、热条件下,具有一定的可塑性,织物在一定的温度、水分及机械压力下,纱线被压扁,竖立的绒毛被压伏在织物的表面,从而使织物表面变得平滑光洁,对光线的漫反射程度降低,从而增进了光泽。

电光整理原理是通过表面刻有密集细平行斜线的加热辊与软辊组成的轧点,使织物表面轧压后形成与主要纱线捻向一致的平行斜纹,对光线则呈规则地反射,改善织物中纤维的不规则排列现象,给予织物如丝绸般的柔和的光泽。

轧纹整理是利用刻有花纹的轧辊轧压织物,使其表面产生凹凸花纹效应和局部光泽效果。轧纹机由一只硬滚筒(铜制可加热)及一只软滚筒(纸粕)组成,硬滚筒上刻有阳纹的花纹,软滚筒为阴纹花纹,两者互相吻合。织物经轧纹机轧压后,即产生凹凸花纹,起到美化织物的作用。轧纹整理目前有三种:轧花、拷花和局部光泽。

无论轧光、电光或轧纹等整理,如单纯采用机械方法进行加工,其效果都不耐洗。如与高分子树脂整理联合整理加工,则可获得耐久性的整理效果。

(三)硬挺整理

硬挺整理是以改善织物手感为目的的整理方法。它利用具有一定成膜性能的天然或高分子物质制成浆液,在织物表面形成薄膜,从而使织物获得具有平滑、硬挺、厚实、丰满等各种触摸感觉,并提高强力和耐磨性,延长使用寿命。由于硬挺整理时,所采用的高分子物质一般称为浆料,以往采用的浆料多为小麦(或玉米)淀粉或淀粉的变性产物如甲基纤维素(MC)等,目前多采用野生浆料如田仁粉及合成浆料如聚乙烯醇(简称PVA)等。

(四)柔软整理

织物经过煮练、漂白以及染、印后,都会产生粗糙的手感,原因很多,如织物在前处理中去除所含有的天然油脂蜡质以及合成纤维上的油剂,使织物手感粗糙。树脂整理后的织物和经高温处理后的合成纤维及其混纺织物手感也会变得粗硬。因此,几乎所有织物都要在后处理时为改善手感而进行柔软整理,使织物柔软、丰满、滑爽或富有弹性。常用柔软整理方法有机械整理法和化学整理法。

机械整理法主要是利用机械方法,在张力状态下,将织物多次揉屈,以降低织物的刚性,使织物能回复至适当的柔软度。化学柔软整理是采用柔软剂对织物进行柔软整理的方法。柔软剂是指能使织物产生柔软、滑爽作用的化学药剂,其作用是减少织物中纱线之间和纤维之间的摩擦阻力以及织物与人体之间的摩擦阻力。

柔软剂按其耐洗性可分为暂时性和耐久性两大类:按分子组成可分为表面活性剂型柔软剂、反应型柔软剂及有机硅聚合物乳液型柔软剂三类。表面活性剂中的阳离子型柔软剂适用于纤维素纤维,也适用于合成纤维的整理,应用较广。反应性柔软剂可与纤维素纤维的羟基发生共价反应,具有耐磨、耐洗的效果,故又称耐久性柔软剂。有机硅柔软剂又称硅油,柔软效果良好。

（五）机械预缩整理

织物在前处理、染色和印花加工后,虽经拉幅整理,具有一定的幅宽,但在浸水洗涤或受热情况下仍具有一定的尺寸收缩现象,该现象称为收缩性,其中又可分为缩水性和热收缩性。收缩性不仅会降低织物的尺寸稳定性、破坏外观,而且还会影响穿着舒适感,过大的收缩会导致衣服不能再继续服用。对于带有衬里的服装,其面料和衬里往往会采用不同的织物,两者收缩性差异较大,会使缝合的几何形状失去一致性,影响服装的质量。

织物在常温水中发生的尺寸收缩称为缩水性,用织物缩水率来表征。织物缩水率通常以织物按规定方法洗涤前后的经向或纬向的长度差占洗涤前长度的百分比来表示。

不同纤维制成的织物,其收缩性不尽相同。例如,某些毛织物在初次洗涤及以后洗涤中,都容易发生很大的收缩,同时,还易发生毡缩。而棉和麻纤维织物的初次收缩虽然有时较大,但其后续收缩都不很高。纤维素纤维与合成纤维混纺织物经过热定形后,其缩水不大。此外,织物的收缩情况还与织物的结构以及织物经过的加工过程有关。

织物机械预缩整理是目前用来降低缩水率的有效方法之一。其基本原理是利用机械物理方法改变织物中经向纱线的屈伸状态,使织物的纬密和经纱屈曲增加,织物的长度收缩,具有松弛结构,从而消除经向的潜在收缩。润湿后,由于经纬间还留有足够的余地,便不再引起织物经向长度的收缩。由于原来存在的潜在收缩在成品前已预先缩回,从而解决或改善了织物的经向缩水问题。

预缩整理机,如毛毯压缩式预缩整理机或橡胶毯压缩式预缩整理机等,是利用一种可压缩的弹性物体,如毛毯、橡胶作为被压缩织物的介质,由于这种弹性物质具有很强的伸缩特性,塑性织物紧压在该弹性物体表面上,也将随之产生拉长或缩短,从而使织物达到预缩的目的。

（六）树脂整理

树脂整理是以单体、聚合物或交联剂对纤维素纤维及其混纺织物进行处理,使其具有防皱性能的整理方法。从整理发展过程看,树脂整理经历了防缩防皱、洗可穿和耐久性压烫整理三个阶段。防缩防皱整理只赋予整理品干防缩防皱性能;洗可穿整理品既具有干防缩防皱性,又有良好的湿防缩防皱性能;耐久性压烫整理通过成衣压烫,赋予整理品平整挺括和永久性褶裥效果。

树脂整理后的织物弹性可显著地提高,黏胶纤维织物的缩水性能也得到了一定改善,但织物的主要力学性能,如断裂强力、断裂延伸度、耐磨性和撕破强力等都有不同程度的下降,这些性能与织物的服用性能是密切相关的。尽管力学性能的变化影响了整理品的耐用性,但只要采用合适的整理工艺,将整理品的力学性能的变化控制在允许范围内,由于弹性的提高,改善了整理品的耐疲劳性能,不仅不会影响织物质量,反而可以提高耐用性。

树脂整理工艺主要有两种,即预焙烘法和延迟焙烘法。预焙烘法主要采用织物浸轧树脂、烘干、高温焙烘（形成交联）,而后再进行服装加工,印染厂主要采用此法。延迟焙烘法为织物浸轧树脂烘干后,制成服装,然后再根据要求进行压烫、焙烘。服装厂也可以将服装直接进行树脂整理,即将服装通过浸渍树脂液（或喷雾法）,然后脱液烘干,再进行焙烘处理。目前世界上大多数的纯棉免烫服装采用此法生产。

用甲醛、多聚甲醛和酰胺—甲醛类树脂整理的织物在一定的条件下会释放出甲醛,甲醛是一种有毒物质,微量甲醛($1 \sim 2mg/kg$)就会对人体皮肤产生刺激,影响消费者健康,因此衣物上的甲醛含量越来越引起人们的关注。它是近年来进行毒性研究最多的化学物质之一。各国政府都先后制定了各种控制织物释放甲醛的法规和标准,研究了各种降低整理品释放甲醛的措施,开发了少甲醛或无甲醛的整理剂。

三、毛织物的整理

毛织物品种很多,按其纺织加工方法的不同,可分为精纺毛织物和粗纺毛织物两大类。精纺毛织物结构紧密,线密度较低,呢面光洁,织纹清晰而富有弹性,要求整理后呢面平整洁净,光泽悦目,织纹清晰,手感丰满,滑爽挺括;粗纺织物质地疏松,线密度较高,呢面多为绒毛覆盖,手感丰满而厚实,要求整理后织物紧密厚实,柔润滑糯,表面绒毛均匀整齐,不露底,不脱落,不起球。根据毛织物品种和外观风格不同,可分为光洁整理、绒面整理、呢面整理。具体来说,精纺毛织物的整理内容有煮呢、洗呢、拉幅、干燥、刷毛和剪毛、蒸呢及电压等;粗纺毛织物有缩呢、洗呢、拉幅、干燥、起毛、刷毛和剪毛等。

毛织物在湿态条件下,借助于机械力和热的作用进行的整理,称为湿整理。毛织物的湿整理包括洗呢、煮呢、缩呢和烘呢等。在干态条件下,利用机械力和热的作用,改善织物性能的整理称为干整理,有起毛、剪毛、刷毛、电加压和蒸呢等。

(一)毛织物的湿整理

1. 洗呢 洗呢主要是去除纺纱时的和毛油,织造过程中上的浆料以及其他油污、尘埃等杂质,可改善羊毛纤维的光泽、手感、润湿及染色性能。洗呢是利用净洗剂对羊毛织物润湿、渗透,再经机械挤压作用使污垢从织物上脱离,分散于洗呢液中。在实际生产中,以乳化洗呢剂最为普通,常以肥皂和阴离子净洗剂,如净洗剂 LS、洗涤剂 209、雷米邦 A 等及非离子表面活性剂,如洗涤剂 105 为洗呢剂。不同洗呢剂有不同的洗呢效果,应根据呢坯的含杂和产品风格要求选择适当洗呢剂。目前洗呢设备以绳状洗呢机为主。影响洗呢效果的因素有温度、时间、pH 值、浴比和洗呢剂种类等。

2. 煮呢 煮呢主要用于精纺毛织物整理,在烧毛或洗呢后进行。将呢坯以平幅状态置于热水中,在一定的张力和压力下进行的定形过程。其目的是使织物不仅尺寸稳定,避免以后湿加工时发生变形、折皱等现象,同时也使呢面平整,赋予织物柔软和丰满的手感及良好的弹性。煮呢的原理是利用湿、热和张力作用,使羊毛纤维蛋白质分子中的二硫键、氢键和盐式键等减弱和拆散,消除纤维在纺织加工过程中的内应力,同时使分子链取向伸直,在新空间位置建立新的稳定的交联,提高羊毛纤维的形状稳定性,减少不均匀收缩,从而产生较好的定形效果。

3. 缩呢 缩呢,又称缩绒,是粗纺毛织物的基本加工过程之一,是在温度、湿度及机械力的作用下,利用羊毛的缩绒性能,使织物在长度和宽度方向达到一定程度的收缩,即产生缩绒现象。通过缩绒使织物表面覆盖一层绒毛,将织纹遮盖,织物的厚度增加,手感丰满柔软,保暖性更佳。精纺毛织物一般不缩呢,少数需要绒面或要求呢面丰满的精纺织物,可采用轻缩呢工艺。常用的缩呢设备有滚筒式缩呢机和洗缩联合机。

4. 烘呢拉幅　脱水后的毛织物需进行烘呢拉幅,目的在于烘干织物,并保持一定的回潮率和稳定的幅宽,以便进行干整理加工。由于毛织物较为厚实,烘干所需热量较大,对于精纺、粗纺毛织物的烘干,多采用多层热风针铗拉幅烘燥机。在烘呢拉幅中,既要烘干,又要保持一定的回潮率,使织物手感丰满柔软,幅宽稳定。另外,对于要求具有薄、挺、爽风格的精纺薄型织物,应增大经向张力,增大伸幅,精纺中厚织物,要求丰满厚实,经向张力应低些,伸幅不宜过大。为了增加丰厚感,粗纺织物一般进行超喂。

(二)干整理

1. 起毛整理　在粗纺织物中,除少数品种外,大部分需进行起毛整理,起毛是粗纺毛织物的重要整理加工过程,精纺毛织物要求呢面清晰、光洁,一般不进行起毛。起毛的目的是使织物呢面具有一层均匀的绒毛覆盖织纹,使织物的手感柔软丰满,保暖性能增强,光泽和花型柔和优美。起毛的原理是通过机械作用,将纤维末端均匀地从纱线中拉出,使布面覆盖一层绒毛。随着起毛工艺的不同,可产生直立短毛、卧状长毛和波浪形毛等。应注意的是,织物经起毛后由于经受了剧烈的机械作用,织物强力会有所下降,重量减轻,在加工中应引起重视。

2. 剪毛　无论精纺或粗纺毛织物,经过染整加工,呢面绒毛杂乱不齐,都要经过剪毛,但各自要求不同。精纺毛织物要求剪去表面绒毛,使呢面光洁,织纹清晰,提高光泽,突出外观效果。而粗纺毛织物要求剪毛后,绒毛整齐,绒面平整,手感柔软。

3. 刷毛　毛织物在剪毛前后,均需进行刷毛。前刷毛是为了除去毛织物表面杂质及各种散纤维,同时可使纤维尖端竖起,便于剪毛;后刷毛是为了去除剪下来的乱屑,并使表面绒毛梳理顺直,增加织物表面的美观光洁。因此,织物往往均需通过前后两次刷毛加工。

4. 蒸呢　蒸呢和煮呢原理相同,煮呢是在热水中给予张力定形,而蒸呢是织物在一定张力和压力的条件下用蒸汽蒸一定时间,使织物呢面平整挺括,光洁自然,手感柔软而富有弹性,降低缩水率,提高织物形态的稳定性。毛织物在蒸汽中施以张力进行蒸呢时,可使羊毛纤维中部分不稳定的二硫键、氢键和盐式键等逐渐减弱、拆散,内应力减小,从而消除呢坯的不均匀收缩现象,同时在新的位置形成新的交联,产生定形作用。

5. 电加压　电加压常用于精纺毛织物的干整理。经过湿整理和干整理的精纺织物,表面还不够平整,光泽较差,需经电加压进一步整理织物的外观,即在一定的温度、湿度及压力作用下,通过电热板加压一定时间,使织物呢面平整、身骨挺括、手感滑润,并具有悦目的光泽。

6. 防毡缩整理　毛织物在洗涤过程中,除了内应力松弛而产生的缩水现象外,还会因为羊毛纤维的弹性特点,尤其是定向摩擦效应而引起纤维之间发生缩绒,即毡缩。毡缩会使毛织物结构紧密,蓬松性、柔软性变差,影响织物表面织纹的清晰度,同时,使织物的面积收缩,形态稳定性降低,因而降低了产品的服用性能。防缩绒整理的基本原理是减小纤维的定向摩擦效应,即通过化学方法适当破坏羊毛表面的鳞片层,或者在纤维表面沉积一层聚合物(树脂),前者称为"减法"防毡缩整理,后者称为"加法"防毡缩整理,目的都是使羊毛纤维之间发生相对位移时,不会产生缩绒现象。

7. 防皱整理和耐久压烫整理　羊毛纤维具有良好的弹性,但在湿热条件下,羊毛纤维的防皱性能较差,在外力作用下特别是在湿热条件下易发生变形。将羊毛纤维在湿热条件下经受一定时间的热处理和化学整理,在纤维上形成交联或树脂沉积,将热处理后的防皱效果固定下来,提高耐久性;或通过化学定型处理,提高羊毛纤维大分子链间交联的稳定性,可改善防皱效果。

8. 防蛀整理 羊毛制品在储存和服用期间,常被蛀虫蛀蚀,造成严重损伤,因此,对羊毛的防蛀整理非常必要。一般蛀虫都喜欢阴暗潮湿的地方,所以在羊毛织物中受虫蛀危险性最大的是长期储藏的织物。羊毛及其制品防蛀方法很多,一是物理性预防法,即保存毛织物应选择干燥阴凉的地方,并经常晾晒。二是采用化学防蛀整理,防蛀剂是一种普及的工业生产防蛀物质,具有杀虫、防虫能力,通过对羊毛纤维的吸附作用而固着于纤维上产生防蛀作用。防蛀剂应具有杀虫效力高、毒性小、对人体无害、不降低毛织物服用性能及不影响染色牢度的特点。

四、丝织物的整理

丝织物整理是在不影响蚕丝固有特性的基础上,赋予其一定的光泽、手感及特殊功能,提高服用性能。丝织物整理包括机械整理和化学整理两大类。机械整理的目的是通过物理方法来改善和提高丝织物外观品质和服用性能。丝织物对成品的风格要求随品种不同采用的机械整理工艺不同,如缎纹织物要求平滑、细软,并具有闪耀的光泽;绉织物要求有明显的绉效应,并具有柔软、滑爽的手感,此外,丝织物虽具有光泽柔和优雅、外观轻薄飘逸、手感柔软滑爽等特点,但也有诸如悬垂性差、湿弹性低、缩水率高,且易起皱、泛黄等天然缺陷,因此,必须进行化学整理,即通过各种化学整理剂对丝纤维进行交联、接枝、沉积或覆盖作用,使其产生化学或物理化学变化,以改善丝纤维的外观品质和内在质量,并保持丝纤维原有的优良性能。

丝织物的机械整理包括烘燥烫平、拉幅、预缩、蒸绸、机械柔软、轧光和刮光整理等;丝织物的化学整理包括手感整理、增重整理和树脂整理。

五、化学纤维织物的整理

(一)仿绸整理

涤纶织物在碱的水解作用下,可以赋予织物良好的手感、透气性、丝绸般的光泽以及平挺柔软、滑爽和飘逸的风格,同时保持了涤纶挺括和弹性好的优点,该整理工艺称为仿绸整理。

(二)仿麂皮整理

人造麂皮是以超细纤维制成的基布经起毛、磨毛和弹性树脂整理的产品,具有柔软丰满、表面绒毛细腻、悬垂性优良及形状尺寸稳定的特点,产品的外观、风格和性能都酷似天然麂皮。人造麂皮的种类繁多,按其外观和手感风格可分为磨绒型、木纹型、羚羊毛型、骆马绒型和开司米型等;从重量和厚度来分有厚型、中厚型和轻薄型等,产品色调和风格也多种多样。

六、针织面料的后整理加工技术

针织面料通过后整理加工,使产品具有更好的风格与特色,这是改善产品使用功能的重要手段。现今针织面料的后整理加工主要有:

1. 防缩加工 毛、棉针织品经水洗后有收缩现象,使产品尺寸变小、变形,甚至根本不能继续穿着。因此,较高档的针织品要进行防缩加工。

　　毛针织品的防缩加工方法很多,主要有氧化法和界面重合法两种。氧化法是将毛纱或毛针织品在高锰酸钾及浓硝酸溶液中进行处理;界面重合法是将聚酰胺树脂涂于织物表面的方法进行处理。

　　棉针织物的防缩加工,一般是将织物在扩幅状态下进行超喂,并慢慢地在喷吹蒸汽的容器箱中通过,即所谓扩幅预缩、超喂轧光。现在也有专门的预缩机进行加工,不仅防缩,还使手感较好。目前,国外还有液氨处理工艺,对提高织物弹性也有较好效果。

　　2. 树脂加工　针织坯布在专用的树脂溶液中浸渍通过,用碾压辊挤压掉多余的溶液,树脂液就会均匀地浸透坯布,然后进行较高温度的烘焙、干燥,使树脂渗透并固着于织物纤维的分子之间。采用不同的树脂和配方,可以起到防皱、防水(透气性防水)、防火、消静电、防起球、免烫(W&W)以及突出衣料手感与光泽的效果。

　　3. 丝光加工　将棉纱线或棉针织坯布在一定温度和浓度的苛性钠溶液中进行处理,以增进光泽、强度和对染料及化学药剂的亲和力。丝光加工按工艺条件可以分为常温丝光、低温丝光和高温丝光等,其处理方法及效果如表9-1所示。

表9-1　丝光加工方法及效果

种类	处理温度(℃)	处理时间(s)	NaOH 溶液浓度(°Bé)	效果
常温丝光	15~30	30~60	20~35	突出光泽强度,织物不易变形,提高染色性
低温丝光	10~0	20~60	20~35	光泽好,有透明感,有仿麻织物的效果
	2~6	20~60	15~16	手感挺爽,如麻纱
高温丝光	80~110	5~50	29~33.5	手感柔软,光泽好,提高抗皱性

　　4. 柔软加工　针织坯布在染整过程中,采用动物性油脂、可溶性油类、防水性树脂柔软剂及石蜡乳化液进行处理,可以提高悬垂性和柔软性,对防止缝制中出现针洞是较有效的方法。

　　5. 仿丝织物加工　用锦纶或涤纶长丝加工的经编坯布,通过专用的轧光机,在高温高压(压力600~800kPa,表面温度180~200℃)条件下使织物线圈发生熔融,使针织物产生优雅的毛羽般光泽。

　　国外对装饰内衣用的经绒组织坯布进行这种加工,但由于加工费用较高,织物透气性也较差,因此没有普遍推广。

　　6. 永久性免烫加工　永久性免烫加工也称作"PP加工"。经加工后的产品不会起褶皱、变形,耐洗快干,耐磨耐穿,而且定形效果比一般的免烫树脂加工为好。

　　永久性免烫加工可以分为前纠法与后纠法两种。所谓前纠法,与一般的防皱树脂加工相似,在坯布阶段进行树脂加工,不过热定形工序是在服装加工厂进行,待缝制成衣后进行高温高压一次定形。所谓后纠法,是将烘焙工序移至缝纫厂进行,其工艺流程为:

坯布浸压树脂→低温干燥→送缝纫车间裁剪缝制→高温高压烫平→烘箱焙固

后纠法无水洗过程,故树脂不能有异味,也不能影响色牢度,缝纫工序中要对这种坯布加强保管,避免在运输或保管中产生褶皱或受热,在裁剪时不能受热或附加任何张力,要及时完成后焙工序。

永久性免烫整理的树脂配方:

咪唑啶树脂整理剂	25%
硝酸锌催化剂	4.5%
聚乙烯柔软剂	3%
润湿剂	0.2%

前纠法用悬挂式烘干机或转筒式烘干机焙固;后纠法用120℃进行干燥;然后用170℃烘焙8~10min。

7. 吸湿加工　对一些吸湿性差的合成纤维织物进行吸湿加工,可以提高其吸湿性能。吸湿加工有多种方法:

(1)树脂薄膜加工法。使树脂在织物上形成薄膜,并产生细微的气孔,由于毛细现象增进吸水效果。

(2)损伤纱线表面法。用机械或化学方法使合成纤维纱线表面产生毛细现象。

(3)超声波法。在染色前使用16000Hz频率的超声波对锦纶丝的光泽进行消光处理,提高柔软性和吸水性。

(4)改变合成纤维的分子结构法。如附加亲水性基团法和牵伸重合法等。

8. 打褶加工　利用合成纤维有热可塑性,可对坯布进行热定形打褶加工。现代的打褶机,褶型变化很方便,主要用于生产百褶裙等。

9. 起毛加工　起毛加工可分为表面起毛和里面起毛。一般用于制作内衣的坯布是里面起毛,以增进体肤触感和提高保温性。而一些毛针织品(毛衣、围巾、帽子等)以及外衣用面料,多以表面起毛来改善外观和柔和舒适性。

里面起毛主要在钢丝布拉毛机上进行。而表面起毛方法很多,一种是用蓟果(带刺的植物果实)拉毛,多用来加工毛针织品;另一种是用金刚砂起毛,将一种坚硬的矿物粉末黏结于基布表面,利用它与针织坯布发生相对摩擦(运动)而拉出细密的绒毛,也称磨毛整理。

还有一些毛圈针织物,经过专用的剪毛机剪掉毛圈、线圈的头部而形成毛绒,天鹅绒针织物就是这样加工而成。

10. 卫生加工(抗菌、防臭加工)　某些直接与体肤接触的内衣、袜子、床上用品等纤维制品,由于经常吸附汗水而产生难闻的臭味。对这类坯布应施加防霉、防腐等卫生加工。加工的化学药剂主要是可以使用的含锡和含汞的有机化合物,以抑制微生物的生长,到达抗菌、防臭的效果。

11. 防脱散加工　由表面光滑的纤维长丝制织的针织物非常容易脱散,影响产品使用寿命,为此可进行防脱散加工。防脱散加工的机理是用附着性好且柔软的树脂对织物表面进行喷涂,使线圈间纱线互相黏结在一起而不会脱散。树脂液可用喷雾方法吹喷到产品表面,或用绢网印花似的方式将高浓度树脂液印刷于织物表面。

12.防紫外线加工　为了防止紫外线对皮肤的伤害,对一些夏季用或户外用的针织品进行防紫外线加工。一般采用紫外线吸收剂对面料进行整理(可与柔软剂等其他整理剂同浴使用),如邻羟基二苯甲酮、酸酯类等均是紫外线吸收剂,工艺简单,效果明显。但是紫外线吸收剂一般呈颗粒状固体不溶于水,可用有机溶剂丙酮先使溶解后再行乳化(乳化剂如十六烷基三甲基氯化铵,简称1631)稀释就可处理织物。

此外,也有利用紫外线反射剂(多是不具活性的金属化合物,如二氧化钛、氧化锌、碳酸钙、氧化铝、云母粉等)的微粒子发生光的反射、散射作用,抵御紫外线透过织物,达到防紫外线效果。

防紫外线加工中必须较好地解决吸收剂或反射剂与织物的结合牢度问题,而且不应改变织物的外观、手感和透气性,才能达到实用效果。

七、其他功能整理

(一)防污整理

织物沾污是由于颗粒状污物和油污通过物理性接触、静电作用或洗涤过程而黏附或嵌留在织物上。嵌留在织物上的固体污物在洗涤过程中容易除去,黏附在织物尤其是疏水性纤维,如涤纶织物上的油污或混有油污的颗粒物质较难去除。因此目前常用的防污整理有拒油整理和易去污整理两大类。

拒油整理即织物的低表面能处理,经过拒油整理的织物对表面张力较小的油脂具有不润湿的特性。整理后的织物耐洗,手感好。易去污整理主要用于合成纤维及其混纺织物,赋予织物良好的亲水性,使黏附在织物上的油脂类污垢容易脱落,减少洗涤过程中污垢重新沾污织物的机会。

(二)阻燃整理

大多数纺织纤维在300℃左右时可以进行分解,同时产生可燃性的气体和挥发性液体。织物经阻燃整理后,织物不易燃烧或离开火源后则自行熄灭,再或有抑制火焰蔓延的性能。阻燃整理已广泛应用于交通、军事、民用产品,如童装、工作服、床上用品等。

(三)卫生整理

卫生整理的目的是在保持织物原有品质的前提下,提高其抗微生物能力(包括防霉、防菌、防蛀等),消灭织物上附着的微生物,杜绝病菌传播媒介和损伤纤维的途径,使织物在一定时间内保持有效卫生状态。卫生整理用品可用于衣服、袜子、鞋垫、床上用品、医疗卫生用品等。

(四)抗静电整理

织物在相互摩擦中,会形成大量电荷,但不同纤维却表现出不同的静电现象,天然纤维中棉、麻等织物几乎不会感到有带电现象。合成纤维中丙纶、腈纶等却表现出较强的静电现象,诸如静电火花、电击及静电沾污等。这是由于各种纤维的表面电阻不同,产生静电荷以后的静电排放差异较大。抗静电整理的目的就是提高纤维材料的吸湿能力,改善导电性能,减少静电积聚现象。抗静电整理分为非耐久性和耐久性两大类。

(五)涂层整理

涂层整理是近年来发展较快的一项新技术。涂层整理是在织物表面的单面或双面均匀地涂上一薄层(或多层)具有不同功能的高分子化合物等涂层剂,从而得到不同色彩或特殊功能的产品,属于表面整理技术,具有多功能性的特点。

涂层织物品种繁多,按产品要求,可使织物具有金属亮光、珠光效应、双面效应及皮革外观等不同效果,也可赋予织物高回弹性和柔软丰满的手感及特种功能。另外,若在织物表面涂上不同功能的涂料,便可分别得到防水、防油、防火、防紫外线、防静电、防辐射等功能性涂层织物。

涂层整理剂种类繁多,按其化学结构分类,以聚氨酯和聚丙烯酸酯类涂层剂最为常用。涂层方式按涂布方法分类,有直接涂层、热熔涂层、转移涂层和黏合涂层等。

☞ 思考题

1. 名词解释:

丝光处理、染色牢度、树脂整理、涂层整理、卫生整理

2. 染色牢度的种类一般有哪些?

3. 染料与颜料有何区别?

4. 试述织物印花的分类?

5. 棉型织物的常规整理有哪些方法?

6. 简要说明毛织物、丝织物及化纤织物的整理有哪些基本方法?

7. 针织物的后整理有哪些内容?

第十章　服用纺织品的鉴别分析和维护保养

服用纺织品种类繁多,其外观和性能各异,在选择和使用中必须加以分辨,才能使其得到充分利用。同时为了延长服装的使用寿命,维护服用纺织品的弹性、强度、透气性、保温性和吸湿性,并防止细菌、微生物等生存与繁殖对人体健康产生危害,还要在穿着过程中对服装进行正确洗涤和妥善保管。

第一节　服用纺织品的鉴别分析

一、织物正反面的鉴别

服装在制作时,一般织物的正面朝外,反面朝内,多数面料正反面的颜色深浅、光泽明暗、图案完整与清晰程度或者质感、织纹等都会有所差异。因此,利用织物正反面的差异进行正反面的识别就成为一项必不可少的工作。下面为识别织物正反面的具体依据:

（一）根据织物组织结构识别

1. 平纹织物　素色平纹织物正反面无明显区别,一般正面比较平整光洁,麻点少,色泽匀净鲜明。

2. 斜纹织物　用单纱织制的斜纹织物一般左斜(↖)为正面;股线斜纹织物,纹路右斜(↗)为正面。

3. 缎纹织物　缎纹织物正面平整、光滑且光泽明亮,浮线长而多,反面织纹不清晰,光泽较暗淡,光滑度不如正面。

4. 针织织物　纬平针织物,表面平整且线圈呈纵向条纹的为正面;螺纹、双反面等织物在组织上无正反面之分,一般以相对光滑的一面为正面;经平织物的正面线圈一般向纵向延伸,反面线圈向左右延伸。

（二）根据面料的花纹识别

凸条、凹凸及提花织物,正面紧密而细腻,花纹清晰,具有条状或图案凸纹,浮线较少;而反面较粗糙,有较长的浮长线。

（三）根据面料的花色光泽和质地洁净识别

大多面料一般正面光泽较好,颜色匀净,花纹、图案清晰明显,立体感强,反面则模糊不清,缺乏层次和光泽。一般来说面料反面的质地不如正面光洁匀净,疵点、杂质、纱结等多留在反面。

（四）根据面料的毛绒特征识别

单面起毛的面料,起毛绒的一面为正面。双面起毛的面料,则以绒毛光洁、整齐的一面为织品的正面。毛圈组织的面料，一般以毛圈丰满、毛圈密度大的一面为正面。烂花、植绒等面料，以花型饱满、轮廓清晰面为正面。

（五）根据面料布边特征识别

一般面料的布边，正面较平整、光洁，反面较粗糙或带有纱头的毛丝，且边缘稍向里卷曲。另外，有些面料的布边上正面大都织有或印有清晰、工整的文字、号码，反面则较潦草模糊。

（六）根据面料的商标和检验章识别

整匹面料在出厂前的检验中，一般都粘贴产品商标纸或说明书。内销产品，凡粘贴有说明书（商标）和盖有出厂检验章的一面为反面；外销产品与内销产品相反，商标和检验章均贴在正面。

（七）根据面料包装形式识别

各种纺织品成匹包装时，每匹布头朝外的一面为反面，双幅呢绒大多对折包装，里层为正面，外层为反面。

判断面料的正反面，不能从单一方面考虑。这是因为现在不但有许多面料正反面几乎无差别，两面均可用于服装的正面，而且还有一些面料两面各具特色，可根据服装风格的要求和穿着者的喜好来决定哪一面作为服装的正面，也可两面相间搭配使用，突显个性。

二、织物经纬向的鉴别

制作服装时，衣长、裤长一般采用织物的经向（纵向），胸围、臀围一般采用织物的纬向（横向）。机织面料分为经向、纬向，而针织面料分为横向、纵向。机织面料的经纬向、针织面料的横纵向在外观上存在一定的差异。因此，织物的正反面识别后，还必须识别织物的经纬向（纵横向）。

（一）机织面料经纬向识别

1. 织物布边 一般布边有明显标识的面料很容易识别其经纬向，与布边相平行的方向为经向，即匹长；与布边相垂直的方向为纬向，即幅宽。

2. 织物伸缩性 一般织物其经密大于纬密。因而其经向伸缩性较小，用手扯拉不易变形；纬向伸缩性明显大于经向伸缩性，手拉时会变形；斜向伸缩性最大，极易变形。经向弹性面料和一些特殊组织的面料除外。

3. 纱线粗细 若面料经纬纱线粗细不同，通常较细的为经纱，较粗的为纬纱。

4. 纱线上浆 上浆的一方为经向，不上浆的一方为纬向。

5. 纱线平行度 一般经向平行度好于纬向。

6. 纱线的捻度 若经纬向捻度不同，一般面料捻度大的一方多为经向，捻度小的一方多为纬向。但有些绉类面料纬纱捻度大于经纱捻度。

7. 条干均匀度 纱线条干均匀，光泽较好的一般为经纱。

8. 所用纱线情况 若一个方向为股线，另一个方向为单纱，则股线一方为经向。

9. 筘痕 筘痕明显的织物，则沿筘痕排列方向为经向。

10. 经纬密度 对于不同经纬密度的面料，一般密度大的方向为经向，密度小的方向为纬向。也有例外：横贡缎纬密远远大于经密；纬起绒织物为突出纬面效应，纬密一般高于经密。

11.织物类别　一般长方形格子面料沿长边方向为经向。不同原料的交织面料,如棉毛交织品或棉麻交织品,棉为经纱;毛丝交织品,丝为经纱;蚕丝与人造丝交织品,蚕丝为经纱。纱罗织物中,有扭绞的是经纱;起毛织物,顺毛的方向为经向。花式线面料中,纬向较多采用花式纱。

(二)针织面料横纵向识别

1.纬编针织物的横纵向识别

(1)线圈沿纵向逐一串套,因此沿线圈纵行方向为纵向。

(2)拆散时,纱线沿横向逐一退圈脱出。

(3)一般纬编针织物横向延伸性优于纵向。

(4)圆纬机织制的筒料沿横向裁断。

(5)横机织制的片状面料,沿布边方向为纵向。

2.经编针织物的横纵向识别

(1)纱线沿纵向成圈。

(2)经编针织面料中无成圈的纬纱,因此平行排列的经纱方向即为经向。衬纬经编针织物中,纬纱只作衬垫,并不成圈。

(3)面料布边方向为经向。

(4)经向尺寸稳定,延伸性较横向小。

各种面料由于原料、组织、加工和用途各不相同,经纬向、横纵向不一定都遵循上述规律,需根据品种具体分析。

三、织物原料的鉴别

原料的鉴别即纺织纤维鉴别,纺织纤维的种类很多,随着化学纤维的大量发展,混纺和交织的纺织品日益增多,而纺织品的性能是与组成该纺织品的纤维性能密切相关。因此,在对服用纺织品的性能进行分析时,对纤维进行科学鉴别,就显得更为重要。各种纺织纤维的外观形态或内在性质有相似的地方,也有不同之处。纤维鉴别就是利用纤维的外观形态或内在性质差异,采用各种方法把它们区分开来。各种天然纤维的形态差别较为明显,而同一种类纤维的形态基本上保持一定。因此鉴别天然纤维主要是根据纤维的外观形态特征。许多化学纤维特别是一般合成纤维的外观形态基本相似,其横截面多数为圆形,但随着异形纤维的发展,同一种类的化学纤维可制成不同的横截面形态,这就很难从形态特征上分清纤维品种,因而必须结合其他方法进行鉴别。由于各种化学纤维的物质组成和结构不同,它们的物理化学性质差别较大。因此,化学纤维主要根据纤维物理和化学性质的差异来进行鉴别。

鉴别纤维的方法有显微镜观察法、燃烧法、溶解法、药品着色法、熔点法、密度法、双折射法等。此外,也可根据纤维分子结构鉴别纤维,如X射线衍射法、红外吸收光谱法等。

(一)感观鉴别法

感观法就是不借助任何仪器而通过人的感觉器官,根据各种纤维特性不同,直观地对被测面料进行判断。如通过眼睛观察所测面料的光泽感、染色情况;用鼻子去闻气味;用手指去触、摸、捏面料的光滑、柔软、弹性、冷暖程度;用耳朵去听撕裂时的声音等来进行判断。感观鉴别法操作步骤如下：

（1）初步划分面料所属大类。根据各类面料的感观特征，凭借视觉和触觉步判断出是天然纤维面料还是化学纤维面料。天然纤维与化学纤维手感目测特征见表 10 - 1。

表 10 - 1　天然纤维与化学纤维手感目测特征

观察内容	天然纤维	化学纤维
长度、细度	差异很大	相同品种比较均匀
含　杂	附有各种杂质	几乎没有
色　泽	柔和但欠均一，近似雪白	均匀，有的有金属般光泽

（2）由面料中纤维的感观特征，进一步判断原料种类。从面料中抽取出一些纱线，将纱线松解为单纤维状态，观察纤维的感观特征。分析判断所属哪一种纤维。常见纤维的外观特征见表 10 - 2。

表 10 - 2　几种常见面料的外观特征

纤维名称	外观	手感	其他特征
纯棉	有纱头等杂质，光泽柔和	手感柔软，弹性差，折痕不易回复	纤维长短不一，约在 25 ~ 35mm 之间
涤棉混纺	平整光洁，光泽较明亮	手感滑爽、挺括，弹性好，折痕能短时间内回复	
人造棉	平整、柔和明亮、色彩鲜艳	手感光滑，折痕不易回复	湿后强度下降
纯毛精纺	较薄、呢面光洁平整、纹路清晰，光泽柔和、色彩纯正	手感滑糯、温暖、悬垂感好富有弹性、折痕不明显，且回复快	纱线多为双股
纯毛粗纺	厚实、丰满，不露底纹，光泽柔和	手感滑糯、温暖、悬垂感好富有弹性、折痕不明显，且回复快	纱线多为单股
涤毛混纺	平整、纹路清晰、光泽感不如纯毛	手感差于纯毛	
腈毛混纺	面料毛感强	手感温暖，弹性好、糯性差、悬垂性较差	
锦毛混纺	平整，毛感差，外观有蜡样的光泽	手感硬挺，折痕明显，但能缓慢回复	
纯丝	绸面平整、细滑，光泽柔和、色彩纯正	滑爽、柔软、轻薄富有弹性	摩擦有丝鸣声
黏胶丝	绸面光泽明亮不柔和	滑爽、柔软，手捏易折，且回复差、飘逸感差	摩擦时声音沙哑，纱线湿后极易扯断
涤纶长丝	轻薄透明，光泽明亮但不柔	滑爽平挺、柔软性差，弹性好，折痕不明显，悬垂感差	纱线湿后不易扯断
锦纶长丝	光泽类似蜡样光亮，色彩不鲜艳	手感凉爽、硬挺，折痕能缓慢回复	纱线湿后不易扯断
纯麻	纤维精细不均匀，布面粗糙，光泽感弱	手感凉爽、硬挺，弹性较差，折痕不易回复，强度高	摩擦时声音干脆

通过手感目测可知,在外观方面,天然纤维与化学纤维差异很大,而天然纤维中的不同品种差异也很大。因此,手感目测是鉴别天然纤维与化学纤维以及天然纤维中棉、麻、毛、丝等不同品种的简便方法之一。感观法的优点是简便易行,无须借助任何工具。缺点是首先需要鉴别者具备相应的知识和经验,其次是不能准确的鉴别纤维的具体品种,有一定的局限性。

随着纺织工业,化学工业的发展,许多化学纤维织物的外观、性能越来越接近天然纤维类织物,仅凭感观鉴别法是很难准确判断的。因此还要选择其他的方法进行鉴别。

(二)燃烧鉴别法

燃烧法是鉴别纤维的常用方法之一,是利用纤维的化学组成不同,其燃烧特征也不同来区分纤维的种类。取一小束待鉴别的纤维,用镊子夹住,缓慢地移近酒精灯火焰,仔细观察纤维接近火焰,在火焰中与离开火焰后的燃烧状态,燃烧时散发的气味以及燃烧后灰烬的特征,对照纤维燃烧特征表,粗略地鉴别属于哪一类纤维。几种常见纤维的燃烧特征如表 10－3 所示。

燃烧法适用于纯纺产品,不适用于混纺产品,或经过防火、防燃及其他整理的纤维和纺织品。

表10－3　纺织纤维的燃烧特征

纤维种类	燃烧特征				
	接近火焰	在火焰中	离开火焰	燃烧气味	灰烬特征
纤维素纤维	不熔不缩	迅速燃烧	继续燃烧	烧纸气味	灰白色的灰烬,细软,手触易成粉状
蛋白质纤维	收缩不熔	渐渐燃烧	难续燃,会自行熄灭	烧毛发的气味	不规则松脆黑色块状物,易捏碎,呈粉状
黏胶纤维、富强纤维	立即燃烧不熔不缩	迅速燃烧	继续迅速燃烧	烧纸味	少量灰白色灰烬
涤纶	收缩熔融继而燃烧	熔融燃烧且有溶液滴落	缓慢延燃	有特殊的芳香气味,刺鼻	黑而硬质圆球,可压碎
腈纶	收缩熔融继而燃烧	熔融并缓慢燃烧,有发光小火花	继续燃烧	辛辣味	黑褐色不规则块状物
锦纶	收缩熔融而后燃烧	熔融燃烧,有小气泡且有滴落拉丝	缓慢延燃	有特殊氨气臭味	褐色硬球,很坚硬,不易压碎
维纶	收缩软化继而燃烧	缓慢燃烧	继续燃烧	有特殊甜味	黑色粒状小球
丙纶	缓慢收缩熔融继而燃烧	边熔融边燃烧,有熔滴	继续燃烧	轻微的沥青味	褐色的透明硬块
氨纶	熔融并收缩	边熔融边燃烧缓慢燃烧	自行熄灭	特殊的刺激性气味	白色微黄的胶状物
氯纶	收缩软化熔融不燃	熔融,很缓慢燃烧	自行熄灭	有刺鼻的氯气味	松而脆的黑色硬块

纤维种类	燃烧特征				
	接近火焰	在火焰中	离开火焰	燃烧气味	灰烬特征
碳纤维	不熔不缩	像烧铁丝发红	自灭	略带辛辣味	呈原来形状
石棉纤维	不熔不缩	火焰中发光,不燃烧	自灭	无味	不变形
玻璃纤维	不熔不缩	变软,发红光	不燃烧	无味	变形,呈硬块状

(三)显微镜观察鉴别法

各种纤维由于制造或生长过程的不同,都具有独特的外形和断面。因此可以依据各种纺织纤维的纵向形态与横截面形态的特征来识别纤维的种类,利用显微镜观察纤维的纵向和横断面形态特征来鉴别各种纤维是广泛采用的一种方法。它既能鉴别单成分的纤维,也可用于多种成分混合而成的混纺产品的鉴别。天然纤维有其独特的形态特征,如棉纤维的天然转曲,羊毛的鳞片,麻纤维的横节竖纹,蚕丝的三角形断面等,用生物显微镜能正确地辨认出来。而化学纤维的横断面多数呈圆形,纵向平滑,呈棒状,在显微镜下不易区分,必须与其他方法结合才能鉴别。表10-4是常见纺织纤维的横截面与纵向形态特征。

表10-4 常见纺织纤维的横截面与纵向形态特征

纤维种类	横截面形态特征	纵向形态特征
棉	不规则腰圆形,有中腔	扁平带状,有天然转曲
亚麻	不规则多边形,中腔较小	长带状,无转曲,有横节竖纹
苎麻	腰圆形或椭圆形,有中腔和裂纹	长带状,无转曲,有横节竖纹
黄麻	不规则多边形,中腔较大	长带状,无转曲,有横节竖纹
羊毛	圆形或近似圆形,有些有毛髓	细长圆柱体,有自然卷曲,表面有鳞片
山羊绒	圆形或近似圆形	鳞片边缘光滑,环状覆盖,间距较大
马海毛	多为圆形,圆整度高	鳞片平阔紧贴毛干,重叠少,卷曲少
兔毛	哑铃形,有毛髓	表面有鳞片,卷曲少
桑蚕丝	不规则三角形	平直光滑
柞蚕丝	不规则三角形,比桑蚕丝扁平,有大小不等的毛细孔	平直光滑
黏胶纤维	锯齿形,皮芯结构	平直有沟槽
富强纤维	圆形或较少齿形,几乎全芯层	平直光滑
醋酯纤维	不规则腰子形或花朵形	有1~2根沟槽
涤纶、锦纶、丙纶	圆形	平直光滑
腈纶	圆形或哑铃形	平滑或有1~2根沟槽
氨纶	圆形或腰圆形	平直光滑

续表

纤维种类	横截面形态特征	纵向形态特征
维纶	扁腰圆形,有皮芯层	有 1~2 根沟槽
氯纶	近似圆形	平滑或有 1~2 根沟槽

(四)化学溶解鉴别法

溶解法是利用各种纤维在不同的化学溶剂中的溶解性能来鉴别纤维的方法,适用于各种纺织纤维,包括染色纤维或混合成分的纤维、纱线与织物。根据感观判断、燃烧鉴别或显微镜观察等初步鉴定后,再采用溶解法加以证实,即可准确鉴别出纺织面料的纤维成分。尤其适合外观十分相似的合成纤维的鉴别。

对于单一成分的纤维,鉴别时,可将少量待鉴别的纤维放入试管中,注入某种溶剂,用玻璃棒搅动,观察纤维在溶液中的溶解情况,如溶解、微溶解、部分溶解和不溶解等几种。若是混合成分的纤维或纤维量极少,则可在显微镜载物台上放上具有凹面的载玻片,然后在凹面处放入试样,滴上溶液,盖上盖玻片,直接在显微镜中观察,根据不同的溶解情况,判别纤维种类。有些溶液需要加热,此时要控制一定温度。

由于溶剂的浓度和加热温度不同,对纤维的溶解性能表现不一,因此在溶解法鉴别纤维时,应严格控制溶剂的浓度和加热温度,同时也要注意纤维在溶剂中的溶解速度。常用纤维的溶解性能如表 10 – 5 所示。

表 10 – 5　常见纺织纤维的化学溶解性能

纤维名称	盐酸 (37%,24℃)	硫酸 (75%,24℃)	氢氧化钠 (5%,100℃)	甲酸 (85%,24℃)	冰醋酸 (24℃)	间甲酚 (24℃)	二甲基甲酰胺 (24℃)	二甲苯 (24℃)
棉	I	S	I	I	I	I	I	I
麻	I	S	I	I	I	I	I	I
丝	S	S	S	I	I	I	I	I
毛	I	I	S	I	I	I	I	I
黏胶纤维	S	S	I	I	I	I	I	I
醋酯纤维	S	S	P	S	S	S	S	I
涤纶	I	I	I	I	I	S(93℃)	I	I
锦纶	S	S	I	S	I	S	I	I
维纶	S	S	I	I	I	I	I	I
腈纶	I	SS	I	I	I	I	S(93℃)	I
丙纶	I	I	I	I	I	I	I	S
氯纶	I	I	I	I	I	I	S(93℃)	I

注　表中 S – 溶解,SS – 微溶,P – 部分溶解,I – 不溶解。

（五）熔点法

熔点法是根据各种化学纤维的熔融特征，在化纤熔点仪上或在附有热台和测温装置的偏光显微镜下，观察纤维消光时的温度来测定纤维的熔点，从而鉴别纤维。由于某些化纤的熔点比较接近，较难区分，又有些纤维没有明显的熔点，因此，熔点法一般不单独应用，而是作为证实某一种纤维的辅助方法。

（六）密度法

利用各种纤维密度不同的特点来鉴别纤维的方法，通常采用密度梯度法测定纤维的密度，然后根据测得的纤维密度，判别该纤维属于何种纤维。

（七）双折射法

纺织纤维的折射率和双折射与纤维分子的化学组成及其排列有关，不同纤维具有不同的折射率和双折射。因此，可用测定纤维的双折射来鉴别各种纺织纤维。纤维折射率和双折射测定通常应用液体浸没法和补偿法。

（八）X 射线衍射法和红外吸收光谱法

X 射线衍射法和红外吸收光谱法都是研究纤维内部结构的方法，由于各种纤维的内部结构具有不同特征性，因而也可用来鉴别纤维，其中红外吸收光谱鉴别纤维更为有效。

当 X 射线照射到纤维结晶区时，X 射线被晶体的原子晶面所衍射，其衍射角度决定于 X 射线的波长和晶体中原子晶面之间的距离。由于各种纤维晶体的晶格大小不同，X 射线的衍射图具有不同的特征性，拍摄未知纤维的衍射图并与标准纤维的衍射图相对照，从而鉴别未知纤维的品种。

红外吸收光谱法是根据各种纤维具有不同的化学基团，在红外光谱中出现的特征吸收谱带来鉴别纤维。鉴别纤维时，将未知纤维与已知纤维的红外吸收光谱进行对照，找出特征基团的吸收谱带是否相同，从而确定纤维品种。

红外吸收光谱法是鉴别纤维很有效的方法之一，它能准确而快速地对单一成分或混合成分的纤维、纱线和纺织品进行成分和含量的分析。

纺织纤维的鉴别方法很多，但在实际鉴别时不能使用单一方法，而必须把几种方法结合运用，综合分析，才能得出正确结论。

鉴别纤维的步骤，一般先确定纤维的大类，如区别天然纤维素纤维、天然蛋白质纤维、人造纤维、合成纤维，再区分纤维品种，最后作出结论。

第二节　服用纺织品的洗涤

一、污垢的分类

服装在人们穿着使用的过程中，必然会沾上污垢。脏衣服如不换洗，不但影响服装的外观，而且会影响服装的弹性、透气性、保暖性和降低服装的牢度。污垢分解会产生有害于人体的成分，并为细菌及微生物提供繁殖的条件，从而危害人体健康。污垢有两种，一是身体污垢（体内及皮肤的分泌代谢物和排泄物,如汗液、皮脂、血液等),二是体外的污垢(人们生活和工作环境以及各种活动所致,如沙土、墨水、油污等)。这些种类繁多的污垢可分为以下三大类:

1.水溶性污垢　这类污垢主要来源与人体的分泌物和食物。例如糖类、淀粉、汗渍以及乳汁品等。属于比较容易清洗的污垢。

2.油溶性污垢　这类污垢是油性食品和化妆品及机油类物品造成的污垢。例如动植物油脂、脂肪酸、脂肪醇等。这些污垢通常不溶于水,与织物的亲和力较强,属于较难去除的污垢。

3.固体微粒污垢　这些污垢是由沙土、皮屑、纤维短绒及煤烟等造成。它们通常不溶于水,多以静电引力粘在衣物上。

二、洗涤用水

水有软水和硬水之分。硬水中含有石灰质和盐类,洗涤时易和洗涤剂合成不溶于水的沉淀物和脏的东西一起留在衣物上,不仅浪费了洗涤剂,而且还使衣物变黄发灰、发黏、变脆。所以洗涤用水一定要使用软水。

三、洗涤剂

(一)洗涤剂的分类

1.肥皂类

(1)洗衣皂。油脂与碱作用后皂化。水溶液呈碱性,适用于棉、麻织物的洗涤。

(2)皂片。呈中性,适用于丝织物、毛织物的洗涤。

(3)透明皂。用椰子油、蓖麻油为原料制成,碱性极弱,去污力强,泡沫丰富,适用于纯毛等高级衣料的洗涤。

2.合成洗涤剂

(1)合成洗衣粉。呈碱性,外观呈白色的粉末状。

(2)液体合成洗涤剂。特点是高效去污,都是功能型洗涤剂,如防缩,去静电,防尘等。

四、去污过程和洗涤方法

(一)去污过程

洗涤剂的分子结构包括亲油基和亲水基两部分,亲油基可与油类物质相溶,亲水基可与水相溶,但亲油基与污垢相溶后,借助外力,由于亲水基与水的相溶,就会带着油污进入水中,于是污垢就从衣物上去除掉了。这个过程是一种复杂的物化反应,可简单地分为以下几个步骤:

1.洗涤溶液润湿织物　在进行洗涤衣物之前,通常把衣物浸泡在洗涤液中一段时间,目的是使黏附污垢的织物被洗涤液润湿,同时洗涤剂大分子进入纤维之间和纤维内部。

2.洗涤溶液润湿污垢　洗涤剂润湿衣物的同时也润湿污垢,即表面活性剂的大分子在静电的作用下包围在污垢的周围,并使污垢与衣物的接触面积逐渐变小并最终使其脱离。为促进这一过程的实现,通常需要外力的辅助。所以手工洗涤需要人的搓洗,机洗时需要洗衣机的搅拌。

3. 分散和乳化 从衣物上脱离的污垢粒子在洗涤液中受到机械作用而变得更加细碎,同时被洗涤剂中表面活性分子所包围和覆盖,成为乳化液,混合于水中,处于微细的分散状态。即使污垢粒子再次碰撞,也不会重新聚集。而是随着漂洗的进行,污垢被洗涤液带走而除去。

(二)洗涤方法

1. 水洗 用水为溶剂的洗涤方法称为水洗。它是一种简便又经济的常用洗涤方法。但它的不足之处是对某些纺织品如棉、麻、丝、毛等造成收缩或变形等不良后果,影响纺织品的服用性能。

2. 干洗 不用水洗,而是采用一些化学物质作为溶剂来去除污物的洗涤方法。其优点是不会引起服装的变形和缩水,干得快。其缺点是不如湿洗清洗干净。

常见的干洗剂有汽油、酒精、松节油等。通常对于高档面料制成的服装或无法水洗的服饰品均可采用干洗。

五、各种衣物的洗涤要点

服装在洗涤之前,要检查服装口袋内是否有物品,以避免洗涤时污染或磨损机器;有特殊污垢的服装应作去渍处理后再与同类衣物洗涤;要脱落的部件、附件、饰物等应缝牢后再与同类衣物洗涤,避免脱落。有纽扣或拉链的服装,洗涤时应将衣服扣好或合上拉链,避免变形。不同面料的衣物洗涤时方法应不同,首先要参考服装上的洗涤说明,然后根据面料的种类特点选择合适的洗涤方法。

(一)棉织物

棉织物的耐碱性强,不耐酸,抗高温性好,可用各种肥皂或洗涤剂洗涤。洗涤前,可放在水中浸泡几分钟,但不宜过久,以免颜色受到破坏。深色衣物洗涤温度不宜过高,以免褪色。白色衣物可煮洗。贴身内衣不可用热水浸泡,以免使汗渍中的蛋白质凝固而黏附在服装上,从而出现黄色斑。不可将洗衣粉直接倒落在棉织品上,以免局部脱色。水中可加一匙盐,使衣服不易褪色。漂洗时,可掌握"少量多次"的办法,即每次清水冲洗不一定用很多水,但要多洗几次。每次冲洗完后应拧干,再进行第二次冲洗,以提高洗涤效率。应在通风阴凉处晾晒衣服,避免在强烈日光下暴晒,使有色织物褪色。

(二)麻织物

同棉织物洗涤要求基本相同。但麻纤维刚硬,抱合力差。洗涤时,用力要比棉织物轻些,切忌使用硬毛刷刷洗及用力揉搓,以免布料起毛。洗后不可用力拧绞,有色织物不要用热水泡,不宜在强烈阳光下暴晒,以免褪色。

(三)丝织物

洗浅色丝绸服装,可用高级洗衣粉或中性皂片泡成皂液,将衣服浸泡后搓洗,水温在20℃左右,然后用清水漂洗两三次,切忌用力拧绞,以免引起大面积折皱,浸泡时间也不宜过长,在最后一次漂洗时,可在水中加2~3滴醋,再把衣服浸泡4~5mm,然后顺势提出晾晒,以保持丝绸服装的鲜艳色彩。

洗深色丝绸服装不宜用肥皂和洗衣粉,因为水中的矿物质钙容易形成钙皂而使衣服出现皂渍斑;可用不加碱的洗衣粉(即中性洗涤剂)兑冷水浸泡搓揉,切忌用力搓揉、刷洗和拧绞。

(四)毛织物

羊毛不耐碱,因此要用中性洗涤剂进行洗涤。羊毛织物在 30℃ 以上的水溶液中收缩变形,故洗涤水温不宜超过 40℃。通常用室温水(25℃)配制洗涤溶液,将衣物放在水中浸泡5min,用双手轻轻揉衣物约 2～3min,然后用清水漂洗干净,洗涤时切忌用搓板搓洗,即使用洗衣机洗涤,也应该轻洗,洗涤时间不宜过长,以防止缩绒。洗涤后不要拧绞,用手挤压除去水分,然后沥干。用洗衣机脱水时以半分钟为宜。应在阴凉通风处晾晒,不要在强烈日光下暴晒,以防止织物失去光泽和弹性以及引起织物强度的下降。毛织物遇水产生的收缩现象,阴干后必须加以熨烫,熨烫平整后即可穿用。

(五)黏胶纤维织物

黏胶纤维织物缩水率大,湿强度低,水洗时要随洗随浸,不可长时间浸泡。黏胶纤维织物遇水会发硬,洗涤时要轻洗,以免起毛或裂口。用中性洗涤剂或低碱性洗涤剂。洗涤液的温度不能超过 45℃。洗后,把衣服叠起来,用手挤压去掉水分,切忌拧绞。洗后忌暴晒,应在阴凉通风处晾干。

(六)涤纶织物

先用冷水浸泡15min,然后用一般洗涤剂洗涤,洗涤液的温度不宜超过 45℃。适合采用各种洗涤方法。领口、袖口等较脏部位可用毛刷刷洗。洗后,漂洗净,可轻拧绞,置阴凉通风处晾干,不可暴晒,不宜烘干,以免受热后起皱。

(七)锦纶织物

在冷水中浸泡15min,然后用一般洗涤剂洗涤。洗涤液的温度不宜超过 45℃。洗后通风阴干,勿晒。

(八)腈纶织物

基本与涤纶织物洗涤相似。先在温水中浸泡15min,然后用低碱性洗涤剂洗涤,要轻揉、轻搓。厚织物用软毛刷洗刷,最后脱水或轻轻拧干水分。纯腈纶织物可晾晒,但混纺织物应放在阴凉处晾干。

(九)混纺织物

化学纤维与动物纤维混纺,按动物纤维面料的洗涤方法操作;化学纤维与植物纤维混纺,则按植物纤维的洗涤方法操作。若与其他种类的纤维混纺,则根据混纺成分和比例决定洗涤方法,即面料中哪种纤维占的比例大,就按哪种纤维面料的洗涤方法洗涤。

(十)特种衣物的洗涤方法

1. 羽绒服　水量不宜过多,用中性洗涤剂,机洗必须用滚筒洗衣机,漂洗时加少量醋酸中和泡沫,脱水 2～3min,低温烘干。

2. 羊毛衫　碱性洗涤剂对羊毛危害很大,宜用中性或专用清洗剂,可在 30℃ 温水中洗涤,漂洗也用温水,脱水 20～30s,过长容易变形,要想洗后保持柔软,可在最后一次漂洗时,在水中加少量甘油即可,为防止绣花或提花羊毛衫在洗涤时互相串色可将毛衫叠成条形,在清水中浸透取出,在温水(30℃以下)洗涤液中轻轻揉搓,洗5min漂洗后,放在0.5%醋酸水中浸泡5min,中和碱性。

3. 人造毛皮、人造皮革　人造毛皮是腈纶织物,洗涤时先在冷水中浸泡3~5min,然后把水挤干放入30~40℃的优质洗涤液中,用手工轻轻揉洗,再放在洗衣板上,用刷子把衣服里子刷干净。比较脏的地方可蘸些洗涤剂刷洗,最后再放入洗涤液中拎洗。拎洗几下后,用双手挤出衣服上的洗涤液,再进行漂洗。漂洗可用40℃温水洗2次,冷水洗1次,每次漂洗都要先甩干。漂洗完后把衣服抖平晾起,晾干后再双手抖一抖,用梳子整理一下皮毛。

人造皮革包括绒面革在内都是以聚氯乙烯为原料经加工处理而成的,遇热后马上遇冷会变硬、老化,也不能承受较大机械力。因此洗涤人造皮革不能用机器洗,不能搓洗或揉洗。只能用软棕刷蘸优质洗涤剂轻轻刷洗。投水要采取上下拎投的方法,不能用力拧,以免出现皱折,洗涤温度以30℃为宜,漂洗用冷水多投几次,漂洗干净后用衣架晾在通风处。绒面革服装晾干后可用软棕刷刷1次,使绒面不倒伏,外观丰满。

4. 白色衣物的洗涤　应分开洗涤,要想更加洁白,可在漂洗完成后,在水中滴3~5滴纯蓝墨水,搅匀后,将衣物浸入2min晾干即可,白色衣物上的黄渍可在洗涤时在洗衣粉中加少量氨水和纯蓝墨水数滴(织物发黄洗不出本色时可用生姜100g切片,放水中煮3min,放入草酸数粒,正常清洗即可,洗后洁白如初)即可将黄渍洗掉。

六、特种污渍去除方法

(一)茶渍

如果是新沾上的茶渍,可以用热水冲洗揉搓,而陈旧渍则可用浓食盐水浸洗。

(二)酱油渍

新沾上的酱油渍可先用冷水洗后再用清洁剂洗净除去,而陈旧的酱油渍,则可在清洁剂中加入适量氨水浸洗或者尝试用酒精洗刷揉搓,能淡化陈旧的酱油渍。

(三)墨汁渍、红(蓝)墨水渍

(1)除墨汁渍。墨汁的主要成分是骨胶和炭黑。一般墨汁污染织物都是附着在织物表面,而且易溶于水,因此可用水淀粉浆除渍。首先准备适量的江米或白米饭,把米饭涂抹在织物的污染处,反复轻劲揉搓,用力要均匀,让米饭中的淀粉黏性物把渗透到织物纤维中的炭黑带出来,经这样处理后,再把衣物用洗涤液洗涤,最后用清水漂净。

(2)除蓝墨水渍。先用清水洗,再用洗涤剂和饭粒一起搓揉,然后用纱布或脱脂棉一点一点粘吸。残迹可用氨水洗涤。也可用牙膏、牛奶等擦洗,再用清水漂净。

(3)除红墨水渍。先用洗涤剂洗,然后用10%的酒精擦洗,再用清水洗净。也可用0.25%的高锰酸钾溶液清除。用芥子末涂在红墨水渍上,经过几小时,红墨水渍可消除。

(四)复写纸、蜡笔色渍

先在温热的洗涤剂溶液中搓洗,然后用汽油、煤油洗,再用酒精擦除

(五)圆珠笔油渍

除圆珠笔油渍,将污渍用冷水浸湿后,用苯、丙酮或四氯化碳轻轻擦去,再用洗涤剂、清水洗

净。也可涂些牙膏加少量肥皂轻轻揉搓,如有残痕,再用酒精擦,用温水冲净。污迹较深时,可先用汽油擦拭,再用95%的酒精搓刷,若尚存遗迹,还需用漂白粉清洗。最后用牙膏加肥皂轻轻揉搓,再用清水冲净。但严禁用开水浸泡。

（六）铁锈渍

衣物上的铁锈渍有如下4种去除方法:

（1）用15%的醋酸溶液（15%的酒石酸溶液也可）揩拭污渍,或者将沾污部分浸泡在该溶液里,次日再用清水漂洗干净。

（2）用10%的柠檬酸溶液或10%的草酸溶液将沾污处润湿,然后浸泡入浓盐水中,次日洗涤漂净。

（3）白色棉及与棉混织的织品沾上铁锈渍,可取一小粒草酸（药房有售）放在污渍处,滴上些温水,轻轻揉擦,然后即用清水漂洗干净。注意操作要快,避免腐蚀。

（4）如有鲜柠檬,可榨出其汁液滴在铁锈渍上用手揉擦之,反复数次,直至锈渍除去,再用肥皂水洗净。此法为最简便的方法。

（七）果汁渍

（1）新染上的果汁,可用浓盐水揩拭污渍处,或立即把食盐撒在污渍处,用手轻搓,用水润湿后浸入洗涤剂溶液中洗净,也可用温水浸泡并用肥皂搓揉洗除。对于轻微的果渍可用冷水洗除,一次洗不净,再洗一次,洗净为止。或在果汁渍上滴几滴食醋,用手揉搓几次,再用清水洗净。

（2）重迹及陈迹清除,可先用5%的氨水中和果汁中的有机酸,然后再用洗涤剂清洗。对含羊毛的化纤混纺物和呢绒衣服可用酒石酸溶液清洗。丝绸可用柠檬酸或用肥皂、酒精溶液来搓洗。污染较重的,可用稀氨水（1份氨水冲20份水）来中和果汁中的有机酸,再用肥皂洗净。

（3）如织物为白色,可在3%的双氧水里加入几滴氨水,用棉球或布块蘸此溶液将沾污处润湿,再用干净布揩擦并在阴凉处晾干。

（4）用3%～5%的次氯酸钠溶液揩拭沾污处,再用清水漂净。若是陈迹,可将其浸泡在该溶液中过1～2h后,再刷洗、漂净。

（八）霉斑

梅雨季节,洗好的衣服不易晒干,常有一股难闻的霉味。若将衣服放在加有少量醋和牛奶的水中再洗一遍,便能除去霉味。若收藏的衣服或床单有发黄的地方,可涂抹些牛奶,放到太阳下晒几个小时,再用通常的方法洗一遍即可。

（1）有霉斑的棉织品可先在日光下暴晒或在透风处晾晒,待干燥后,用刷子刷去霉斑。呢绒衣服上的霉斑可用优质汽油刷洗,待汽油挥发后,用湿布放在衣服上熨烫,可以恢复毛料的外观。另外,也可用刷子刷净霉毛,再用酒精洗除,或用绿豆芽搓洗。

（2）把被霉斑污染的衣服放入浓肥皂水中浸透后,带着肥皂水取出,置阳光下晒一会,反复浸晒几次,待霉斑清除后,再用清水漂净。

（3）若白色衣物上有霉斑,用2%的肥皂酒精溶液（250g酒精内加一把软皂片、搅拌均匀）

擦拭,然后用漂白剂3%～5%的次氯酸钠或用双氧水擦拭,最后再洗涤。这种方法限用于白色衣物,陈迹可在溶液中浸泡1h。

(4)绸缎上的霉斑点,可用绒布或新毛巾轻轻揩去,较大斑点可将氨水喷洒于丝绸上,再用熨斗烫平。白色绸缎的霉斑,用酒精轻轻揩擦即可,丝绸衣物可用柠檬酸洗涤,后用冷水洗漂。

(5)麻织物的霉斑,可用氯化钙液进行清洗。

(6)毛织品上的污渍还可用芥末溶液或硼砂溶液(一桶水中加两汤匙芥末或两汤匙硼砂)清洗。对于陈旧霉斑,还可用10%的柠檬酸溶液洗刷。

如果呢绒织物上有了霉迹,须先将其挂在阴凉通风处晾干,再用棉花蘸少量的汽油在霉迹处反复擦拭即可。

(7)化纤织品上的霉斑,可用浓皂液刷洗,再用温水擦除。对陈旧的霉斑,可用淡盐水刷洗。

(8)皮件上长了霉斑,不宜用湿布揩,最好晒干或烘干后把霉斑刷掉。或用2%的肥皂酒精溶液擦拭,然后用漂白剂3%～5%的次氯酸钠或用双氧水擦拭,最后再洗涤。为了防霉,可配制一些药水,成分是:对硝基酚3份、肥皂10份、水100份,溶解后涂在皮件上,晾干即可。

(九)汗渍

(1)衣服上沾有汗水,易出现黄斑,可把衣服放在5%食盐水中浸泡1h,再慢慢搓干净。注意切勿用热水,因会使蛋白质凝固。

(2)用3.5%的稀氨水或硼砂溶液也可洗去汗迹。还可用3%～5%的醋酸溶液揩拭,冷水漂洗也可。毛线和毛织物不宜用氨水,可改用柠檬酸洗除。丝织物除用柠檬酸外,还可用棉团蘸无色汽油抹擦去除。

(3)先用喷雾器在有汗渍的衣服上喷上一些食醋,过一会儿再用清水清洗。

(4)用鲜冬瓜汁搓洗沾有汗渍的衣服,然后再用清水漂净。

(5)把生姜切成碎末,放在衣服汗渍上搓洗,然后用清水漂净。

(6)衣服领口的汗污渍不易洗掉,但在领口上撒一些盐末,轻轻揉搓,用水漂去盐分即可清洗干净。这是因为人的汗液中含有蛋白质,不能在水中溶解,而在食盐中却能很快溶解。

(十)口香糖渍

(1)衣服上沾了口香糖胶渍,可先用生鸡蛋清去除衣物表面上的黏胶,然后再将松散残余的粒点逐一擦去,最后放入肥皂液中洗涤,最后用清水漂净。或将粘有口香糖而难以洗除的衣物,放入冰箱的冷藏格中冷冻一段时间,糖渍变脆,用小刀轻轻一刮,就能剥离干净。

(2)如果是不能水洗的衣料,可用四氯化碳涂抹污处,除去残留污渍。

(十一)血渍

刚染上的血渍可先用冷清水浸泡几分钟,然后用肥皂或酒精洗涤。

如是陈迹可用柠檬汁加盐水除掉,又或者用生萝卜丝放在沾了血的地方,大约30min,让萝卜内的淀粉酶将血液内的蛋白质分解,便可将血污去除。但切忌用热水洗。也可以用清水将血渍洗至浅棕色后,再用甘油皂洗涤,最后在温水中漂洗干净。

（十二）咖啡渍

不太浓的咖啡污迹可用肥皂或洗衣粉浸入热水中清洗干净;较浓的咖啡污迹则需在鸡蛋黄内洒入少许甘油,混合后涂抹在污迹处,待稍干后再用肥皂及热水清洗咖啡污迹可清除干净。

（十三）洗衣服及台布上的鸡蛋渍

衣服,尤其是饭桌的台布上常有鸡蛋的污迹,先把台布浸在冷水里,浸透后用棉布或棉布蘸少许食盐擦拭,最后用温水清洗。

（十四）口红迹

染在浅色服饰上的口红,可先浸透汽油,然后再用肥皂水擦洗洗净。

（十五）油脂类污渍

油脂类污渍通称为油渍,是一种不溶于水的污渍。这类污渍要用溶剂汽油、三氯乙烯、四氯乙烯、酒精、丙酮、香蕉水、松节油、苯等有机溶液,通过擦拭或刷洗等方法把油渍从衣物上去除。

（十六）动植物油渍

动植物油渍是服装上常见的污渍,也是一种极性液体污渍。这类污渍要用溶剂汽油、四氯乙烯等有机溶液擦拭或刷洗去除。在刷洗时要用毛巾或棉布将擦拭下来的污渍溶液及时吸附,使其脱离衣物表面。防止在溶液挥发后将部分污渍仍留在衣物表面上,会使衣物表面出现痕迹。如果出现痕迹,可采用重复擦拭或扩大范围刷洗的方法去除。也可把衣物的污渍处涂上水,用高压喷枪喷除。

（1）丝绸饰品如果沾上油渍,可用丙酮溶液轻轻搓洗即可。

（2）深色衣服上的油渍,用残茶叶搓洗能去污。

（3）少许牙膏拌上洗衣粉混合搓洗衣服上的油污,油渍即可除去。

（4）取少许面粉,调成糊状,涂在衣服的油渍正反面,在太阳下晒干,揭去面壳,即可清除油渍。

（十七）油漆渍

衣服沾上油漆、喷漆污渍,可在刚沾上漆渍的衣服正反面涂上清凉油少许,隔几分钟,用棉花球顺衣料的经纬纹路擦几下,漆渍便可消除。再将衣服洗一遍,漆渍便会荡然无存。新渍也可用松节油或香蕉水揩拭污渍处,然后用汽油擦洗即可。陈渍可将污渍处浸在 10%～20% 的氨水或硼砂溶液中,使凝固物溶解并刷擦干净。

（十八）鞋油渍

衣物上沾了皮鞋油可以用易挥发性溶剂汽油擦拭,然后再用温热水洗涤液去除残痕。白色衣物沾上了皮鞋油,要先用溶剂汽油润湿后再进行揉搓,然后再用 10% 的氨水或氨水肥皂液刷洗,最后用温热水漂洗干净即可。

（十九）其他污渍、印迹的去除

（1）染色衣物经过洗涤,往往会发生褪色现象,如果将衣服洗净后,再在加有两杯啤酒的清水中漂洗,褪色部位即可复色。

（2）白色衣物穿久了常常会变黄,可以把它浸泡在加有蓝靛的溶液里漂洗,洗后洁白如新。

（3）大面积泛黄的衣物,可浸在淘米水中,每天换一次淘米水,大约3天后,黄渍即可脱净,最后用清水漂洗干净即可。注意不能用带色的淘米水浸泡,防止着色。

（4）羊毛衫肘部被磨亮,出现极光时,可取等量的醋和水调匀,喷在极光处,再用清洁的白布擦拭,可消除极光。

第三节　服用纺织品的整烫

洗涤后的服装因织物的洗可穿性不能达到最佳值,会产生程度不一的折皱,为使服装平挺、美观,必须进行整烫(即整理和熨烫),因此整烫的作用是使服装平整、挺括、折线分明、合身而富有立体感。它是在不损伤服装的服用性能及风格特征的前提下,对服装在一定的时间内施以适当的温度、湿度(水分)和压力等工艺条件,使纤维结构发生变化,发生热塑变形。

一、熨烫的基本工艺条件

（一）温度

热能使织物纤维内部的反应更加强烈,由于纤维中的无定形区结构松散,分子间作用力相对较小,分子链段在受热后活动能力相应加大,在应力的作用下就会产生形变。但这种热现象有限度的,纤维在70℃以下变化不大,如果温度继续升高,分子活动开始加剧而产生形变。这种形变是不可逆转的形变。根据这个道理,可以用加热的方法,来加速织物中纤维分子链的运动。并在相应力的作用下,使纤维链定向排列在新的位置上,把无定形区变成了定形区,从而达到熨烫的效果。熨烫中的温度作用也就在于此。构成服装衣料的各类纤维都具有热塑性,服装的热塑定形和热塑变形,必须通过温度的作用才能实现。温度越高,定形效果就越好,但各种服装材料的熨烫温度,应低于其危险温度(分解温度和熔化点),以免损伤服装的外观及性能。构成衣料的各种纤维由于其耐热性能不同,所能承受的温度也不同。由于织物种类的不同,其纤维的性质也有所不同,因此所需要的熨烫温度也各不相同。温度过低,就不能使纤维分子产生运动,水分不能及时干燥,也不能达到熨烫的目的。相反,温度过高,就会使纤维发黄、纤维收缩,甚至炭化分解、熔蚀。由此可见,在织物的熨烫过程中,要根据织物纤维的性质,使用合适的熨烫温度。只有掌握和运用合适的熨烫温度,才能获得理想的熨烫效果,同时也避免烫伤衣物,造成不必要的损失。各类纤维面料的熨烫温度的选择可参考表10-6。表中所示温度为纯纺织物的熨烫温度,对于混纺织物的熨烫应本着就低不就高的原则。此外,对于质地轻薄的衣料的熨烫温度可适当降低;对于质地较厚的衣料的熨烫温度可适当提高;对于容易褪色的衣料,熨烫温度应适当降低。

表 10 – 6　各类纤维面料的熨烫温度

品种	直接熨烫采用的温度(℃)	垫布熨烫采用的温度(℃)	垫湿布熨烫采用的温度(℃)
棉	175 ~ 195	195 ~ 220	220 ~ 240
麻	185 ~ 205	205 ~ 220	220 ~ 250
毛	160 ~ 180	185 ~ 200	200 ~ 250
桑蚕丝	155 ~ 165	180 ~ 190	190 ~ 220
柞蚕丝	155 ~ 165	180 ~ 190	190 ~ 220
涤纶	150 ~ 170	185 ~ 195	195 ~ 220
锦纶	125 ~ 145	160 ~ 170	190 ~ 220
腈纶	115 ~ 135	150 ~ 160	180 ~ 210
维纶	125 ~ 145	150 ~ 170	180 ~ 210
氨纶	45 ~ 65	80 ~ 90	不可垫湿布

（二）湿度

衣料遇水后,纤维会被润湿、膨胀、伸展,这时服装就易变形和定形,但湿度应控制在一定范围,太大、太小都不利于服装定形。不同的纤维其吸湿的效果不同,应合理掌握。

熨烫的方式分干烫和湿烫。干烫是用熨斗直接熨烫。主要用于遇湿易出水印(柞丝绸)或遇湿热会发生高收缩(维纶布)的服装的熨烫,以及棉布、化纤、丝绸、麻布等薄型衣料的熨烫。有时对于较厚的大衣呢料和羊毛衫等服装,先用湿烫,然后再干熨,这样可使服装各部位平服挺括、不起壳、不起吊,使服装长久保持平挺。

（三）压力

一定的整烫压力有助于克服分子间、纤维纱线间的阻力,使衣料按照人们的要求进行变形或定形。随着压力的增大,服装的平整度,褶裥保持性均有增加;由于压力增大,纱线与织物被压扁,面料的厚度变薄,对比光泽度增大。压力过大还会造成服装的极光。服装的整烫压力应随服装的材料及造型、褶裥等要求而定。对于裤线、褶裥裙的折痕和上浆衣料,压力应大些。对于灯芯绒等起绒衣料,压力要小或熨反面。对长毛绒等衣料则应用汽蒸而不宜熨烫,以免使绒毛倒伏或产生极光而影响质量。

（四）时间

熨烫时间是给湿、加温、加压的过程,熨烫定形需要一定的时间以使热量能均匀扩散,一般熨烫温度低时,熨烫时间需长些;当熨烫温度高时,熨烫时间可短些。薄料熨烫时间宜短,厚料熨烫时间宜长。手工熨烫应避免熨斗在一个位置停留过久,防止服装上留下熨斗的痕迹或导致面料变色。

熨烫是一种物理运动,要达到预定的质量要求,就必须通过温度、湿度、压力和时间等参数的密切配合。

二、熨烫的分类

服装的整烫分为部件熨烫、热塑变形熨烫、成品熨烫三类。

（一）部件熨烫

部件熨烫又称为小烫，它用于衣缝的分缝，衣片边沿的扣缝，以及衣领、口袋等附件定形、定位等的熨烫。

（二）热塑变形熨烫

热塑变形熨烫又称为归拔工艺，这是一项技术性较强的熨烫工艺，一件服装是否合体、美观，主要的环节就是取决于成衣的热塑变形熨烫。

（三）成品熨烫

成品熨烫又称为大烫，是服装缝制完成后非常重要的一道加工工序，也是带有成品检验和整理性质的熨烫工艺。这种熨烫工艺技术要求比较复杂，除了要求熟悉各种衣料性能外，还要熟悉服装缝纫工艺知识。

三、熨烫的三种物理状态

（一）玻璃态

当纤维处于玻璃化温度以下时，由于分子间的作用力大，热运动的能量不足以使整个高分子链和链段运动冻结，在外力的作用下形变能力很小，纤维处于这种物理状态叫做玻璃态。

（二）高弹态

当温度升高至玻璃化温度以上时，高聚合物表现出有弹性，此时热运动的能量，能促使链段发生运动，但还不足以使整个分子链产生运动，此时由于链段已能运动，所以在外力的作用下纤维能产生较大的变形；当外力消除后，又可缓慢恢复原状纤维的这种状态叫做高弹态。

（三）黏流态

随着热量的不断上升，热运动的能量不但能使链段运动，而且还能使整个分子链发生运动，因此发生了流动变形，变形量很大并且是不可逆的，这种状态叫做黏流态。

四、熨烫的基本方法

（一）推烫

运用熨斗的推动压力对衣物熨烫的一种方法。当熨烫的织物面积较大又是轻微的折皱并可平展的部位，运用推烫的方法。

（二）注烫

利用熨斗尖部位置对衣物上某些小范围的熨烫方法。在操作时，提起熨斗底后部，用熨斗尖部位置熨烫衣物纽扣和某些饰物的周边部位。

（三）托烫

对于某些衣物不规则的部位，在熨烫时不能放在烫台上熨烫，而必须用烫枕托着进行熨烫的方法，叫托烫。如肩部、领部、胸部、袖子或一些裙子的折边应运用托烫。

（四）侧烫

对于衣物上的省、裥、缝等部分,熨烫时,不能影响衣物的其他部位,必须应用熨斗的侧面,侧着熨烫,这叫侧烫。

（五）焖烫

运用熨斗的重点压力或加重压力,缓慢地对织物进行熨烫,使之平服、挺括,这叫焖烫。主要应用于服装的领子和袖子。

五、服装熨烫的技巧

（1）推。推是归拔过程中一个特定的手法,也就是将归拔的量推向一定的位置,使归拔周围的丝缕平服而均匀。

（2）送。将归拔部位的松量结合推的手法,将其送向设定的部位给予定位。例如,女士上装的腰吸部位的凹势只有将周围松量推送到前胸才能达到腰部的凹势、胸部的隆起。使服装凹凸曲线的立体感更加明显。

（3）焖。服装较厚的部位也是需水量大的部位,必须采用焖的方法,即将熨斗在这一部位有一段停留的时限,才能保持上下两层布料的受热均衡。

（4）蹲。有些服装部位出现皱折不易烫平。例如,裤襻在熨烫时将熨斗轻轻地蹲几下以达到平服贴体的目的。

（5）虚。在制作过程中,一些部位属于暂时性定形或毛绒类的成衣要虚烫,只有通过虚烫才能保持款式窝活的特点。

（6）拱。拱的手法是指有些部位不能直接用熨斗的整个底部熨烫。例如,裤子的后裆缝只有将熨斗拱起来,才能把缝位劈开、压平、烫煞。

（7）点。在服装加工过程中有些部位不需要采用重压和蹲的方法,只要采用点的手法可减少对成衣的摩擦力,彻底克服熨烫中出现极光现象。

（8）压。成衣熨烫定形时,许多部位需给予一定的压力,即面料的屈服点,使其变形,才能达到定形的目的。

（9）拉。在服装熨烫时,除了右手使用熨斗外,左右手要相互配合,有些部位要适当的用左手给予拉、推、送,才能更好地发挥熨烫成形的作用。例如,裤腿的侧缝起吊,单靠熨斗来回走动是不能克服的,解决制作中的不足,只有用手适当拉伸配合熨烫,才能达到平服的目的。

（10）扣。扣的手法是指成衣加工过程中利用手腕的力量将有些部位的丝缕窝服,使这些部位更加平服贴体。

六、常见衣物的熨烫方法

（一）棉麻织品

可把蒸汽量开大。一般采用熨烫服装里面的方法,若需正面烫应垫干净白布。带色的衣物要先熨里面,温度不能过高,以免熨后反光发亮或造成泛色现象,使衣物脆损。麻织品和棉麻混纺织品需熨烫时,熨斗温度要低,要先熨衣里,并要垫布熨烫,防止起毛损伤衣物。

（二）丝绸织品

丝绸服装由于洗涤后抗皱性能较差，常常发生抽缩现象，不经熨烫会影响美观，所以洗涤后的丝绸服装必须熨烫。熨烫时，温度要适宜，方法要得当。要低温熨烫，熨斗温度一般掌握在110～120℃之间，温度过高容易使衣物泛色、收缩、软化、变形，严重时还会损坏衣物。颜色娇艳、浅淡的衣物和混纺丝绸衣物温度还应再低一些。熨烫时不要用力过猛，熨斗要不断移动位置，不要在一个地方停留时间过久。熨斗不要直接烫绸面，要垫布熨烫或熨烫衣物反面，防止产生极光、烙印水渍，影响美观和洗涤质量。

（三）羊绒制品

晾干后用中温（140℃左右）蒸汽熨斗整烫，熨斗与羊绒衫离开0.5～1cm的距离，切忌压在上面。

（四）合成纤维

化纤衣物由于吸湿程度差，耐热程度不同，因此，掌握熨烫的温度是关键，熨烫方法基本同其他棉、丝、毛织品。尼龙织品耐磨且弹性好，但熨烫温度不宜高，垫干布熨烫。涤纶织品既耐磨又不易起皱，具有较好的洗可穿性，一般洗后晾干即可，不需熨烫。由于化纤服装的品种很多，温度很难把握，初次熨烫前可先找衣物的里面不明显部位试熨一下，以免熨坏。

（五）皮革服装

温度应掌握在80℃以内，同时熨时要用清洁的薄棉布做衬熨布，并不停地反复移动，用力要轻，并防止熨斗直接接触皮革，烫损皮革。

（六）其他服装

1. 领带　制作领带的面料多是丝绸，里衬一般是用细布衬或细麻衬。要用低中温度，熨烫速度要快，熨烫时要垫上一块干布，切勿让蒸汽直接沾到领带上。

2. 百褶裙　先熨烫裙头，把所有褶痕的位置固定好，然后逐一熨烫褶痕。将每条褶痕熨烫平直以后，揭起褶位熨烫其底部，进一步固定褶皱位。

3. 衬衣　从上到下熨烫。衣领：从两边的外端向中间熨烫；衣袖：从衣袖的底部向肩部熨；衣身：先熨烫前身，然后是背部。

4. 西装裤　将裤子反转，把内里的裤腰、裤袋、裤缝、裤脚等熨平直；将裤子放回正面，按先前挺缝线再后挺缝线的顺序由裤管表面的内侧熨至外侧，然后再熨烫裤管的底部。不适宜直接熨烫，在熨烫前要垫上一块薄布。

5. 毛衣、针织面料衣服　如果直接用熨斗烫会破坏织物的弹性，最好用蒸汽熨斗喷水在折皱处。如果折皱不严重，也可以挂起来直接喷水在折皱处，待其干后就会自然顺平。另外，可挂在浴室中，利用洗澡的热蒸汽使其平顺。针织衣物易变形，不宜重重地压着熨，只要轻轻按便可。

第四节　服用纺织品的收藏

保养与收藏服装是人们日常生活中既普遍又重要的事情，应做到合理安排，科学管理。在收藏存放服装时要做到保持清洁、保持干爽、防止虫蛀、保护衣形等要点。皮革服装除此之外还要做到保脂，以防干裂。对棉、毛、丝、麻、化纤等不同质料的服装要分类存放。对内衣内裤、外衣外裤、防寒服、工作服等用途不同的服装也要分类存放。对不同颜色的服装也要分类存放。这样不仅能防止相互污染及串色，同时也便于使用和管理。

一般说来，衣物收纳的原则是归类存放，袜子及内衣裤等小件则各归于不同的小抽屉收纳为宜。

为防止衣物受潮，收藏时必须按照纤维的性质分层存放，棉质衣物、合成纤维可放在衣柜的下层，毛织物放在中层，绢织品则必须放在顶层。

一、服装保管与收藏的要点

（一）保持清洁

收藏存放服装的房间和箱柜要保持干净，要求没有异物及灰尘，防止异物及灰尘污染服装，同时要定期进行消毒。

服装在收藏存放之前要清洗干净。经穿用后的服装都会受到外界及人体分泌物的污染。对这些污染物如不及时清洗，长时间黏附在服装上，随着时间的推移就会慢慢地渗透到织物纤维的内部，最终难以清除。另外，这些服装上的污染物也会污染其他的服装。

服装上的污垢成分是极其复杂的。其中有一些化学活动性较强的物质，在适当的温度和湿度下，会与织物纤维及染料缓慢地进行化学反应，使服装污染处变质发硬或改变颜色，这不仅影响其外观，同时也降低了织物牢度。皮革服装上的污垢如不及时清洗，时间久了会使皮革板结发硬失去弹性，而难以穿用。

（二）保持干燥

天然纤维织物在长期受潮下，会发生酸败和霉变现象，使织物发霉、发味、变色或出现色斑。在有污垢存在的情况下，表现就更为突出。为防止上述现象的发生，为此可采取如下措施：

1. 收藏的地点或位置应选择合适　收藏存放服装应选择通风干燥处，避开潮湿和有挥发性气体的空间，设法降低空气湿度，防止异味气体污染服装。在湿度较大的收藏间存放高档服装时，为了确保服装不受潮发霉，可用防潮剂防潮。用干净的白纱布制成小袋，装入块状的氯化钙（$CaCl_2$）封口。把制成的氯化钙防潮袋放在衣柜里，勿将防潮袋与服装接触，这样就可以降低衣柜中的湿度，从而达到保干的目的。当防潮袋中的氯化钙由块状变成粉末时，就证明防潮袋中的氯化钙已经失效，要及时进行更换。并要经常对防潮袋进行检查。

2. 服装在收藏存放前要晾干　不可把没干透的服装进行收藏存放，这不仅会影响服装自身的收藏效果，同时也会降低整个服装收藏存放空间的干度。

服装在收藏存放期间，要适当地进行通风和晾晒。尤其是在夏天和多雨的潮湿季节，更要经常通风和晾晒。晾晒不仅能使服装干燥，同时还能起到杀菌作用，防止服装受潮发霉。

（三）防止虫蛀

在各类纤维织物服装中，化纤服装不易遭虫蛀，天然纤维织物服装易遭虫蛀，尤其是丝、毛纤维织物服装更甚。服装上的一些有机污垢能为蛀虫提供营养，会使虫蛀更为严重。

为了防止服装虫蛀,除了要保持清洁和干燥外,还要用一些防蛀剂或杀虫剂来加以防范。虽然一些农用杀虫剂可以驱杀蛀虫,但对服装和人体有害,所以一般都使用樟脑丸作防蛀剂。樟脑丸是由樟树的根、干、枝、叶蒸馏产物中分离制成的,卫生樟脑丸具有很强的挥发性,挥发出的气味就能防止虫蛀。樟脑丸之类的防蛀剂有一定的增塑性,用量过多,集中或直接与织物接触,时间久了,会渐渐地加快织物的老化程度,影响服装的使用寿命。这些防蛀剂,特别是樟脑丸含有杂质,如直接与织物接触会造成污斑。尤其是白色、浅色丝绸织物接触樟脑丸发生泛黄,影响外观。因此在使用时,应把樟脑丸用白纸或浅色纱布包好,散放在箱柜四周或装入小布袋中悬挂在衣柜内。

还要注意,经日晒和熨烫后的服装,要在凉透后再放入衣柜,以免因服装温度较高而加快防蛀剂的挥发。在使用防蛀剂时要注意用量。防蛀剂的用量,一般只要在存放服装的箱柜中能闻到樟脑丸的气味即可。

(四)保护衣形

直观上平整、挺括的服装能给人以很强的立体感、舒适感。尤其是现在,对衣形的要求就显得更为重要。它可以体现出服装的风格和韵律,是现代服装的灵魂。因此在收藏存放服装时,一定要将衣形保护好,不能使其变形走样或出现折皱。

对于衬衣、衬裤及针织服装可以平整叠起来存放,对于外衣、外裤要用大小合适的衣架、裤架将其挂起。悬挂时要把服装摆正,防止变形,衣架之间应保持一定的距离。切不可乱堆乱放。

二、不同种类衣物的保管方法

(一)纯棉服装的保养与收藏

纯棉服装大体可分为内衣(裤)、绒衣(裤)、外衣(裤)三大类型。由于结构特点及用途的不同,其保养与收藏方法也各有所异。

1. 纯棉内衣(裤)的保养与收藏 纯棉内衣、内裤多数是用针织汗布及薄质棉布制成的。由于这类内衣、内裤的吸汗性和透气性较好,无静电感,不刺激皮肤,穿着舒适,洗涤方便,因此深受人们欢迎。

对于内衣、内裤、床单、被罩等贴身用品要经常洗涤,尤其是内衣、内裤更要经常洗涤保持清洁。一方面防止汗渍日久使织物泛黄而难以洗净,另一方面又要防止织物上的污垢沾染身体而影响健康。

对这类衣服的洗涤除了用肥皂洗外,还可用加酶洗涤剂洗涤。加酶洗涤剂对清除人体分泌物效果较好,但漂洗要彻底,防止残留碱液使织物泛黄,同时也防止残留碱液刺激人体皮肤。对于个别特殊用途的白色织物,可用蒸锅进行高温消毒处理。

洗涤后的衣物应进行熨烫定形。这不仅能使衣物平整挺括。还能增加衣物的抗污能力,同时也起消毒作用。

这类衣物在收藏存放前要晾干晾透,可根据衣形进行折叠存放,但必须与其他服装隔离,单独保管,以防受污染,要做到存放有序,使用方便。

2. 纯棉绒衣(裤)的保养与收藏 纯棉绒衣、绒裤有良好的保暖性能,穿着时随身随体,运动自如,适宜做运动服装、时装及儿童套装。

这类服装不要反穿或贴身穿着,以免损伤绒毛或沾上人体分泌物,使绒毛硬结,降低保暖性能。

装有罗纹领口、袖口的衣物,穿脱时不要用力拉扯罗纹部分,以免造成领口、袖口松弛变形,影响其美观和保暖性能。

洗涤这类服装时用力要均匀,可用洗衣机洗涤,晾晒时要将绒毛朝外,晾干后可折叠存放,发现小洞要及时修补,以免脱套扩大。收藏时要放一些防蛀剂以防虫蛀,同时要保持清洁和干爽。

3. 纯棉外衣(裤)的保养和收藏 纯棉外衣、外裤都适于水洗,在收藏之前应将其清洁干净,不可把穿用后的衣物直接收藏。新棉布外衣在收藏前也要用清水洗一遍,一方面可以洗去浮色,防止布质发硬,同时也防止污染其他服装,另一方面可以洗去布上的浆料,免遭虫蛀。

洗后的纯棉外衣需熨烫定形,待晾干和晾凉后再用衣架挂起或折叠存放。不可把没有干透的衣物收藏,避免发霉变质。要在其存放的衣箱衣柜中放入防虫剂,以防虫蛀。在收藏的过程中要经常检查、通风和晾晒。

纯棉起绒织物服装在折叠存放时,要防止受压。如立绒、灯芯绒等服装,长期受压后会使绒毛倒伏。收藏这类服装时,应将其放在上层或架起来存放,避免因受压而使绒毛倒伏,影响美观和穿用效果。

在湿度较大的收藏间存放高档纯棉外衣时,为了确保服装不受潮发霉,可用防潮剂防潮。

(二)丝绸服装的保养收藏

丝绸服装质地轻薄,色泽鲜艳,保管和穿用时都要倍加小心,慎防污染和损伤。

丝绸服装在收藏时要彻底清洗干净,最好能干洗一次,这不仅能去污还能保护质料和衣形,同时又能起到杀虫灭菌的作用。

洗后的丝绸服装要熨烫定形,使其表面平整挺滑,增强抗污染能力。

丝绸织物色牢度较差,不宜在阳光下直晒。以免发生褪色,影响色泽鲜艳度。

丝绸服装在收藏时,白色的丝绸最好用蓝色纸包起来,可以防止泛黄。花色鲜艳的丝绸服装要用深色纸包起来。可以保持色彩不褪色。

丝绸服装较轻薄、怕挤压、易出皱褶,尤其是泡泡纱、轧纹织物、香云纱等,应单独存放或放置在衣箱的上层。

金丝绒等丝绒服装一定要用衣架挂起来存放,防止立绒被压而出现倒绒或变形,从而既损伤衣物又影响外观。

丝绸服装要与裘皮、毛料服装隔离收藏,同时还要分色存放,防止串色。

丝绸服装也会因受潮而发霉,并易遭虫蛀,所以在收藏时不仅要保持干燥。还要用一些防蛀剂来防虫蛀。

(三)毛料服装的保养收藏

毛料服装收藏前一定要洗涤干净,晾干、凉透后再收藏,不给微生物以滋生的环境。晾晒时,衣服里子要朝外,放在通风阴凉处晾干,避免暴晒,待凉透后再收藏。

　　毛料服装应在衣柜内用衣架悬挂存放,特别是长毛绒服装更怕重压,无悬挂条件的,要用布包好放在衣箱的上层。不论以何种方式存放毛料服装,都要反面朝外,一是可以防止风化褪色,二是对防潮、防虫蛀更为有利。

　　毛料服装在梅雨季节晾干后最好放入塑胶袋中,加少量樟脑丸,密闭扎实袋口。

　　没有做成服装或存放的毛织物,都应将灰抖净,在避免阳光直射的环境中挂晾干燥,凉透后,分别包好,装在衣箱里,再在箱子上下左右放上用纸包好的樟脑精等。

　　为防止蛀虫产卵,免使毛料服装及毛织品虫蛀,可在收藏前喷洒些花椒水,用熨斗熨平,晾干放在衣箱里,或用纱布包一些花椒置于衣箱中,可防虫蛀。

　　平时穿用的毛料服装,一般挂在衣橱中。为防虫蛀,应将衣橱经常清理、扫除,特别是清除蛀虫成虫,然后在衣橱各个角落放上一包花椒。另备许多小包的樟脑丸,置于毛织品衣裤口袋里。

　　羊毛衫收藏时不宜用衣架挂,只要整平叠好放入箱内,再加入防虫剂即可。

(四)化纤衣物的收藏

　　合成纤维类服装不怕虫蛀,但收藏前仍须洗净晾干,以免产生霉斑。

　　在收藏时,尽可能不用樟脑丸。因樟脑丸的主要成分是萘,而萘的挥化物具有溶解化纤的作用,会影响化纤织物的牢度。

　　化纤织物中的人造棉、人造丝等是以木材、芦苇、麦秆等为原料制成的,保管不妥会被虫蛀,故收藏时须放卫生球,且衣服要叠平收藏,不可久挂在衣钩上,以免变形。

　　涤纶、锦纶、腈纶、丙纶等合成纤维是从煤、石油、天然气中提炼而成,本身不易虫蛀,故收藏时无须放樟脑丸。若是混纺织物,为防止毛、棉纤维遭虫蛀,可放些樟脑丸,但注意不宜过多,且不能直接与衣服接触,否则,不仅会沾染衣服,而且会引起化学变化,降低衣服的牢度。

(五)皮革服装的保养与收藏

　　皮革服装大体可分为原皮服装、绒面皮服装、真皮服装三种类型。由于各自的结构不同,保养与收藏的方法也各有所异。

　　1.真皮服装的保养与收藏　真皮服装是现代高档皮装,质地柔软,富有弹性,线条流畅,色泽鲜艳。穿着舒适,外形潇洒。由于价格昂贵,因此真皮服装的保养与收藏就显得尤为重要。

　　真皮服装质地较薄,坚牢度较差,穿着时不能用力拉扯,以免受到损伤。真皮服装皮革面是用涂饰法涂上去的树脂薄膜,虽然具有一定的柔软度,但怕磨、怕划,穿着时要注意防磨、防划,以免出现划痕而影响美观。

　　为了体现真皮服装的品位,要注意保持清洁,经常要用干布擦去表面上的灰尘,适时涂抹皮衣光亮剂以保持服装表面的光泽,但光泽不宜太亮,应给人以柔和之感。

　　真皮服装怕潮,受潮后会使衣服表面涂层发黏,因相互发生粘连而脱色或失去光泽,因此存放真皮服装的空间要保持干燥。

　　真皮服装不能折叠存放,折叠会使服装出现难以烫平的褶印。折叠时也会因受潮而发生粘连。

　　真皮服装在收藏前要清洗干净,经熨烫定形,复染或上光后挂起单独存放。

真皮服装在收藏存放中,要适时进行通风去潮,防止粘连现象的发生。

收藏存放真皮服装的衣柜要放入一些防蛀剂,使其免遭虫蛀。

2.绒面皮服装的保养与收藏 绒面皮服装其革面带有绒毛,人们称其为麂皮服装或反毛皮服装。过去绒面皮服装的颜色比较单一,随着时代的发展,绒面皮服装的颜色也越来越鲜艳了。

绒面皮服装由于表面带有绒毛,因此易招灰尘,穿着时应常用软毛刷除去灰尘,保持清洁,并使绒毛色泽统一。

绒面皮服装的着色牢度较低,穿用时,服装的肘部、衣角、袋口等凸起部位,因常受摩擦易发生脱色,可用麂皮粉及时进行补色。

绒面皮服装不适宜水洗,水洗不仅会使服装严重脱色,还会使服装发生变形或变硬,最好用干洗法进行洗涤。

绒面皮服装在收藏前要去尽灰尘,清洗干净,再用麂皮粉复染一遍,去掉浮色,为防止污染其他衣物,可用上下开口的塑袋套上,用衣架挂起单独存放。

绒面皮服装吸湿性较强,在收藏存放中,要经常通风去潮,避免发霉,还要在其存放的衣柜中放入防蛀剂,以防虫蛀。

（六）裘皮服装的保养与收藏

裘皮服装是冬季防寒的高级服装,应季过后要及时收藏,不可在外边久挂,免遭污染。

裘皮服装在收藏前要毛朝外日晒2~3h,这不仅能使毛皮干透,还能起到杀菌消毒的作用。然后除尽灰尘,在通风处晾凉后叠起,在夹层中放入樟脑丸,用棉布将其包紧后放入箱内,包布不仅能防尘,也起到一定的防潮作用。

裘皮服装穿用时要防雪水和雨淋,勿将皮板弄湿,收藏存放时要保持干燥,切勿受潮受热。裘皮服装受潮后会出现反硝现象,使皮板变硬发脆。此外,裘皮服装受潮后还容易被细菌侵蚀而脱毛或遭虫蛀。高温能使幼嫩的毛绒卷曲或灼坏。当发现裘皮服装有脱毛现象,可将裘皮服装冷冻以防脱毛。

羊、狗、兔等粗毛皮服装,在夏季时把此类服装取出,在日光下晒3~4h,待晾透后除掉灰尘,放入樟脑丸用布包好放回箱柜。对紫貂皮、豺皮、黄狼皮、狐皮、灰鼠皮等细毛皮服装,因毛细娇嫩不宜在阳光下直接暴晒,可在阴凉通风处晾晒或在毛皮上盖上一层白布,晒1~2h,阴凉后去除灰尘,放入樟脑丸,再用布包紧放回箱柜。

对染色毛皮不宜暴晒,以防褪色。

裘皮服装收藏时,还要注意保护好毛峰,对一些粗毛类服装可以折叠存放,但不可以在上面放其他服装,以免挤压。对一些高级名贵裘皮服装要用衣架挂起来存放,为防止沾染污垢和虫菌,要与其他服装隔离单独存放。

活里的裘皮服装要将里子卸开,分别存放。

（七）羽绒服的收藏

羽绒服装在收藏前应洗涤干净,晾晒干透,应放在干燥洁净的衣箱或衣柜里,以消除蛀虫滋生的条件。晾晒时要将其抖开、摊拉平,再用衣架挂在阴凉处晾干,不让阳光直接暴晒。羽绒服装在晒干收藏前,一定要拍松,不要让羽绒板结,否则,到第二年再穿时,板结的羽绒就很难再拍松了。

羽绒服装存放时,应吊挂在衣柜内或平展地放在衣箱里,以保持服装整齐挺括。

由于羽绒含有较多的蛋白质和脂肪成分,均为害虫所喜食。因此,在存放时周围必须放有防虫药剂如卫生球等。药剂应放在小布袋内,避免与面料直接接触。

第六节　服用纺织品的标识

一、纤维名称的标识

纺织用天然纤维的名称是根据天然纤维的来源或组成来定义,分为动物纤维、植物纤维和矿物纤维三大类,每一类纤维的具体名称及英文表示见表 10 - 7。

表 10 - 7　天然纤维中、英文名称

纤维类别	细分类别	中文名称	英文名称
植物纤维(天然纤维素纤维)	种子纤维	棉花	Cotton
		木棉	Kapok
	韧皮纤维	亚麻	Linen or Flax
		苎麻	Ramie
		黄麻	Jute
		大麻	Hemp
		罗布麻	Apocynum
	叶子纤维	剑麻	Sisal
	果实纤维	椰子纤维	Coconut Fibre
动物纤维(天然蛋白质纤维)	毛发	绵羊毛	Wool
		山羊绒	Cashmere
		兔毛	Rabbit Hair
		马海毛	Mohair
		骆驼绒	Camel Hair
		羊驼毛	Alpaca
		牦牛绒	Yak Hair
	分泌物	桑蚕丝	Mullberry Silk
		柞蚕丝	Tussah Silk
矿物纤维(天然矿物质纤维)	石棉		Asbestos

化学纤维包括人造纤维和合成纤维以及无机纤维三大类,它的名称是根据构成纤维的分子结构来命名的。在流通领域通常使用简称。具体的名称及英文表示见表 10 - 8。

表 10-8 化学纤维中、英文名称

纤维类别	细分类别	中文名称	英文名称
人造纤维	人造纤维素纤维	黏胶纤维	Viscose
		富强纤维	Polynosic
		铜氨纤维	Cupro
		竹纤维	Bamboo Fibre
		天丝纤维	Tencel
		莫代尔纤维	Modal
		甲壳素纤维	Chitin Fibre
	人造蛋白质纤维	大豆纤维	Soybean Fibre
		牛奶丝	Milk Silk
		酪素纤维	Azlon Cascin
	纤维素酯纤维	醋酯纤维	Acetate
合成纤维	聚酰胺纤维	锦纶	Polyamide or Nylon
	聚酯纤维	涤纶	Polyester
	聚丙烯腈纤维	腈纶	Polyacrylic
	聚丙烯纤维	丙纶	Polypropylene
	聚氯乙烯纤维	氯纶	Polyvinylchloro
	聚氨基甲酸酯纤维	氨纶	Polyurethane
	聚乙烯醇纤维	维纶	Polyvinylalcohol
无机纤维	金属纤维		Metallic Fibre
	玻璃纤维		Glass Fibre
	石英纤维		Quartz Fibre
	碳纤维		Arbon Fibre
	陶瓷纤维		Ceramic Fibre

二、纤维含量标识

纤维成分含量是纺织产品的主要品质指标,是决定产品价值的重要因素之一。

纤维含量的标注是企业向消费者传达产品原料成分的最直接的方式,也是企业向消费者做出的承诺和明示担保。对于消费者而言,是了解选购的服装材料和性能的依据,消费者可根据服装使用说明中标注的纤维含量,选择适合自己穿着的服装。

(一)标注范围

凡是在国内市场上销售的纺织品和服装,无论是国内企业(包括国有企业、独资企业、合资企业、集体企业、乡镇企业、个体企业等)生产的且在国内市场上销售的产品,还是国外企业生产的进入我国国内市场上销售的产品(进口产品)都应清楚标识所使用面料的纤维含量。

(二)标注要求

(1)市场上销售的纺织品和服装应标明纤维的名称及其含量。

(2)带有里子的应分别标明面料和里料的纤维名称和含量。

(3)有填充物的应分别标明外套和填充物的纤维名称和含量。

(4)有两种或两种以上不同织物拼缀的产品应分别标明每种织物的纤维名称和含量。

(三)标注原则

(1)用成品中某种纤维含量占纤维总量的百分数表示。

(2)两种及两种以上纤维组成的混纺产品或交织产品,按纤维含量递减的顺序列出。

(3)两种纤维含量相同时。

①天然与化纤混纺或交织。先标注天然、后标注化纤。

②不同天然纤维混纺或交织。按绒、羊毛、马海毛、兔毛、丝、麻、棉等顺序排列。

③不同化学纤维混纺或交织。按涤纶、锦纶、腈纶、黏纤、氨纶、丙纶、铜氨、醋脂等顺序排列。

(四)标注方法

1.纯纺产品

(1)棉。棉含量为100%的产品,标记为100%棉或纯棉。

(2)蚕丝。蚕丝纤维含量为100%的产品,标记为100%蚕丝或纯蚕丝。

(3)麻。麻纤维含量为100%的产品,标记为100%麻或纯麻。

(4)羊绒。羊绒纤维含量达95%及以上的产品,可标记为100%羊绒。

(5)羊毛。羊毛纤维含量为100%的产品,标记为100%羊毛。

①精梳产品。羊毛纤维含量为95%及以上,其余加固纤维为锦纶、涤纶时、可标记为纯毛。有可见的、起装饰作用纤维的产品,羊毛纤维含量为93%及以上时,可标为纯毛。

②粗梳产品。锦纶、涤纶加固纤维和可见的、起装饰作用的非毛纤维的总含量不超过7%,羊毛纤维含量为93%及以上时,可标为纯毛。

(6)化学纤维。化学纤维含量为100%的产品,标记为100%化纤或纯化纤。

2.双组分及以上纤维混纺或交织产品

(1)由两种或两种以上纤维原料制成的纺织品和纺织服装,一般可按纤维含量的多少以递减的顺序,列出每种纤维的商品名称,并在其前面列出该纤维占产品总体含量的百分率。例如:65%棉,35%涤纶。

(2)如果纤维含量不足5%,可不提及或集中表明为其他纤维。例如:95%羊毛,5%其他纤维。

3.由地组织和绒毛组织组成的纺织品和纺织服装 对于这类产品,应分别标明产品中每种纤维含量或分别标明绒毛和基布中每种纤维的含量。例如,绒毛:75%棉,25%锦纶,基布:100%涤纶。

4.有里料的纺织品和服装 含有里料的纺织品和服装应分别标明面料和里料的纤维含量。例如,面料:纯棉,里料:100%涤纶。

5.含有填充物的纺织品和纺织服装 对于含有填充物的产品,应标明填充物的种类和含量,羽绒填充物应标明含绒量和充绒量。例如,面料:100%涤纶,里料:100%涤纶;填充物:100%灰鸭绒;含绒量:80%;充绒量:250g。

6.由两种或两种以上不同质地的面料构成的纺织品和服装 对于由两种或两种以上不同质地的面料构成的单件纺织品和服装,应分别标明每部分面料的纤维名称和含量。例如,身:100%涤纶,袖:100%锦纶。

三、服用纺织品使用信息的标识

(一)服装产品的使用说明

服装产品的使用说明同其他产品一样是生产企业给出的产品规格、性能、使用方法、护理方法,以指导消费者科学合理地选购、使用和护理服装产品。

1.服装产品使用说明的形式

(1)缝合固定在产品上的耐久性标签。如衬衫、夹克衫内侧缝合处的标签。

(2)悬挂在产品上的吊牌或粘贴在产品上的标贴。如袜子上的吊卡、不干胶标贴等。

(3)直接将使用说明印刷在产品包装上。

(4)随同于产品提供的说明书或说明资料上。

2.服装产品使用说明书的内容 服装产品使用说明书的内容包括:生产厂家的名称、品牌名称、产品名称、产品型号和规格、纤维成分和含量、洗涤说明、执行的标准等。

一般来说企业可以自行设计选择使用说明的形式,但产品的型号和规格、纤维成分和含量、洗涤说明等内容必须采用耐久性标签,其中原料成分和含量、洗涤说明应该组合在一张标签上。耐久性标签要保证在产品使用期间标签上的内容完整,在制作时要考虑是否能经受洗涤、摩擦等。

(二)使用说明的图形符号

在购买服装时,常附有各种洗涤熨烫标志,说明洗涤时用什么洗涤及洗涤熨烫方法等,其目的是让消费者根据衣物性能合理地进行使用和保管,以期达到较长使用寿命的目的。服装上的洗整符号大体上包括水洗、熨烫、氯漂、晾晒和干洗五大类,每一种符号的含义如表10-9~表10-13所示。

表10-9 水洗符号

符号	说明	符号	说明
50℃	最高水温:50℃ 机械运转:缓和	50℃	最高水温:50℃ 机械运转:常规
(不可水洗符号)	不可水洗	(不可机洗符号)	不可机洗,只能手洗

续表

符号	说明	符号	说明
∞✕∞	不能拧干		只能手洗

表 10－10　氯漂图形符号

符号	说明
△	可以氯漂
✕（三角形内交叉）	不可以氯漂

表 10－11　熨烫图形符号

符号	说明
熨斗（○○○）	表示熨斗底板温度最高可加热到200℃
熨斗（○○）	表示熨斗底板温度最高可加热到150℃
熨斗（○）	表示熨斗底板温度最高可加热到110℃
熨斗（虚线）	蒸汽熨烫
熨斗（双实线）	垫布熨烫

表 10 – 12　干洗图形符号

符号	说明
	干洗,动作缓和
	常规干洗
	不能用滚筒式干洗机干洗

表 10 – 13　晾晒图形符号

符号	说明
	悬挂晾晒
	平摊晾晒
	阴干晾晒
	滴干晾晒

　　这些图形符号,既可以直接织制或印刷在服用纺织品上,也可以制作成标签缝合、悬挂在服用纺织品上或其包装上。根据服用纺织品的性能要求,依照水洗、氯漂、熨烫、干洗、水洗后干燥的顺序标注。表中并列的图形符号系同一符号,可以根据销售对象选用。对于出口服装产品,应根据协议规定进行标注。

参考文献

[1]李素英,侯玉英.服装材料学[M].北京:北京理工大学出版社,2009.

[2]姚穆,周锦芳,黄淑珍,等.纺织材料学[M].2 版.北京:中国纺织出版社,2004.

[3]姜怀,邬福麟,梁洁,等.纺织材料学[M].2 版.北京:中国纺织出版社,2004.

[4]于伟东.纺织材料学[M].北京:中国纺织出版社,2006.

[5]王革辉.服装材料学[M].北京:中国纺织出版社,2006.

[6]朱松文.服装材料学[M].北京:中国纺织出版社,2001.

[7]蔡陛霞,荆妙蕾.织物结构与设计[M].4 版.北京:中国纺织出版社,2008.

[8]龙海如.针织学[M].北京:中国纺织出版社,2008.

[9]马大力,陈红,徐东.服装材料学教程[M].北京:中国纺织出版社,2002.

[10]马建伟.非织造布技术概论[M].北京:中国纺织出版社,2004.

[11]张怀珠.新编服装材料学[M].3 版.上海:东华大学出版社,2004.

[12]伏广伟.纺织面料设计员[M].北京:中国劳动社会保障出版社,2010.

[13]郭秉臣.非织造布性能与测试[M].北京:中国纺织出版社,1998.

[14]邓沁兰.纺织面料[M].北京:中国纺织出版社,2008.

[15]钱宝钧.纺织词典[M].上海:上海辞书出版社,1989.

[16]周永元,张季良,吴汉金.织物词典[M].北京:中国纺织出版社,1996.

[17]安瑞凤.现代纺织词典[M].北京:纺织工业出版社,1993.